生命科学数据处理与MATLAB应用

（第二版）

张雪洪　胡洪波　编著

内容提要

本书主要讲述生命科学数据处理中的共性问题，以 MATLAB 语言为工具，以应用为目的，全面、系统而简洁地介绍了生命科学中常用的数据处理方法。介绍中理论联系实际，通俗易懂，有助于读者较快掌握。内容主要包括生命科学中的数值方法、生物统计学、生命科学实验数据处理、生命科学中的数学模型及其求解、生命科学实验设计等几个部分，具体实例涉及生命科学中的各个领域且突出重点。

本书可供从事生命科学领域工作的科技人员参考，也可以作为高校生物类相关专业高年级本科生、研究生的参考书籍。

图书在版编目(CIP)数据

生命科学数据处理与 MATLAB 应用 / 张雪洪，胡洪波编著. —2 版. —上海：上海交通大学出版社，2021
ISBN 978 - 7 - 313 - 24621 - 9

Ⅰ. ①生… Ⅱ. ①张… ②胡… Ⅲ. ①生命科学—数据处理— Matlab 软件 Ⅳ. ①Q1 - 0

中国版本图书馆 CIP 数据核字(2021)第 017311 号

生命科学数据处理与 MATLAB 应用(第二版)
SHENGMING KEXUE SHUJU CHULI YU MATLAB YINGYONG(DI - ER BAN)

编　　著：张雪洪　胡洪波
出版发行：上海交通大学出版社　　地　　址：上海市番禺路 951 号
邮政编码：200030　　电　　话：021 - 64071208
印　　制：苏州市古得堡数码印刷有限公司　　经　　销：全国新华书店
开　　本：787 mm × 1092 mm　1/16　　印　　张：14.75
字　　数：359 千字
版　　次：2013 年 4 月第 1 版　2021 年 2 月第 2 版　　印　　次：2021 年 2 月第 2 次印刷
书　　号：ISBN 978 - 7 - 313 - 24621 - 9
定　　价：49.80 元

前　　言

现代生命科学的发展如果没有计算机的辅助是不可想象的，没有计算机处理海量的基因信息，就不可能有人类基因组学、蛋白质组学的成就。随着生命科学和数学、物理、计算机等学科的交叉深入，生命科学得到了进一步的发展。但是，目前我国生物学科人才在应用计算机进行数据处理并解决实际问题上显得过于薄弱，因此相关科技人员必须提高计算机应用和数据处理水平，利用计算机软件进行生命科学实验数据处理和实验设计，加深对生命过程的定量描述和对过程本质的了解。

本书是在《生命科学数据处理与 MATLAB 应用》第一版的基础上修订而成的，编写本书的出发点基于以下三个方面。

(1) 现代生命科学发展的一个重要标志是定量化和模型化。现代生命科学的发展愈来愈多地要求用数学的方法进行定量研究，建立数学模型，以揭示生命现象的本质，加深对生命过程的了解，如种群生态学模型、数量植物生理学模型、数量分类学、数学遗传学等。生物工程更是如此，其主要任务之一是建立过程数学模型并用于过程的参数分析、优化操作与计算机控制，如微生物生长动力学模型、酶催化反应动力学模型等。

由于生命系统的复杂性，为了建立定量的生命科学的数学模型，我们除了需要掌握相关学科如生物科学与技术、生物工程、生态学等的专业基础理论外，还需学习模型化方法中一些共性问题和数学思想，利用计算机知识定量探索复杂生物体的发展规律以及生物系统的发展趋势，以揭示生命现象的本质。

(2) 许多生命科学的数学模型无法解析求解。生命科学及生物工程提出了相当多的复杂数学模型与数学问题，对于求解生命科学领域复杂的数学模型，往往无法采用经典的数学解析法求解，必须借助计算机用数值计算方法求解。因此数值计算在生命科学领域占有极其重要的地位，是现代生命科学发展的促进因素。

读者通过本书的学习，能够掌握各种算法的数学思想及 MATLAB 相关函数在生命科学中的应用，可根据实际情况选择合理的算法和函数，编写简单的 MATLAB 语句，并得到正确的结果，进而根据结果说明数学模型的物理意义，如种群生长动力学的物理意义等。

(3) 计算机软件工程的方兴未艾。生命科学的发展使有关的数据、信息极其丰富。为便于数据处理和实际问题的解决，目前已涌现出大量与生命科学有关的计算机软件，这为解决实际问题提供了相当方便的条件。

为了科研工作的顺利开展，科技人员应该了解与此相关的计算机软件的发展，特别是与生物统计分析相关的软件。读者通过本书的学习，能够非常方便地利用相关的软件解决生命科学的实际问题，如生物统计学、数值计算方法、生命科学数学模型的回归分析等，特别是目前国际通用的数学软件MATLAB。

根据以上的主要意图，并经过多年的教学实践，为适合生物科学、生物技术、生物工程等专业的学生和专业人员学习，本书主要讲述生命科学数据处理中的共性问题，以MATLAB语言为工具，以应用为目的，内容主要包括以上介绍的生物统计学、数值计算方法、生命科学实验数据处理、生命科学中的数学模型及其求解、生命科学实验设计等几个部分，具体实例涉及生命科学中的各个领域，如微生物学、遗传学、生物工程、分子生物学、生态学、药学等。

目前虽然数学建模、算法、实验设计等内容在国内外已有许多专著和译著，但大多数侧重于计算机和数学知识，过于数学化，而介绍在生命科学中的应用较少，系统性、专业性不够。从事生命科学研究的专业人士阅读这些书也较困难，一般读者即使学过了，也不知如何在生命科学中应用。

对于生命科学领域的学生和科技人员来说，学习本书的目的在于了解实验数据、实验信息的基本处理方法，通过实验设计提高工作效率，从众多的实验数据中获取对自己有用的数据，从中探索数据变化的规律，提高分析数据和处理数据的能力。本书通过综合生命科学方面的实例、数据和数学模型，结合MATLAB软件来了解计算机在生命科学的数据处理与分析、实验数据模型化中的应用。

本书由张雪洪和胡洪波编著，其中张雪洪编写了生物统计、数学模型、实验设计的相关内容，胡洪波编写了数值方法的相关内容，并由胡洪波负责对本书的MATLAB程序做了调试。书中引用的例子来自各种公开文献，在此一并向原作者表示感谢。由于作者水平有限，本书难免有错误和不足之处，恳请广大读者批评指正。

编　者

2020年8月于上海

目　　录

第1章　绪　　论

作为一门实验性学科，生命科学的研究产生了数量巨大的实验数据，即使一个简单的生命科学实验，也会产生一系列数据，如何从这些数据中寻找对研究者有价值的数据，分析不同参数数据之间的关系，对探索生命奥秘、发现生命科学现象或过程的本质非常重要。

1.1　生命科学数据处理与计算机应用

随着生命科学和计算机技术的发展，计算机在生命科学领域中的应用越来越普遍，计算机已广泛应用于微生物学、遗传学、生态学、医学、药学、人口学、生理学、分子生物学等领域。同时，生物统计学、数值方法、数据模型化、最优化实验设计等在生命科学中越来越显示出强有力的作用，生物信息学、计算生物学、系统生物学等交叉学科逐步形成并得到快速发展。

总体而言，生命科学领域中的计算机应用起步较晚，这主要因为生命过程非常复杂，影响因素众多，实验数据采集相对困难且许多数据的精度有限，内在机理研究难以深入。其具体的定量方法远远不能满足要求，需要人们对其进一步研究和探索。同时，生命科学也逐步从经验科学向理论科学发展，这对生命科学工作者提出了较高的数学和计算机应用的要求。以计算机数据分析应用较多的微生物发酵领域为例，影响微生物发酵过程的参数有很多，包括物理参数：温度、压力、搅拌速度、输入功率、气体流量、液体流量、黏度、泡沫程度、发酵液体积和发酵液密度等；生化参数：溶氧、溶解的二氧化碳、排出的氧浓度、排出的二氧化碳浓度、基质浓度（如蛋白质、糖）、产物浓度、菌数、代谢物浓度、酸度和细胞内组分含量（DNA、RNA、ATP、ADP）等。还有为了达到以上各个参数要求的控制参数，如加入的酸/碱的量和浓度、消泡剂的量、溶液稀释率、前体、诱导剂等。同时微生物发酵系统还是一个非线性、非静态、非稳态的多变量输入输出系统，因此该系统的计算机应用相当复杂。如计算机在青霉素发酵的仿真中的应用（见图 1-1），以便对发酵工艺进行自动控制。仿真系统的左网络指各种操作变量与发酵的状态变量及有关的计算变量之间的关系，右网络指各种状态变量与青霉素产出之间的关系，要建立整个系统的数学模型，了解各个参数之间的相互作用及应答关系非常困难。另外，计算机在微生物发酵过程中的应用是多方面的，包括生物反应和反应器设计、产物的分离纯化、参数的测量控制、过程分析评价、过程的设计放大等。在其他生命领域的应用更是如此。

20 世纪 90 年代起，现代生物技术和分析测试方法的迅速发展极大地丰富了生命科学的数据资源，而且数据的质量也大为提高。海量多样化的生命科学数据资源中蕴含着大量重要的生物学规律，这些规律是我们解决许多生命之谜的关键所在。对如此繁杂的数据的分析处理，一些传统的手段已难以处理，只有借助计算机的应用才能逐步实现。如现代医学对

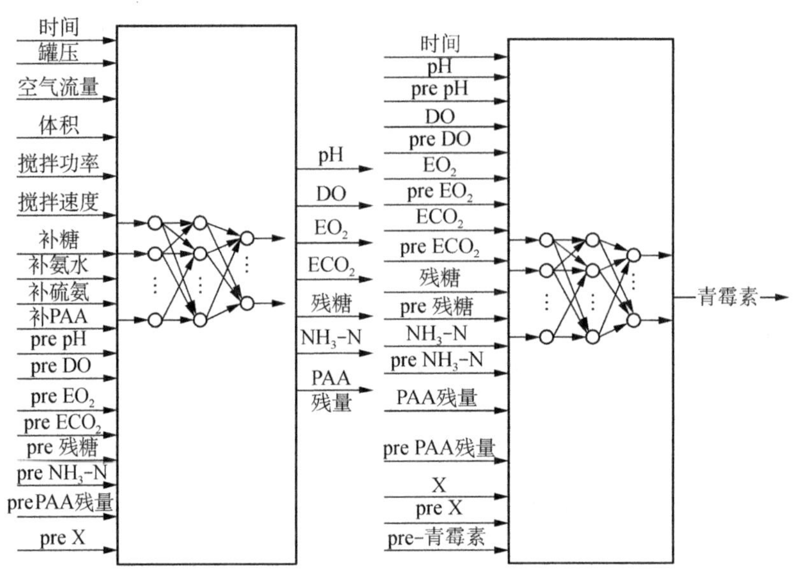

注：带 pre 前缀的为相同级网络的输出反馈。

图 1-1 计算机在青霉素发酵的仿真中的应用

复杂疾病采用基因组学、转录组学、蛋白质组学、代谢组学及表型组学的大数据网络综合分析进行系统性诊断(见图 1-2)。

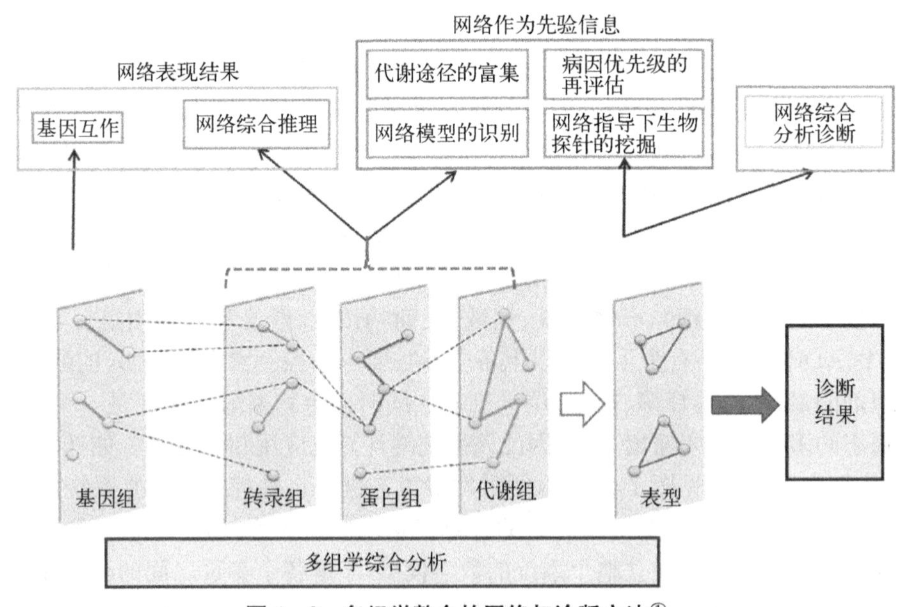

图 1-2 多组学整合的网络与诊断方法[①]

计算机在生命科学中的应用总体上可分为以下五种类型。

(1) 计算机在生命科学领域数据采集方面的应用。生命科学领域的数据包括在线检测的实验数据,如常规的温度、压力、pH 值、溶氧浓度;生物医学中的葡萄糖浓度、脑电流等生

① Yan J W, Risacher S L, Shen L, et al. Network approaches to systems biology analysis of complex disease: integrative methods for multi-omics data[J]. Briefings in Bioinformatics, 2018, 19(6): 1370-1381.

物电信号；离线检测的实验数据，如蛋白质浓度、抗体浓度、酶活性；DNA、RNA 等核酸浓度的测定；代谢中间产物等生物特性物质的检测，生物种群数目的统计；等等。由于生物数据量大面广，依靠传统的人工采集数据的方法已不能适应需要。

以往，用计算机在线检测生命科学的参数是相当困难的。生物数据采集的需求促进了新型生物传感器的设计和研究的快速发展，利用生物物质和酶等生物分子之间作用产生的光、电、热、电磁、质量等可以定量的物质，进行数学定量，研究其相互之间的关系，通过计算机自动信号处理，来测定氨基酸、胆固醇、糖、AMP、维生素等的浓度。利用这一原理，制成了各种酶电极、细胞电极、生物分子电极及其检测系统等。对生物传感器要求是测量误差小、灵敏度高、响应快、信号转换快，因此生物传感器及生化测量仪器必然需要应用计算机技术，特别是进行大量数据采集和处理的仪器，如色谱仪、质谱仪、核磁共振仪等尤为重要。

(2) 计算机在生命科学实验数据处理方面的应用。这包括生命科学中各种实验数据的处理，生命科学数学模型的建立和求解，利用数学模型对实验的控制和实验监测，实验跟踪生物量、生物参数，以及生命科学和生物工程的实验设计，特别是最优化实验设计。如将所测定的 DNA 序列对应的光谱数据进行整理和处理后确定核苷酸的位置；放射性示踪物在生物分子中的研究应用；利用计算机按相对分子质量的大小或其他特性自动分离生物物质；利用计算机对生物工厂进行工艺优化设计，对实验测量值的误差自动分析处理等。

基因芯片技术是基因研究领域中一项非常重要和关键的实验技术，对该技术所产生的大量实验数据也必须用计算机进行高效分析，从中获得基因研究的众多信息。

在所有的数据处理和数据分析中，应用计算机建立和求解生命科学领域的数学模型的意义非常重大，而且生命科学数学模型化的研究正逐步由静态向动态发展，由此引起了计算生物学、系统生物学的发展。

(3) 计算机在生物信息学方面的应用。计算机对生物信息的处理是数据处理中的一个特殊部分，由于生物信息学的迅速发展，它已成为一个单独应用领域和一个独立的学科。生物信息学是以计算机为工具对生物信息进行存储、检索、传输和分析的科学，涉及范围很广。其研究重点一般为两个方面，即基因组学(genomics)和蛋白质组学(proteomics)，它们涉及对核酸和蛋白质序列信息的获取、分析和存储，数据的查询和校对等，包括对大量基因组数据、蛋白质组数据信息，如 DNA 序列数据库 GenBank、生物分子结构数据库 MMDB，以及生物类文献，如 MEDLINE 数据库和 BA(biological abstract)数据库的检索等。

在蛋白质结构的分析和功能的预测方面，蛋白质的折叠类型与其氨基酸序列具有相关性，这样就有可能通过计算机辅助方法直接从蛋白质的氨基酸序列预测出蛋白质的三维结构，如 2018 年谷歌旗下 DeepMind 开发的 AI 工具“AlphaFold”，它可以利用基因序列预测蛋白质结构，基于长链氨基酸的化学相互作用给长链氨基酸的折叠模式构建模型，制作蛋白质三维模型。由于蛋白质以及一些核酸、多糖的三维结构得以精确测定，基于生物大分子结构知识的计算机辅助药物设计也成为当前的热点。

人类基因组计划所测定的 30 亿个碱基、3 万个基因的分析和定位，进而弄清楚其中所有功能单位的组织结构形式以及调节机制，这些工作没有计算机的帮助是难以想象的。近几年基因组学、蛋白质组学、代谢组学等的飞速发展，为我们提供了海量的实验数据，迫切需要我们发展新的数据分析技术和计算机软件以快速获取所希望的数据和信息。除了基因、蛋白质等信息外，生物信息学的研究可提供生物大分子及其空间结构的信息，还能提供电子结构包括能级、表面电荷分布、分子轨道相互作用以及动力学行为等信息,如生物化学反应中的能量变化、电荷转移、构象变化等。生物信息学的理论模拟还可研究包括生物分子及其周围环境的复杂体系和生物分子的量子效应等。

(4) 计算机数值方法在生命科学中的应用。这部分也是生命科学实验数据处理的一个特殊内容,涉及数据处理、数学模型的基本数学方法。事实上实验数据的处理,包括生物信息学的数据处理都是以数值方法和统计学的知识为基础的。现代生命科学提出了相当多的数学问题及复杂的数学模型,涉及许多非线性的代数或微分方程,这些方程常常是大量耦合的。对于这类复杂的数学模型的研究,经典的数学解析法是无能为力的,必须借助数值方法应用计算机求解。因此,计算机数值法在生命科学领域内占有极其重要的地位,是现代生命科学技术发展的促进因素。

数值方法又称非直接解法,它应用算术运算求解实际数学问题,其求解结果是近似且离散的。在现代科学研究和工程计算中,计算机数值方法已成为现代科学研究人员和工程技术人员必不可少的手段。

绝大多数实际问题的求解采用经典的解析方法并不适宜,例如五次以上的多项式方程就没有公式解法,所有的超越方程更没有公式解;有的问题虽有解析解,但由于函数关系太复杂,其实用价值也不大。尽管图解法通常可用来帮助解决复杂计算问题,但只限于有限的能应用三维或更低维图形求解的实际数学问题,且结果很不准确,另外无计算机帮助的图解法非常费时甚至很难实现。因此,采用计算机数值方法求解实际问题已成为一种重要的处理方法。只要掌握数值方法,合理地选择、使用或编写计算机程序,就能够利用计算机解决实际数学及计算问题。

由于数值方法的发展和许多实际问题的提出,计算机数值计算软件大量涌现。子程序库的存量逐年迅速增加,为生命科学技术人员解决科学与工程问题提供了便利的条件。但是对于缺乏数值法知识和应用能力的人而言,绝不可能有效地应用这些子程序解决实际计算问题。因为在使用任何精密而完善的子程序去解决具体问题时,很可能遇到种种难题,这些困难可能由如下某些原因所引起:数学模型没有准确地反映实际生命现象和过程,选用的数值方法不恰当,方法的误差超过实际问题允许的误差,选用子程序的实际使用条件不恰当,在解决具体工程问题时未能对子程序做相应的修改或调整,等等。实际上,在应用程序或使用任何子程序时,都需要用户根据实际问题进行二次开发。至于在众多的子程序中选择适合于解决具体计算问题的最优子程序,则需要更为坚实的数值方法基础。因此掌握数值方法对于生命科学技术人员是相当重要的。

(5) 计算机在生物工程和生命活动的过程控制和过程监督方面的应用。如在发酵工程中,控制方式有人工控制和计算机控制两种,目前大部分发酵工厂已进入计算机自动控制或半人工控制,包括经典的自动控制、顺序控制、模拟控制等,其基础是数学模型的优化,是数据处理结果的应用。计算机全自动控制能直接实现人机对话,利用系统的数学模型实现过程优化,如医学上人工血液输送系统(人工心脏等)的控制。

过程控制应用的范围较广,如生产过程的最优化,包括原料的成分配比、传递过程的最优化、生产动力成本优化,从而提高生产效率,降低生产劳动强度等。计算机在食品加工、发酵工程、生物制药、生物环境保护等生命科学领域中实现了大量的成功控制,提高了生产和管理的经济效益。

计算机在上述领域的应用，还包括与以上领域相关的计算机软件的开发。计算机在生命科学上的广泛应用，大大促进了生命科学的发展，促进了我们对生命现象和人类自身的了解，并对相关产业起了很大的推动作用。现在生命科学已不再是仅仅基于试验观察的科学，仅靠传统的研究手段是无济于事的，理论和计算将发挥越来越巨大的作用，数学、物理、计算机科学将日益深入地渗透到生物学研究中来，大量数据必须经过计算机收集、分析和整理后才能成为有用的信息和知识，为人类所使用。

本书核心内容是应用计算机进行生命科学实验数据处理，讲述计算机在生命科学中应用的共性问题，内容主要包括 MATLAB 基础、生物统计学基础、生命科学中的数值计算方法、生命科学实验数据处理方法与回归分析、生命科学中的数学模型及其求解、生命科学实验设计等几个部分，讲述的实例涉及生命科学中的各个领域。生物信息学已成为一个独立学科，有许多书籍专门介绍相关内容，本书因篇幅有限，不再涉及。

因为对于生命科学技术人员来说，学习和应用纯粹的数理统计方法、数值方法比较困难。本书主要以 MATLAB 软件为工具，以计算机应用为目的，介绍如何掌握各种统计分析方法和数值计算技巧，合理利用计算机解决实际计算问题，学习的重点放在各种算法、函数的应用上，而对某些数学问题及其证明仅做一般性了解即可，主要了解相关问题包含的数学思想。因此本书讲授数理统计、数值方法的关键在于合理选择和应用相关的算法及函数去解决实际问题，相关内容包括分布函数、参数估计、假设检验、非线性方程求根、代数方程组求解、插值计算、数值微分、数值积分、常微分方程及其方程组求解等数学问题，同时在求解问题时列举了与生命科学领域有关的实例，力图让读者能学以致用。

在生命科学中，传统的研究方法如经验归纳法等已不能满足学科发展的需要，在工程上数学模型已成为一种重要的研究方法。现代生命科学的发展越来越多地要求用数学的方法对生命过程进行定量研究，建立数学模型，以揭示生命现象的本质。本书将介绍生命科学中数学模型的建立方法以及生命科学中常见的数学模型。以最小二乘法为基础，介绍了实验数据通过回归分析及其检验建立理想数学模型的方法。

误差理论和实验设计是一门综合性的科目，它与各门具体学科相结合，已成为各门学科的重要组成部分，并与各门具体学科的发展一起发展，各学科都有本学科特点的误差理论和实验设计。它与生命科学相结合，可具体用于生命科学实验数据处理、生命科学的建模和生命科学中的实验设计，对生命科学的发展发挥了积极作用。本书这一部分的具体内容包括生命科学实验数据的误差及其分布、实验数据常用的处理方法、常用的实验设计方法，特别是正交设计、回归正交设计和序贯实验设计。

对于生命科学技术人员来说，学习这些内容的目的在于了解实验数据的基本处理方法，从众多的实验数据中得到有用的数据，从中探索数据变化的规律，提高分析数据和处理数据的能力。综合生命科学方面的实例、数据和数学模型，使他们了解和掌握计算机在生命科学数据处理与分析、实验数据模型化中应用的基本思想和方法。

1.2 常用于生命科学的统计分析软件概述

本书主要介绍计算机在生命科学的数据处理与分析、实验数据模型化中的应用，其主要内容是生物统计与数学模型,而其主要数学基础就是统计分析方法。统计方法是指有关收集、整理和分析数据,并解释所统计数据,对其所反映的问题做出判断、形成结论、发现规律的方法。统计方法是适用于所有学科领域的通用数据分析方法。随着人们对定量研究的日益重视,统计方法已应用到自然科学和社会科学的众多领域,包括生命科学的各个学科领域,并形成了生物统计学、医学统计学、农业统计学等学科。

20 世纪 90 年代起,统计分析进入计算机软件应用时代,逐步摆脱了人工运算阶段。随着生命科学的迅速发展,对生命科学定量化的要求提高,数据量的不断增长使统计分析的工作量也日趋增加,没有合适的应用软件必将难以支持繁重的数据分析工作。常用的统计分析方法融入了现代数据处理技术,从数据录入、数据管理、统计分析、数据拟合、统计绘图到结果总结,分别有不同的软件或模块进行处理,能满足从事不同领域的师生、科技人员对实验数据做统计分析的需要,生命科学的各个学科领域的科技人员也不例外。

由于统计分析软件众多,且各有特色,与生命科学的结合也是各有特点。作为一名生命科学的科技工作者来说,掌握一个常用软件非常必要,应根据自己从事的学科领域的特点,选择合适的软件深入学习并熟练运用。现将常用的统计分析软件介绍如下。

1. SAS

SAS(statistics analysis system)软件是目前国际上流行的、较为权威的一种统计分析软件,是由美国 SAS 公司研制的,其版本不断更新,它是统计计算和绘图的重要工具之一。其主页是 www.sas.com;中文网页：www.sas.com/zh_cn/home.html。

SAS 软件能够解决统计分析和实验设计的常规问题。由于在生命科学的实验数据处理上常需要应用回归的方法、统计的方法,因此 SAS 软件可广泛用于生物学、医学、药学等的研究中。

SAS 系统的主要功能有四个方面：数据访问,数据管理,数据呈现,数据分析。SAS 系统基本上也可以分为四大部分：SAS 数据库部分,SAS 分析核心,SAS 开发呈现工具,SAS 对分布处理模式的支持及其数据仓库设计。

SAS 软件是模块式结构,具有 20 余个模块,其中 Base SAS 模块是 SAS 系统的核心,其他各模块均在 Base SAS 提供的环境中运行。各模块与 Base SAS 一起构成一个用户化的 SAS 系统。其中常用的有 SAS/STAT(统计)模块、SAS/GRAPH(图形)模块、SAS/ETS(预测)模块、SAS/IML(矩阵运算)模块、SAS/QC(质量控制)模块等。这些 SAS 模块可以独立使用,也可以相互结合使用。

SAS 软件的使用是建立在 SAS 数据库之上的,而实现 SAS 程序的成功应用必须由用户编制 SAS 引导程序。SAS 引导程序由一系列符合 SAS 语言的语法规则的语句所组成。尽管用户使用前必须学习 SAS 语言,对 SAS 语言有一定的了解,但总体来说,使用还是较为方便的。

2. SPSS

SPSS(statistical product and service solutions)统计学软件在生命科学和医学科研实践中发挥着越来越重要的作用,用户不断增加。SPSS 具有完整的数据输入、编辑、统计分析、报表、图形制作等功能。SPSS 为 IBM 公司的产品,可从 IBM 的主页(https://www.ibm.com/cn-zh)下载。

SPSS 自带 11 种类型 136 个函数,提供了从简单的统计描述到复杂的多因素统计分析方法，比如数据的探索性分析、统计描述、列联表分析、二维相关、秩相关、偏相关、方差分析、非参数检验、多元回归、生存分析、协方差分析、判别分析、因子分析、聚类分析、非线性回归、Logistic 回归等。SPSS 也有专门的绘图系统，可以根据数据绘制各种图形。

SPSS 提供了强大的数据管理功能，帮助用户通过 SPSS Statistics 使用其他的应用程序和数据库。SPSS Statistics 可以同时打开多个数据库，对不同数据库进行比较分析和进行数据库转换处理。

SPSS 操作简便，界面友好，除了数据录入及部分命令程序等少数输入工作需要键盘键入外，大多数操作可通过拖动鼠标、点击“菜单”“按钮”和“对话框”来完成。对于常见的统计方法，SPSS 的命令语句、子命令及选择项的选择绝大部分由“对话框”的操作完成。并支持 Excel、文本、Dbase 、Access、SAS 等格式的数据文件。SPSS 还提供中文版服务。

3. R 语言或 R 软件

R 语言是一种免费的、自由的、开放源代码的统计学软件，具有强大的数据分析统计和绘图功能。R 语言能进行大数据分析、数据挖掘、生物信息学分析及绘图、高通量测序数据分析等。尽管 R 语言的开发历史不长，已经在国际上得到广泛应用。其主页是 https://www.r-project.org。

R 语言可以看作贝尔电话实验室（AT&T Bell Laboratories）开发的 S 语言的一种实现。R 语言是一套完整的数据处理、计算和制图软件系统，除提供若干统计程序外，还特别提供一种数学计算的环境。R 语言的思想是不仅提供一些集成的统计工具，还大量提供各种数学计算、统计计算的函数，从而让使用者能灵活机动地进行数据分析，甚至创造出符合需要的新的统计计算方法。

R 语言的使用很大程度上是借助各种各样的 R 包的辅助。R 包就是针对 R 语言的插件，不同的插件满足不同的需求。例如用于生物统计、数理统计、财经分析、人工智能等。因此其功能包括数据存储和处理系统；数组运算工具（其向量、矩阵运算方面功能较为强大）；统计分析工具；统计制图功能；简便的编程语言：数据的输入和输出，以及可实现分支、循环，用户自定义等。

R 语言是一种可编程的语言。作为一个开放的统计编程环境，语法通俗易懂，很容易学习和掌握。R 语言和其他编程语言、数据库之间有良好的接口。使用者可以编制自己的函数来扩展现有的语言。所以其更新速度比一般统计软件如 SPSS、SAS 等快得多。大多数最新的统计方法和技术都可以在 R 语言中直接得到。但也存在一些缺点，如数据管理较差，一般程序较长等。

4. Excel

Microsoft Excel 是大家最为常用的软件之一，是最重要的个人计算机数据处理软件，是 Microsoft 公司的办公软件产品。Excel 扩展图表为一特制的数学软件，用户可在数据行或列中输入数据并运算，可完成大量报表的运算和输出。图表中任何一个数据发生改变时，软件都会更新计算结果。当基于工作表选定区域建立图表时，Excel 直接使用来自工作表的值，并将其当作数据点在图表上显示。图形内容丰富，可以生成多种类型的图表，如柱形图、折线图、饼图等。

Excel 内部还具有部分数值计算的功能，如方程求解、曲线拟合和最优化等，同时 Excel 以 Visual BASIC 作为用户开发应用的编程语言，可用于数值计算。另外 Excel 也具有可视化工具(如三维立体作图),将数值计算和作图结合起来使用,可以进行具有相当难度的数值分析。

5. MATLAB

MATLAB为Mathworks公司的主要产品,MATLAB出自MATrix LABoratory,原意为矩阵实验室,最开始是专门用于矩阵计算的软件。随着MATLAB推向市场,MATLAB不仅具有了数值运算功能、符号运算功能,而且还具有了数据图示功能。在目前的常用版本中,MATLAB不仅在数值、符号和图形等功能上做了进一步增强,而且又增加了一些工具箱,包括统计工具箱,以方便不同专业的技术人员使用。

MATLAB中的函数和运算器有助于本书中多种数值方法和统计分析的实现,这将在以后章节中做详细的介绍。另外,MATLAB作为一种高级语言,它不仅可以以一种人机交互式的命令行指令操作方式工作,而且还可以如Basic、Fortran、Pascal、C等高级语言一样进行程序设计,编制一种以m为扩展名的文件,即M文件。而且由于MATLAB本身的特点,M文件的编制与Basic、Fortran、Pascal、C等语言编制比较起来,有许多无法比拟的优点,如语言简单、可读性强、调试容易、调用方便等,因此可以通过简单编程方便地实现数值计算和统计分析。

6. 其他的统计应用软件

除了上述应用广泛的软件外,还有Stata、Minitab、Statistica、Tableau等一些有特色的统计分析软件。

Stata统计软件是一套较为完整的、集成的统计分析软件包,可以满足用户对数据分析、数据管理和图形的常规需要,其特点是采用命令操作,程序容量较小,统计分析方法较齐全,计算结果的输出形式简洁,绘出的图形精美。不足之处是数据的兼容性差,占内存空间较大,数据管理功能需要加强。

Minitab的特点是容量小,操作简单易懂,能很方便进行试验设计及质量控制功能。提供基本统计分析、回归分析、多元分析、非参数分析、试验设计、质量控制、模拟、绘制高质量三维图形等功能。

Statistica为一套完整的统计资料分析、图表、资料管理、应用程序发展系统,能提供使用者所需要的统计及制图程序,制图功能强大,能够在图表视窗中显示各种统计分析和制图技术。

Tableau是一种能够帮助用户快速分析处理数据并理解数据的商业智能软件,将数据运算与图表展示相结合,帮助用户分析实际存在的各种结构数据,快速生成相应的图表。其程序也是操作简单,容易上手。

第2章 数与图表

实验数据绝大部分以数字的形式表示，为直观表示数据变化则经常以统计图表的形式出现。而实验数据总是存在计算误差和测量误差，如要正确判断和表示实验数据，必须了解其数据误差。本章将主要介绍近似值和计算误差，包括舍入误差和截断误差，并介绍实验统计图表的规范制作。生命科学的实验数据还包括生物体外形及内部结构图片、流程图等，其制作不在本书中讨论。

2.1 近似值和舍入误差

通过实验测量和数值计算得到的数字，包括数学模型求解得到的都是近似值，因此必须知道其准确程度。在许多实际计算中，虽然不必追求真解，但却要求了解近似解的误差范围。为此有必要简要地介绍一些误差基本知识。

1. 有效数字

在表示一个近似数值时，常常要用到“有效数字”的概念。如图 2－1 所示，测速计显示汽车正以 48～49 km/h 的速度行驶，由于指针偏远中间点，我们可以说汽车正以约 49 km/h 的速度行驶，但如要求将汽车行驶速度估计至十分位时，可能有人认为是 48.8 km/h，而有人则认为是 48.9 km/h，由于测速计自身的限制，只有 2 位数字是非常准确的，而第 3 位估计数字（或更多）则应看成近似值。图 2－1 中里程计显示汽车总计行程少于 87 324.5 km，而第 7 位数字则是不确定的。

所谓有效数字即是能够反映数值准确程度的数字，一般由几位准确数字和一位估计数字组成，图 2－1 中可以得到 3 位和 7 位有效数字，即测速计读数为 48.9，里程计读数为 87 324.45。其定义是在一个近似数中，从左边第一个不是 0 的数字起，到精确到的位数止，这中间所有的数字都称为这个近似数字的有效数字。

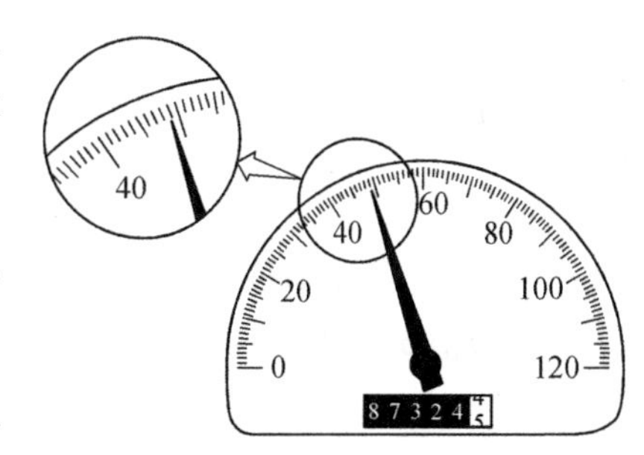

图 2－1 阐明有效数字概念的汽车里程计和测速计示意图

尽管有时可以直接确定出某个数值的有效数字，但有时却非常困难。如 0 并不总能代表有效数字，0.000 001 234、0.000 123 4 和 0.001 234 均有 4 位有效数字。同样大型数值尾部的 0 也无法确定其准确性，如 45 300 可能具有 3 位、4 位或 5 位有效数字，这主要取决于尾部 0 的准确程度，采用科学计数法则可以解决这类数值的有效数字问题，如 4.53×10^4、4.530×10^4、$4.530\,0\times10^4$分别代表 3 位、4 位和 5 位有效数字。

在数值方法中，有效数字定义如下：如果近似值 x^* 的误差限是其某一位上的半个单位,且该位直到 x^* 的第 1 位非 0 数字一共 n 位,则称近似值 x^* 有 n 位有效数字。

将 x^* 表示为如下形式:

$$x^* = \pm 10^m (x_1 \cdot 10^{-1} + x_2 \cdot 10^{-2} + \cdots + x_n \cdot 10^{-n})$$

若 $|x - x^*| \leqslant \frac{1}{2} \times 10^{m-n}$,即最后一个数的 0.5 个单位,则 x^* 具有 n 位有效数字,其中 x 为准确值或真值。

如已知某数的真值,则可根据定义判断其近似值的有效数字位数,如用 3.141 59 近似代替圆周率 π,则该数只有 6 位有效数字。

有效数字的概念具有以下两方面的作用。

(1) 数值方法的求解结果是近似的,有效数字则有助于了解其近似解的准确程度,如求解结果准确至 4 位有效数字,则可决定该近似值是否可被接受。

(2) 虽然 π、e 或 $\sqrt{7}$ 代表了特定的值,但它们不能准确地由有限位数表示,如 $\pi =$ 3.141 592 635 897 932 384 626 43… 在具体问题的计算中,往往涉及无穷小数或位数很多的数,但计算机的位数则是有限的。因此,在计算机的运算过程中必然会发生用有限小数代替无限小数,或用有限位的数代替位数很多的数,如用 3.141 59 代替 π。由于计算机位数有限,计算中使用“四舍五入”或其他规则取近似值,这样引起的误差称为舍入误差。舍入误差和有效数字的应用将能够了解近似解的准确程度。

2. 绝对误差和相对误差

若用 x^* 表示准确值 x 的某个近似值,则近似值 x^* 的绝对误差为

$$E(x) = x - x^*$$

在通常情况下,准确值 x 是未知的,故常常不可能算出绝对误差 $E(x)$ 的真实值,而只能根据实际情况估计其绝对值的范围,也就是估计 $|E(x)|$ 的上限,即

$$|E(x)| = |x - x^*| \leqslant \eta$$

η 称为近似值 x^* 的绝对误差限,通常也把绝对误差限简称为绝对误差,一般可写作

$$x = x^* \pm \eta$$

这样,η 反映了近似值 x^* 的可信赖程度。

近似值 x^* 的相对误差为

$$E_r(x) = \frac{E(x)}{x} = \frac{x - x^*}{x}$$

而实际上,由于准确值 x 并不知道,通常又定义

$$E_r(x) = \frac{E(x)}{x^*} = \frac{x - x^*}{x^*}$$

相对误差不仅可以表示近似值 x^* 的误差大小,而且可以表示其准确程度,要比绝对误差的概念更为完善。例如有 $x = 10 \pm 1$ 与 $y = 1\,000 \pm 5$ 两个数,试问 10 和 1 000 哪个数的近似值更能准确地反映其对应的真实值?若用绝对误差表示,那么近似数 $y^* = 1\,000$ 的误差

$|E(y)|=5$，而近似数 $x^*=10$ 的误差仅为 $|E(x)|=1$，似乎 x^* 更准确些。其实不然，若考虑到近似数本身的大小，$E_r(y)$ 仅为 y^* 的 0.5%，而 $E_r(x)$ 则为 x^* 的 10%。显然 y^* 比 x^* 更准确，故相对误差比绝对误差更能准确地表示一个近似值的准确程度。

与绝对误差一样，由于 x 不知道，常常不能确定相对误差 $E_r(x)$ 的准确值，而只能估计其绝对值的上限，即

$$|E_r(x)|=\left|\frac{x-x^*}{x^*}\right|\leqslant\delta$$

δ 称为 x^* 的相对误差限，通常也把它简称为相对误差，显然，相对误差限与绝对误差限有如下关系：

$$\delta=\left|\frac{\eta}{x^*}\right|$$

结合计算误差，有效数字的运算规则一般是：① 通用“四舍五入”；② 加减法（考察绝对误差），以小数点后位数最少的数据为基准，修约计算；③ 乘除法（考察相对误差），以有效数字最少的数据为基准，修约计算。

2.2　截断误差和泰勒级数

在实际问题计算中，常常会遇到超越运算，这就要求用极限和无穷过程来表示。但在实际计算时，只能进行有限次运算，因而只能求得其近似值。例如，在数值方法中常采用收敛无穷级数如泰勒级数的前 n 项代替无穷级数，也就是抛弃了无穷级数的后几项，由此引起的误差称为截断误差。

1. 泰勒级数

在微积分中，如果函数 $f(x)$ 在 x_0 的某个邻域内有直到 $n+1$ 阶导数，则在这个邻域内

$$f(x)=f(x_0)+f'(x_0)(x-x_0)+\frac{1}{2!}f''(x_0)(x-x_0)^2+\cdots+\frac{1}{n!}f^{(n)}(x_0)(x-x_0)^n+R_n(x)$$

其中

$$R_n(x)=\frac{f^{(n+1)}(\xi)}{(n+1)!}(x-x_0)^{n+1}\tag{2-1}$$

这里 ξ 是 x_0 与 x 之间的某个值。式(2-1)称为函数 $f(x)$ 在 x_0 处的泰勒公式，$R_n(x)$ 是余项。当

$$\lim_{n\to\infty}R_n(x)=0$$

时，函数 $f(x)$ 可表示成幂级数的形式：

$$f(x)=f(x_0)+f'(x_0)(x-x_0)+\frac{1}{2!}f''(x_0)(x-x_0)^2+\cdots+\frac{1}{n!}f^{(n)}(x_0)(x-x_0)^n$$

该式称为函数 $f(x)$ 在 x_0 处的有限项泰勒级数。

今后经常要用到泰勒公式和泰勒级数中的前几项逼近函数。如只取第一项,有

$$f(x) \approx f(x_0)$$

即用常数 $f(x_0)$ 逼近函数 $f(x)$;取前两项,则有

$$f(x) \approx f(x_0) + f'(x_0)(x - x_0)$$

即用直线(线性函数)逼近函数 $f(x)$;取前三项,则有

$$f(x) \approx f(x_0) + f'(x_0)(x - x_0) + \frac{1}{2}f''(x_0)(x - x_0)^2$$

即用抛物线(二次函数)逼近函数 $f(x)$。

通常 n 次多项式可以准确地由 n 次泰勒级数表示,而微分和连续函数如指数和正弦曲线函数等无法由有限次的泰勒级数表示,次数越多越逼近真实值,但只有无穷次泰勒级数才与真实值一致。在实际计算过程中,常常采用收敛无穷级数的前 n 项代替无穷级数,其计算结果足以接近真实值,而由此带来的误差即截断误差可由余项公式计算。但求解余项并非易事,因为 ξ 为 x_0 与 x 之间的某个值,很难确定;另外,只有已知 $f(x)$ 才能求取 $f(x)$ 的 $n+1$ 阶导数。而事实上,如果已知 $f(x)$,根本无须采用泰勒级数求解函数值。尽管如此,式(2-1)仍然有助于判断截断误差值,由式(2-1)知,余项除与 $f^{(n+1)}(\xi)$ 有关外,还与 h 和 n 有关,因此在数值计算过程中,为减少截断误差,需合理选择步长 h 和 n 次泰勒级数。

如果在给定的区间内,$f^{(n+1)}(x)$ 有界,即

$$|f^{(n+1)}(x)| \leqslant M$$

则

$$R_n(x) \leqslant \frac{M}{(n+1)!}|(x - x_0)^{n+1}| = O(h^{n+1})$$

这里 $h = x - x_0$,可见截断误差 $R_n(x)$ 与 h^{n+1} 有关,这对截断误差的判断非常有用,如误差为 $O(h)$,则步长减半,误差就减半;而误差为 $O(h^2)$ 时,步长减半,误差则减至四分之一。可见 h 越小,有限次的泰勒级数就能得到合理的函数计算值,泰勒级数次数 n 越大,截断误差越低。

例 2-1 求积分 $\int_0^1 e^{-x^2} dx$ 的近似值。

将积分泰勒展开后,可得

$$\int_0^1 e^{-x^2} dx = \int_0^1 \left(1 - x^2 + \frac{x^4}{2!} - \frac{x^6}{3!} + \frac{x^8}{4!} - \cdots\right) dx$$

$$= 1 - \frac{1}{3} + \frac{1}{2!} \times \frac{1}{5} - \frac{1}{3!} \times \frac{1}{7} + \frac{1}{4!} \times \frac{1}{9} - \cdots$$

若只取前四项,则有

$$\int_0^1 e^{-x^2} dx \approx 1 - \frac{1}{3} + \frac{1}{2!} \times \frac{1}{5} - \frac{1}{3!} \times \frac{1}{7} = 0.743$$

截断误差为

$$R_4=\frac{1}{4!}\times\frac{1}{9}-\frac{1}{5!}\times\frac{1}{11}+\cdots$$

$$|R_4|<\frac{1}{4!}\times\frac{1}{9}<0.005$$

2. 误差的传递

在计算过程中,误差的量会传递给计算结果,因此在数值计算中必须考虑运算误差对结果的影响。

1) 一元函数

函数 $f(x)$ 为 x 的一元函数,x 有误差,其近似值为 x^*,由此可计算当用 x^* 近似代替 x 时 $f(x)$ 的绝对误差为

$$\Delta f(x^*)=|f(x)-f(x^*)|$$

设 x^* 为 x 的邻近值,且 $f(x^*)$ 为连续可微函数,则可由 $f(x^*)$ 值应用泰勒级数计算 $f(x)$:

$$f(x)=f(x^*)+f'(x^*)(x-x^*)+\frac{f''(x^*)}{2!}(x-x^*)^2+\cdots$$

如取前两项,则有

$$f(x)-f(x^*)\approx f'(x^*)(x-x^*)$$

或

$$\Delta f(x^*)=|f'(x^*)|(x-x^*) \tag{2-2}$$

由式(2-2)可计算函数 $f(x)$ 的绝对误差。

2) 多元函数

如一元函数一样,多元函数同样可用泰勒公式进行展开,如二元函数 $f(x,y)$ 由点 (x_i,y_i) 可得

$$\begin{aligned}f(x_{i+1},y_{i+1})=&f(x_i,y_i)+\frac{\partial f}{\partial x}(x_{i+1}-x_i)+\frac{\partial f}{\partial y}(y_{i+1}-y_i)\\&+\frac{1}{2!}\left[\frac{\partial^2 f}{\partial x^2}(x_{i+1}-x_i)^2+2\frac{\partial^2 f}{\partial x\partial y}(x_{i+1}-x_i)(y_{i+1}-y_i)\right.\\&\left.+\frac{\partial^2 f}{\partial y^2}(y_{i+1}-y_i)^2\right]+\cdots\end{aligned}$$

如果忽略二阶和更多阶偏导数,则由上式可计算近似值 (x^*,y^*) 所引起的函数 $f(x,y)$ 的绝对误差为

$$\Delta f(x^*,y^*)=\left|\frac{\partial f}{\partial x}\right|\Delta x^*+\left|\frac{\partial f}{\partial y}\right|\Delta y^*$$

同样可估算由近似值 $x_1^*,x_2^*,\cdots,x_n^*$ 的误差 $\Delta x_1^*,\Delta x_2^*,\cdots,\Delta x_n^*$ 引起的 n 元函数 $f(x_1,x_2,\cdots,x_n)$ 的绝对误差为

$$\Delta f(x_1^*,x_2^*,\cdots,x_n^*)\approx\left|\frac{\partial f}{\partial x_1}\right|\Delta x_1^*+\left|\frac{\partial f}{\partial x_2}\right|\Delta x_2^*+\cdots+\left|\frac{\partial f}{\partial x_n}\right|\Delta x_n^*$$

以上方程可用来估计由近似值代替真实值引起的误差传递。

一般来说,在分析运算误差时,要考虑以下一些原则。

(1) 两个相近的数相减,会严重丢失有效数字。

例如,$a_1=0.123\,45$,$a_2=0.123\,46$,各有5位有效数字。而$a_2-a_1=0.000\,01$,只剩下1位有效数字。

(2) 避免绝对值太小的数作为除数。

除数绝对值较小时,商的绝对值会很大,有可能出现浮点溢出。

(3) 防止大数“吃掉”小数。

因为计算机只能采用有限位数计算,若参加运算的数量级差别很大,在加减运算中,绝对值很小的数往往被绝对值较大的数“吃掉”,造成计算结果失真。

例2-2 求方程$x^2-(10^9+1)x+10^9=0$的根。

方程的两个根分别为10^9和1。如果用计算机采用二次方程的求根公式算,则有

$$x=\frac{-b\pm\sqrt{b^2-4ac}}{2a}$$

在计算机内,10^9存为0.1×10^{10},1存为0.1×10^1。做加法时,两加数的指数先向大指数对齐,再将浮点部分相加。即1的指数部分须变为10^{10},则$1=0.000\,000\,000\,1\times10^{10}$,取单精度时就成为

$$10^9+1=0.100\,000\,00\times10^{10}+0.000\,000\,00\times10^{10}=0.100\,000\,00\times10^{10}$$

$$x_1=\frac{-b+\sqrt{b^2-4ac}}{2a}=\frac{10^9+10^9}{2}=10^9,\ x_2=\frac{10^9-10^9}{2}=0$$

但实际上x_2应等于1。

在运算过程中必须注意合理安排运算顺序,以便提高运算的精度或保护重要的参数。

(4) 简化计算步骤以减少运算的次数。

同样一个问题,如果能减少运算次数,不但可以减少计算时间,还能减少舍入误差的传播。如计算x^{63}的值,若将x的值逐个相乘,则需做62次乘法,但如果写成

$$x^{63}=x\cdot x^2\cdot x^4\cdot x^8\cdot x^{16}\cdot x^{32}$$

则只要做10次乘法就可以了。

3. 非计算误差来源

为了分析误差来源,我们先初步了解去解决一个实际问题需要经过哪些步骤。首先根据生命科学问题中生物、化学或物理实际现象及真实过程的物理概念,经过适当的假设和简化建立过程的物理模型;然后经过必要的归纳和数学推导建立数学模型;再应用数学方法求解这些数学模型,将计算结果与实验结果比较,如有需要,则对模型进行修正并重复上述步骤;最后应用这些数学解来定量地说明实际过程,从而达到定量分析和预测实际过程的目的。其中的非计算误差可分为模型误差和观测误差。

1) 模型误差

根据实际问题建立数学模型时,必须经过某种程度的简化和归纳,即所谓“理想化”处理。这种处理一方面为了使具体问题抽象化,使模型具有普适性;另一方面为了使模型简

化，便于进行数学处理。这就造成了模型与实际问题间的误差。这种误差称为模型误差。但应明确，这类误差不是数值方法的某种算法所造成的，而是模型本身带来的。

2）观察（测量）误差

任何数学模型中都包含一些实验测定的参数，而任何精密仪器都只能测得这些参数的近似值，所以在模型参数中存在实际测定值与真实值之间的误差，这类误差称为观测误差。观测误差也不是某种算法造成的，其大小与实验仪器的精密程度、实验测定次数及参数测定或估计方法有关。

模型误差和观测误差虽然与算法无关，不可能用改善算法的办法来降低这些误差，但实际问题的计算者必须了解这些误差的大小以及它们在计算过程中的传递，以便对最终计算结果进行合理分析。

在实际问题的计算中，从模型建立到应用计算机获得最终结果的整个过程中，可能会引入种种误差，如与数值方法无关的模型误差和观测误差以及与数值方法密不可分的舍入误差和截断误差等，计算者必须对这些误差做出判断和估计，否则所得结果将是毫无意义的。

2.3　统计图表

实验数据经过整理后需表示变量（数字）与变量（数字）之间的关系，较为简单实用的方法是图形表示法、数据列表法。

图形表示法根据实验数据在选定的坐标系上表示实验结果，坐标系有直角坐标、对数坐标、半对数坐标等。它的优点是简明直观，能够反映数据的变化趋势和变化特点，但是它不能很好地表示三个以上变量之间的关系，而且它的随意性较大，即使是同一组实验数据，其结果也因人而异。常用的图形有普通散点图、统计直方图、饼形图、折线图等。

数据列表法根据实验的内容和要求，进行数表的设计，使其具有明确的名称和标题，可以表示重要的数据和实验结果。其优点是简单，数据易于参考比较，形式紧凑，但是不够直观，对数据的变化趋势不如图形表示法简单明了。而且利用列表法求取两个数据的中间值时常常需要借助于插值公式进行计算。

1. 统计表

统计表是由纵横交叉线条所绘制的表格来表现统计资料的一种形式。按作用不同，可分为统计调查表、汇总表、分析表。统计表主要以列的形式展示数据分析结果，具有避免文字叙述冗繁，便于阅读、分析比较等优点。

统计表一般由表号和表题、横（行）标题、纵（列）标题、分割线及数字资料等主要部分组成，必要时可以在统计表的下方加上表注来进行简单说明，如图 2－2 所示。在制作统计表时，要求内容简明，重点突出，能正确表达统计结果，便于分析比较。统计表的设计应符合科学、实用、简洁、美观的要求。对于表格的各个部分，及其文中位置和正文引述也有一定的规范性要求，可参考相关标准。

2. 统计图

统计图用图形将统计数据及分析结果形象化，特别是用于表示不同变量之间的变化关

表号和表题

纵标题

表 1 中心组合设计优化的培养基各变量水平与实际值

变量	变量水平				
	-2	-1	0	1	2
X_1: Glucose (g/L)	12.8	17.6	22.4	27.5	32.0
X_2: Tryptone (g/L)	12.0	18.0	24.0	30.0	36.0
X_3: Potassium phosphate* (g/L)	12.9	15.9	18.9	21.9	24.9
X_4: Sodium citrate (g/L)	0.006	0.155	0.304	0.453	0.602

横标题

表注

* Potassium phosphate 由三水磷酸氢二钾和磷酸二氢钾以 9.17∶2 的比例组成,pH 为 7.0。

图 2-2 统计表的一般格式示例

系时简单明了,比文字解释与统计表更便于理解和比较。统计图种类较多,主要有散点图、柱状图、饼图、直方图等。科技论文中最常见的是散点图和柱状图。

统计图一般包括图号和图题、轴标、数轴、图注、图线及误差棒等主要部分。与统计表一样,各个部分和正文引述的规范性也有一定的要求,可参考相关标准。

1) 散点图及折线图

散点图及折线图包括二维 xy 散点图、三维 xyz 散点图,可判断变量之间是否存在变化关系及具体可能存在什么关系,还可判断某一个点或者某几个点偏离目标范围的情况。图 2-3 是一个含统计图各个部分的散点图。

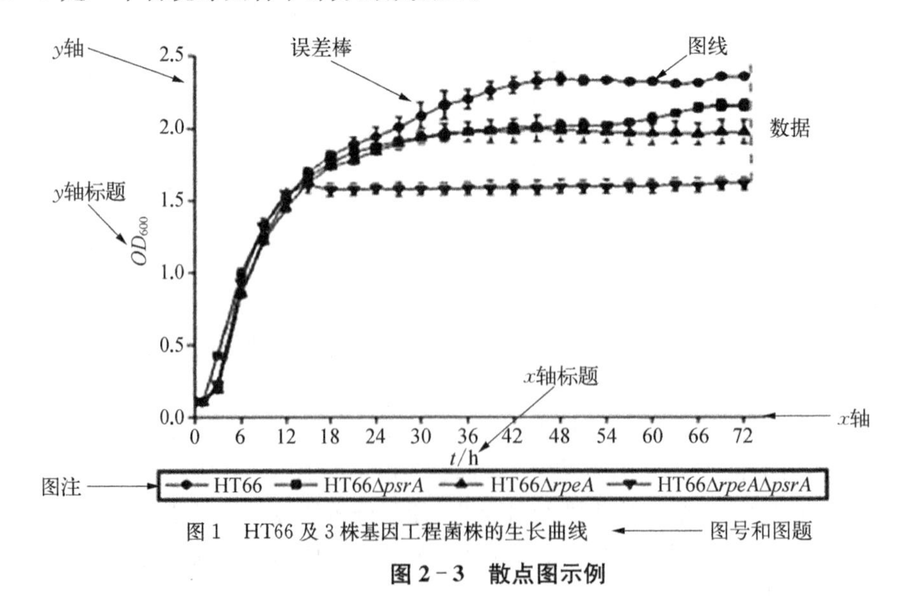

图 2-3 散点图示例

2) 柱状图或条形图

柱状图是用宽度相同的条形的高度或长短来表示数据多少的图形,如图 2-4 所示。柱状图可以横置或纵置。柱状图有简单柱状图、复式柱状图等形式。从柱状图中可以很方便地看出各个数据的多少和比较数据之间的差别。

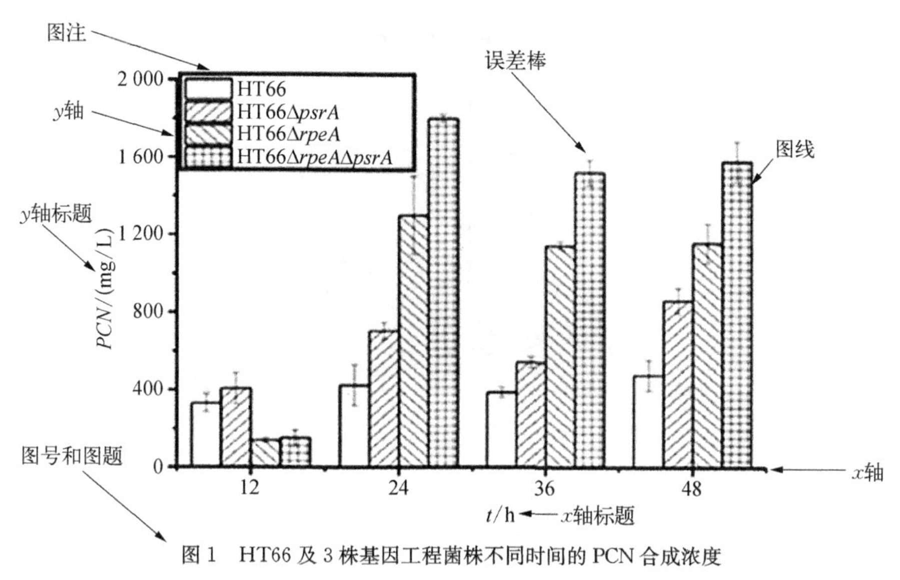

图 1　HT66 及 3 株基因工程菌株不同时间的 PCN 合成浓度

图 2-4　柱状图示例

3) 其他常见统计图

(1) 饼图。如图 2-5 所示，饼图为圆形，形象直观，仅显示一个数据系列中各项的大小与各项的比例(百分比)。其中要求绘制的数值没有负值，各项分别代表整个饼图的一部分，各项比例需要标注百分比。饼图包含复合型饼图、分离型饼图、三维饼图等。

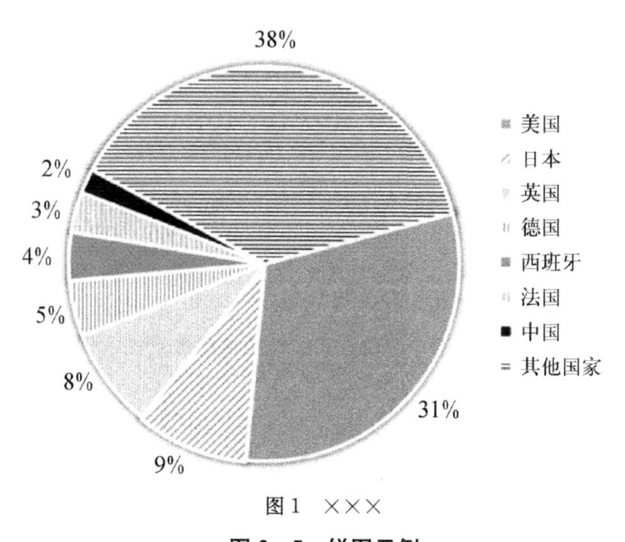

图 1　×××

图 2-5　饼图示例

(2) 直方图及频率直方图。直方图形式上是连续变量的柱状图，而柱状图适用于分离变量。直方图经常用于对数据分布情况的图形表示，如图 2-6 所示。

(3) 曲线拟合图。如图 2-7 所示，曲线拟合图经常出现在科技论文中，同时表示数据点和拟合曲线，帮助读者了解数据的变化趋势，具体可结合散点图绘制。

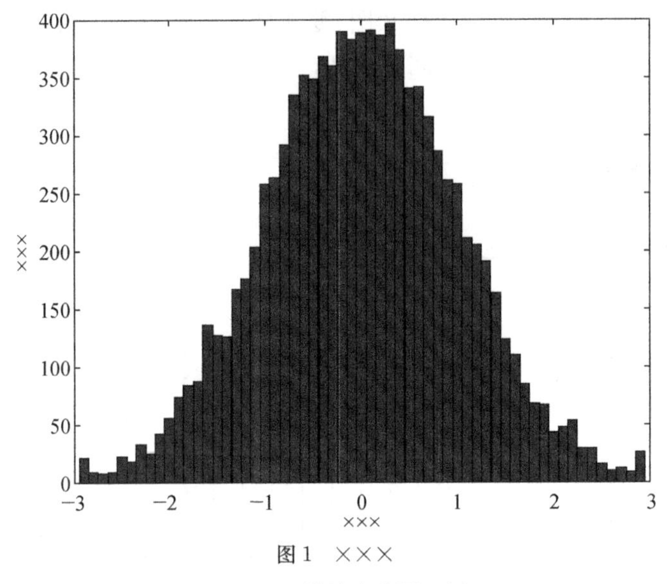

图1 ×××

图2-6 统计直方图示例

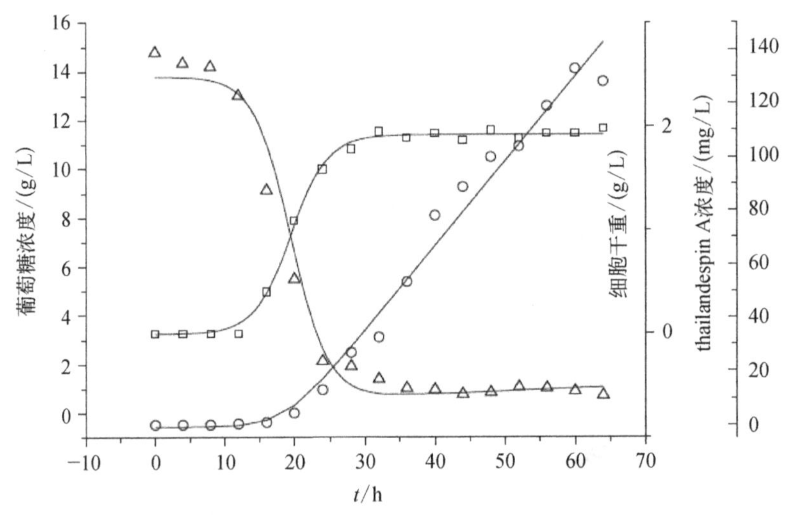

图1 Burkholderia thailandensis E264间歇式发酵合成thailandepsin A时葡萄糖浓度、细胞干重、thailandepsin A浓度随时间的变化曲线

图2-7 有三个纵轴且有曲线拟合的散点图示例

本章学习要点:

(1) 了解有效数字、舍入误差、截断误差。

(2) 了解计算机有效数字计算的特点。

(3) 了解常用统计表的制作。

(4) 了解常用统计图的制作。

第3章　MATLAB基础

MATLAB是由美国的Mathworks公司于1984年推出的一套用于数值计算的数学软件。MATLAB的名称出自matrix laboratory，原意为矩阵实验室，最开始是专门用于矩阵计算的软件。自MATLAB 4.0问世以来，MATLAB语言就逐渐成为最具吸引力、应用最为广泛的数值科学计算语言之一。

3.1　引言

经过不断的改进和完善，MATLAB如今已成为集数值计算功能、符号计算功能和计算可视化为一体的科学计算语言。

MATLAB软件的计算功能非常强大，用户只要拥有了MATLAB软件，就可以方便地处理诸如矩阵变换及运算、多项式运算、微积分运算、线性与非线性方程求解、常微分方程求解、偏微分方程求解、插值与拟合、特征值问题、统计及优化的问题。

MATLAB语言简单，它允许用户以数学形式的语言编写程序，比Basic、Fortran和C语言等更接近书写计算公式的思维方式。它的操作和功能函数指令就是平时计算机和数学书上一些简单的英文单词。由于它是用C语言开发的，它的不多的几个程序流控制语句与C语言差别很小，易为初学者掌握。

MATLAB扩充能力和可开发性强。MATLAB本身就像一个解释系统，对其中的函数程序的执行是一种解释执行的方式，这样最大的好处是MATLAB完全成了一个开放的系统，用户可以方便地看到其函数的源程序，也可以方便地开发自己的程序，甚至创建自己的"库"。另外，MATLAB可以和Fortran、C等语言接口，充分利用各种资源，用户只需将已有的EXE文件改成MEX文件，就可以方便地调用有关程序和子程序。

MATLAB软件开发的初衷是方便地进行矩阵运算或数值运算，但随着商业软件的推广，MATLAB不断升级，一般每年推出两个升级版本，上半年为版本a，下半年为版本b，如2019年的版本是MATLAB R2019a和MATLAB R2019b，近十年来各版本的核心功能没有变化。MATLAB包含有60多个工具箱，可以解决数学和其他工程领域的绝大多数问题，如信号处理、神经网络、鲁棒控制、系统识别、控制系统、实时工作、图形处理、光谱分析、频率识别、模型预测、模糊逻辑、数字信号处理、定点设置、金融管理、小波分析、地图工具、交流通信、模型处理、LMI控制、概率统计、样条处理、工程规划、非线性控制设计、QFT控制设计、NAG和偏微分方程求解、生物信息学、生物学模拟等。

MATLAB工具箱中与生物学直接相关的有生物信息学(Bioinformatics)工具箱和生物学模拟(SimBiology)工具箱。Bioinformatics工具箱为MATLAB提供了一个分析基因组和蛋白质组的完整的软件环境，具有蛋白和核酸分析、系统发育分析以及基因芯片分析等功能。用户可从 MATLAB 界面进入 NCBI(美国国立生物技术信息中心)等数据库，可方便地进行序列分析、构建分子系统发生树等。SimBiology 工具箱主要是一种可用于集成图形环境中的建模、仿真和分析生物系统的工具，可为药代动力学(pharmacokinetics, PK)和药效动力学(pharmacodynamics, PD)的建模和分析提供直观和灵活的环境。如 SimBiology 带有一个 PK 模型向导，它提供一个不受预定义模型限制且使用方便的内置数据库，只需指定房室数量、给药途径和消除方法，该模型向导即可自动生成 PK 模型。用户也可以输入临床或实验数据，并对这些数据进行预处理、可视化和计算统计。

可见，MATLAB 是一个高度集成的软件系统，有友好的界面，通过交互式的命令可以十分简易地实现许多复杂的算术运算。本章将简略介绍 MATLAB 软件的编程和数值计算功能，需要详细了解的读者请参阅相关的 MATLAB 软件使用指南。

3.2 MATLAB 的语言结构

3.2.1 MATLAB 工作方式

MATLAB 软件在安装启动后，即可出现工作界面，如图 3-1 所示。

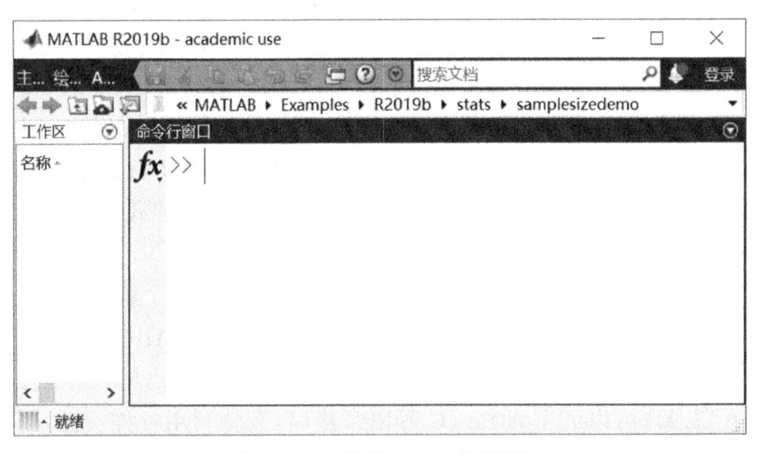

图 3-1 MATLAB 工作界面

MATLAB 集成环境包括 MATLAB 主窗口、命令行窗口(Command Window)、工作空间窗口(Workspace)、命令历史窗口(Command History)、当前目录窗口(Current Directory)、启动平台窗口(Launch Pad)。

在命令行窗口上运行相关命令，MATLAB 有两种工作方式，一种是键盘逐行输入命令，MATLAB 立即执行并显示结果；另一种是执行一个命令语句集文件，它自动地按照文件中排好的命令和语句顺序执行并显示结果。这种命令语句集文件必须使用扩展名“.m”，因此称为 M 文件。我们来看一个例子。用 MATLAB 计算 $3^2+5\times3+6$ 的算术运算结果。一种方法是直接在 MATLAB 的命令行窗口里输入以下内容：

```
3^2 + 5 * 3 + 6
```

在上述表达式输入完成后，按回车键，执行该指令，并显示如下结果：

$$ans=30$$

另外一种方法是首先编写个 fun1.m 文件来定义函数 y，其格式为

```
function y=fun1(x)
y=x^2+5x+6
```

然后在 MATLAB 的命令行窗口里输入

```
x=3;
y=fun1(x);
```

即可得到如下结果

$$y=30$$

M 文件在功能上可分为两种类型：文本文件和函数文件。文本文件包含一系列专门的 MATLAB 语句，当运行一个文本文件时，将自动运行一系列命令并产生最后的结果，文本文件的语句在工作空间中运算全局变量。它对程序设计中所需重复实现的执行过程、对复杂命令的解释十分有用。

如果 M 文件的第一行包含"function"，则这个文件为函数文件。函数文件中定义的变量均为局部变量。其基本格式为

$$\text{function}[f_1, f_2, \ldots]=\text{fun}(x, y, z, \ldots)$$

其中 $x, y, z, \ldots$ 是形式输入参数；$f_1, f_2, \ldots$ 是返回形式的函数输出值。调用一个函数只需直接使用与这函数一致的格式：

$$\text{fun}[y_1, y_2, \ldots]=\text{fun}(i, j, k, \ldots)$$

其中 $i, j, k, \ldots$ 是相应的输入参数；$y_1, y_2, \ldots$ 是相应的输出函数值。

函数文件的功能是建立一个函数，且这个函数可以同 MATLAB 的库函数一样地使用。

3.2.2 MATLAB 常用字符与函数

MATLAB 中经常用到的符号有以下几种。

"%"表示符号后的所有文字为注释，计算机不执行，经常用于程序语句的说明；

";"","用于各行的隔开，";"表示前一行不显示，","表示显示结果；

"..."表示该语句的余下部分在下一行出现。

MATLAB 常用的字符与数学函数如表 3-1、表 3-2 所示。

表 3-1　常用符号

符　号	含　　义
eps	容差变量，计算机的最小数 $=2^{-52}$
pi	圆周率 π，近似值 3.141 592 6
inf	表示正无穷大，定义为 1/0

(续表)

符　号	含　　义
NaN	非数,(Not a Number) 产生于 $0\times\infty$, 0/0, ∞/∞等运算,即 $0\times$inf
i, j	虚数单位
flops	浮点运算数
ans	对于未赋值运算结果,自动赋给 ans
nargin	函数的输入变量个数
nargout	函数的输出变量个数

表 3-2　常用数学函数

函　数	含　义	函　数	含　义
abs(x)	绝对值	exp(x)	指数函数
sin(x)	正弦	log(x)	自然对数函数
cos(x)	余弦	log10	常用对数(10 为底)
tan(x)	正切	sqrt(x)	平方根
real(x)	复数实部	round(x)	圆整整数

常用的操作符参见附录 8。

MATLAB 的数据有不同的显示格式,主要有长型和短型,常规实数或科学计数法的指数型。MATLAB 默认的数据显示格式是短型,当数据为实数时,以小数点后 4 位的长度显示;当数据为整数时则以整数显示。虽然在 MATLAB 系统中数据的存储和计算都是双精度进行的,但 MATLAB 可以利用菜单或 Format 命令来调整数据的显示格式。常用的 Format 命令的格式和作用如下:

Format short　　5 位定点表示
Format long　　15 位定点表示
Format short e　　5 位浮点表示
Format long e　　15 位浮点表示

3.3　矩阵、变量、运算和表达式

MATLAB 的基本运算对象是矩阵,向量可作为矩阵的一列或一行,数可以视作 1 行 1 列的矩阵,MATLAB 是通过键入命令或命令语句的方式实现功能的。除了 MATLAB 特定的命令外,可用由矩阵、(矩阵)变量和运算符构成的表达式命令实现各种运算。

3.3.1　矩阵的输入

矩阵有多种输入方式,如通过语句或函数产生或用 M 文件或外部数据文件产生,最简单的方式为直接输入。输入时,矩阵元素置于一对方括号内,元素之间用空格或逗号分开,矩阵的不同行用分号隔开。MATLAB 没有描述矩阵维数和类型的语句,它们是由输入的格式和内容来确定的。

例如创建一简单数值矩阵。输入

A=[1,2,3;1,1,1;4,5,6]

产生结果为

```
A=1  2  3
  1  1  1
  4  5  6
```

在 MATLAB 中,大的矩阵可以分行输入,行的分隔可用回车代替分号实现。这样的输入形式更接近于我们平时使用矩阵的数学形式。如

```
A=[1  2  3
   1  1  1
   4  5  6]
```

矩阵的输入也可以通过建立 M 文件来完成。例如建立一个 A.M 的文件,其内容为

```
A=[1  2  3
   1  1  1
   4  5  6]
```

则在工作环境中使用 A 命令就可调出 **A** 矩阵。

3.3.2　矩阵的运算

矩阵的基本数学运算包括矩阵的四则运算、与常数的运算、逆运算、行列式运算、幂运算、指数运算、对数运算、开方运算等。

1. 变量与表达式

MATLAB 的赋值语句有两种形式,一种形式为<变量>=表达式,另一种简单的形式为<表达式>,后者将表达式的值赋予一个自动定义的变量 ans。

若要了解已经定义的变量,可用 who 命令,用 whos 命令可显示已定义的变量及有关此变量的维数等信息。

2. 矩阵的运算符

矩阵的初等运算符为“+”“-”“*”“/(右除)”“\(左除)”和“^(幂)”。“+”“-”“*”实现两矩阵的加、减和乘法运算。“^(幂)”是矩阵的幂运算,参加运算的矩阵必须为方阵。右除和左除的意义规定如下:$\boldsymbol{C}=\boldsymbol{A}/\boldsymbol{B}$ 即 $\boldsymbol{C}$ 满足 $\boldsymbol{CB}=\boldsymbol{A}$,而 $\boldsymbol{C}=\boldsymbol{A}\backslash\boldsymbol{B}$ 即 $\boldsymbol{C}$ 满足 $\boldsymbol{AC}=\boldsymbol{B}$。当 $\boldsymbol{B}$ 为可逆方阵时 $\boldsymbol{A}/\boldsymbol{B}=\boldsymbol{AB}^{-1}$,当 $\boldsymbol{A}$ 为可逆方阵时,$\boldsymbol{A}\backslash\boldsymbol{B}=\boldsymbol{A}^{-1}\boldsymbol{B}$。矩阵的右除要先计算矩阵的逆再做矩阵的乘法,而左除则不需要计算矩阵的逆而直接进行除运算。通常右除要慢一点,但对于一般矩阵,两者几乎没有差别。

变量矩阵或常量矩阵用运算符连接得到表达式,运算的优先次序与常规相同,可用括号改变运算的优先次序。

常用的矩阵转换还有求可逆矩阵,inv ($\boldsymbol{A}$); 求转置矩阵, $\boldsymbol{A}'$ 等。常用的矩阵相关语句见附录 8。

3.3.3 向量及下标

1. 向量的构造

在 MATLAB 中,":"是一个重要的字符,可以用来产生一个行向量。其基本格式为 $x=n_0:n_1:n_2$,表示从 n_0 开始,到 n_2 结束,数据元素的增量为 n_1 的一个行向量。当 $n_1=1$ 时可以简化为 $x=n_0:n_2$。如输入 x=1:5,即生成一个 1~5 单位增量的行向量 x=[1 2 3 4 5];若输入 x=1:0.5:4,则生成 x=[1 1.5 2 2.5 3 3.5 4]。除此之外,也可以利用 MATLAB 函数 linspace 来创建向量。此函数的调用格式为

linspace(first_value,last_value,number)

该函数将创建一个从 first_value 开始,到 last_value 结束,包含有 number 个数据元素的行向量。

2. 下标

单个的矩阵元素可以在括号中以下标来表示。如

$$\boldsymbol{A}=\begin{bmatrix}1 & 2 & 3\\1 & 1 & 1\\4 & 5 & 6\end{bmatrix}$$

其中,元素 A(1, 2)=2, A(1, 3)=3,等等。下标也可以是一个向量,对于矩阵来说,向量下标可以将矩阵中相邻或不相邻的元素构成一新的矩阵。如 A(1:3, 2) 指 A 中由前三行对应的第二列元素组成的 3×1 矩阵。使用":"代替下标,可以表示所有的行或列,如 A(:, 3) 代表第三列元素组成的矩阵,A(1:2, :) 指 A 中由前两行所有元素组成的矩阵。对于矩阵的赋值语句,":"有明显的优越性,如 A([3, 5, 7], :)=B(1:3, :) 表示将 B 矩阵的前三行赋值给 A 矩阵的第 3、第 5 和第 7 行。

若 A(:)在赋值语句右侧,A(:)是将矩阵 A 的所有元素排成一个单列,如 A=[1 2; 1 1; 3 5], B=A(:),则 B=[1 2 1 1 3 5]';若 A(:) 在赋值语句左侧,A(:) 保持它原来的格式,如 C=[1 1 1 1 1 1], A(:)=C,则 A=[1 1; 1 1; 1 1]。

3.3.4 数组及其运算

MATLAB 中,除了矩阵以外,还有数组的概念,它们的差别主要在于运算规则的不同,数组的输入与矩阵是相同的。

(1) 数组的运算符为"+""-"".*""./"".\"".^"。可见,加减运算符与矩阵运算符相同,而其他运算符则在相应的矩阵运算符之前增加一点,有时为了避免歧义,可在运算符的"."前留一空格。

(2) 乘除和乘幂运算。数组的加减法与矩阵运算规则相同,但其余运算规则不同,数组运算主要是对应元素之间进行计算,A.*B 的结果为 A 和 B 对应元素相乘得到的一个数组,A.\B 的结果为 B 的元素除以 A 的相应元素,A./B 为 A 的元素除以 B 的相应元素得到的新数组。

例如，A=[1 2 3]，B=[4 5 6]，若 C=A.*B，得

C=4　10　18

若 C=A.\B，得

C=4.000 0　2.500 0　2.000 0

A.^B 是以 A 的元素为底，以相应的 B 中的元素为幂的数组，若 C=A.^B，则得

C=1　32　729

MATLAB 的运算是十分灵活的，如运算对象不一定是体积相同的数组，其中某一个可以是标量，若 C=2.^A，则得

C=2　4　8

若 C=A.^2，则得

C=1　4　9

3.3.5 关系和逻辑运算符

关系运算符主要用来比较数、字符串、矩阵之间的大小和不等关系，其返回值是 0 或是 1。常用的关系运算符如表 3-3 所示。

表 3-3 MATLAB 常用的关系运算符

指　令	含　义	指　令	含　义
<	小于	>=	大于等于
<=	小于等于	==	等于
>	大于	~=	不等于

MATLAB 有四种基本的逻辑运算符：&(与)，|(或)，~(非)和 xor(与非)。逻辑表达式和逻辑函数的值应该是一个逻辑量“真”或“假”，其中以 0 表示“假”，以 1 表示“真”。

3.4 绘图和控制语句

MATLAB 除了具有强大的数值分析工具外，还提供了非常丰富的图形绘制功能。本节简单介绍 MATLAB 的绘图功能。

3.4.1 二维图形函数

MATLAB 中提供了多种二维图形的绘图函数(见表 3-4)，但其中最重要、最基本的是指令是 plot。其基本调用格式为

plot(x,y,'s')

其中，x,y 是长度相同的一维数组，它们分别指定采样点的横坐标和纵坐标。第三个输入量 's' 是字符串，它用来指定绘图的线型及颜色。如果没有指定，plot 将使用默认设置——“蓝

色细实线"绘制曲线。

例如,plot(x1,y1,'r+',x2,y2,'g *')表示用"+"点方式画第一条曲线 $y_1 \sim x_1$,图形的颜色为红色;用" * "点方式画第二条曲线 $y_2 \sim x_2$,图形的颜色为绿色。

表 3-4 MATLAB 提供的常用绘图函数

函 数	功 能	函 数	功 能
area	面域图	plot	基本二维图形函数
bar	直方图	polar	极坐标图
compass	射线图	semilogx	半对数,x 为对数坐标
feather	羽毛图	semilogy	半对数,y 为对数坐标
loglog	双对数坐标图	stairs	阶梯图
pie	二维饼图	stem	二维杆图

例如,在 MATLAB 命令行窗口里依次执行下列语句:

```
x=1:0.1 * pi:2 * pi;
y=sin(x);
z=cos(x);
plot (x,y,'kd',x,z,'k--')
```

可以得到如图 3-2 所示的图形。

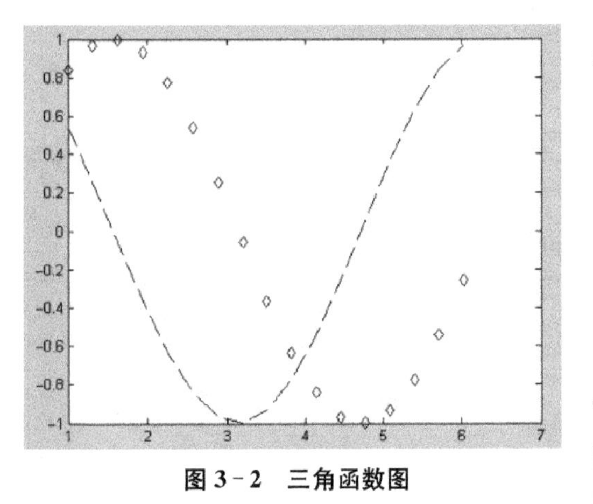

图 3-2 三角函数图

在绘制图形的同时,可以对图形加上一些说明,如图形名称、坐标轴说明以及某一部分的含义等。在 MATLAB 中常用的绘图辅助函数如表 3-5 所示。

表 3-5 常用绘图辅助函数

函 数	功 能
title('...')	在图形上方'' 中所指定的内容
xlabel('...')	将'' 中所指定的内容添加在 x 轴上
ylabel('...')	将'' 中所指定的内容添加在 y 轴上
text(x,y,'...')	将'' 中所指定的内容显示在(x,y)处
legend('图例 1', '图例 2',...)	曲线所用线型、颜色以及数据点标记图例
axis(x_{min}, x_{max}, y_{min}, y_{max})	x,y 轴的显示范围
grid	在图中显示虚线网格
hold on	后面 plot 的图形和先前的叠加在一起
hold off	解除 hold on 命令

上述辅助绘图函数必须放在相应的 plot 函数之后,此外,还有一个辅助的函数 gtext('...'),调用该函数时,十字光标自动随鼠标移动,单击鼠标即可将文本放置在十字光标处。

绘制图形时,MATLAB 会自动根据数据的范围来选择合适的坐标刻度,使得曲线能尽可能清晰地显示出来。但是如果用户对坐标选取范围不满意，可以利用 axis 函数对其进行重新设定。在曲线模拟和数据回归中，通常需要观察模拟的曲线和实际数据的吻合情况。这常常用到 hold on 函数，hold on 函数用来保持屏幕上的当前图形，对于接下去的 plot 函数，在使用原已建立的坐标尺寸，且保持原有图形不变的基础上，叠加上一个新形成的图形。

MATLAB 还可以通过 plot 等简便作图生成 Figure 框后，在 Figure 框（见图 3－3）中对图的各个组成部分进行编辑，制作满意的图形。如调整各坐标轴的刻度，改变颜色、文字格式、线条粗细，添加网格，插入图例等，操作相当简单。

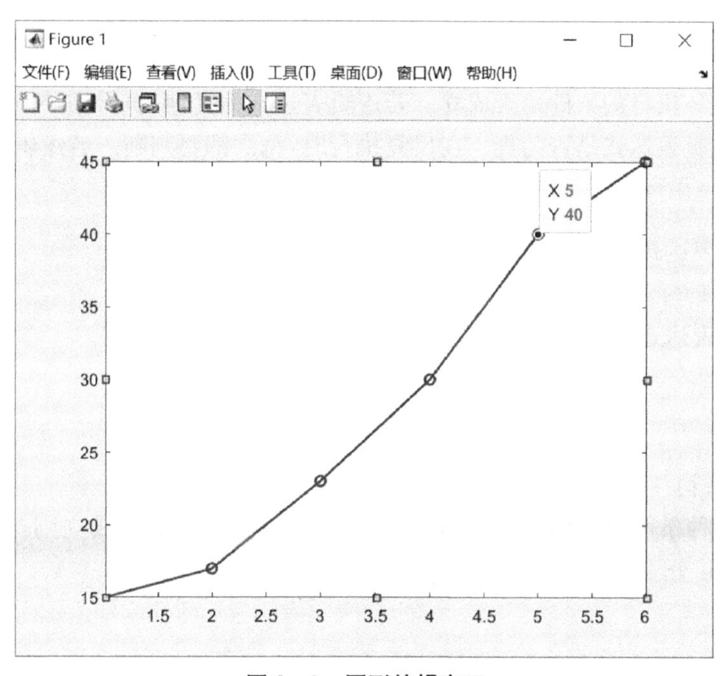

图 3－3　图形编辑窗口

3.4.2　控制流

作为一种计算机编程语言，MATLAB 提供了多种用于程序流控制的描述关键词。这里主要介绍最常用的循环控制（for，while）和条件控制（if，switch）。

1. for 循环结构

这个结构每执行一次就要判断是否继续进行，这个判断的依据条件就是循环终止条件。for 循环的基本格式为

```
for i=初值:增量:终值
    语句 1
    语句 2
    …
    语句 n
end
```

for 和 end 之间的语句形成循环体。增量可以自己设定,也可以缺省,缺省值为 1,执行时变量 i 从初值开始,循环体中的语句每被执行一遍 i 就增加一个增量,直到终值为止。

例如,设计一个循环,计算阶乘 20!

```
for i=1:20
k=k*i
end
k
```

2. while 循环结构

与 for 循环中重复的次数是预先设定的不同,MATLAB 中的 while 结构在执行循环体之前首先判断循环执行的条件是否成立。若逻辑表达式为真,则执行循环体语句一次,然后返回再次判断逻辑表达式是否为真。在反复执行时,每次都要判断。若逻辑表达式为假,则终止循环。while 循环的一般形式如下:

```
while 逻辑表达式 1
      语句 1
while 逻辑表达式 2
      语句 2
  end
```

3. if 分支结构

if 结构是一种条件分支结构,先判断某个条件是否成立,如果成立则执行结构内的语句,否则就跳出 if 分支结构,执行后面的语句。其基本格式如下:

```
if  表达式 1
    语句 1
else if 表达式 2(可选)
    语句 2
else (可选)
    语句 3
    end
end
```

if 语句首先判断“表达式 1”是否成立,如果“表达式 1”成立,就执行语句 1,否则就执行 else if 中的条件判断(这是可选项)。如果结构中所有的表达式都不满足,就跳出执行本结构后面的语句。需要注意的是,每个 if 都对应一个 end,即有几个 if,就应有几个 end。

例 3-1 编程计算下列函数的值

$$y=\begin{cases} x & x<0 \\ x^3 & 0\leqslant x<1 \\ \cos x & x\geqslant 1 \end{cases}$$

```
function y=fenduan (x)
if x<0
   y=x;
 else if x>=1
   y=cosx;
 else
   y=x^3;
 end
end
```

4. switch 分支结构

switch 结构根据表达式取值的不同，分别执行不同的语句。其基本格式如下：

```
switch 表达式
   case 常量表达式 1
      语句 1
   case 常量表达式 2
      语句 2
      …
   otherwise
      语句 n
end
```

switch 结构执行时，程序检查表达式的值，当表达式的值等于 case 表达式 1 的值时，执行语句 1；当表达式的值等于 case 表达式 2 的值时，执行语句 2；后面以此类推。当表达式不等于 case 所列出的所有表达式的值时，则执行 otherwise 后面的语句。

3.5　MATLAB 在线帮助

MATLAB 功能强大，函数齐全，指令和调用方式众多。为了帮助用户了解和掌握其功能，MATLAB 通过在线帮助功能提供帮助。常用获取帮助信息的指令有 help、lookfor 以及帮助浏览窗等，help 指令是 MATLAB 中最有用的指令之一。

1) 直接使用 help 指令

直接使用 help 指令，可以获取当前电脑上 MATLAB 的分类列表，即当前安装的工具箱名称以及其简要描述。

2) 函数搜索指令

MALTAB 的各个函数，不管是内建函数、M 文件函数，还是 MEX 文件函数等，一般它们都有 M 文件的使用帮助和函数功能说明，各个工具箱通常情况下也具有一个与工具箱名相同的 M 文件用来说明工具箱的构成内容等。在 MATLAB 命令行窗口中，可以通过指令来获取这些纯文本的帮助信息。

在知道某具体函数指令名称,但不知道该函数如何使用的情况下,可以用函数搜索指令help。使用help函数名,可以获得该函数的纯文本的帮助信息,通常也带有少量的例子。例如,我们想知道求极限函数limit的用法,在命令行窗口中输入help limit,可得到以下的文字说明和例子。

```
LIMIT    Limit of an expression.
    LIMIT(F,x,a) takes the limit of the symbolic expression F as x -> a.
    LIMIT(F,a) uses findsym(F) as the independent variable.
    LIMIT(F) uses a=0 as the limit point.
    LIMIT(F,x,a,'right') or LIMIT(F,x,a,'left') specify the direction
    of a one-sided limit.
     Examples:
       syms x a t h;
       limit(sin(x)/x)                         returns  1
       limit((x-2)/(x^2-4),2)                  returns  1/4
       limit((1+2*t/x)^(3*x),x,inf)            returns  exp(6*t)
       limit(1/x,x,0,'right')                  returns  inf
       limit(1/x,x,0,'left')                   returns  -inf
       limit((sin(x+h)-sin(x))/h,h,0)          returns  cos(x)
       v=[(1 + a/x)^x, exp(-x)];
       limit(v,x,inf,'left')                   returns  [exp(a), 0]
```

3)词条搜索指令

在理解某具体问题,但不知道有哪些函数可以使用的场合,可以用词条搜索指令来获取帮助。lookfor是在MATLAB的搜索路径所有M文件的第一个注释行(简称H1行)搜索特定关键字。而docsearch可在HTML文件构成的帮助子系统中进行多词条检索,其功能等同于下一节帮助浏览器中的“Search搜索窗”,它的搜索功能强、效率高。

例如,我们在命令行窗口输入lookfor integration,可得到如下的检索结果。

```
cumtrapz             - Cumulative trapezoidal numerical integration.
trapz                - Trapezoidal numerical integration.
lotkademo            - Numerical Integration of Differential Equations
sfunmem              - A one integration-step memory block S-function.
hdlsettingsdspb      - Helper function for DSP Builder integration
hdlsettingsxsg       - Helper function for System Generator integration
```

如果我们想知道微分方程的有关内容,可在命令行窗口输入

```
docsearch  Differential Equation
```

得到相关搜索结果。

4）帮助浏览器

帮助浏览器的内容来源于所有 M 文件，但更详细。它的界面友善、方便。这是用户寻找帮助的最主要资源。

在运行窗口输入 helpbrowser 或 helpdesk，便会弹出帮助浏览器的界面，如图 3－4 所示。从图中可看出，帮助浏览器有四个“导航窗”，分别是内容分类目录（Contents）、指令检索（Index）、词条检索（Search Results）和实例演示（Demos）。

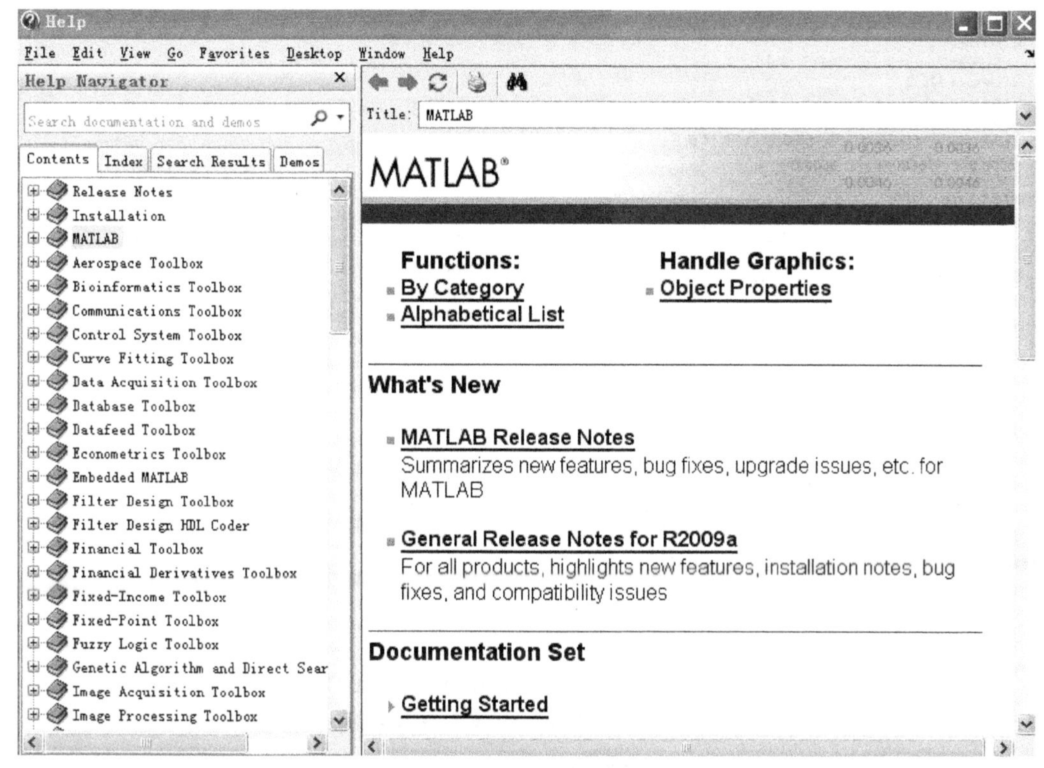

图 3－4　帮助浏览器界面

目录（Contents）窗理出节点可展开的目录树，用鼠标单击目录条，即可在帮助浏览器的内容显示窗中显示相应标题的 HTML 帮助文件。

MATLAB 事先制作了指令、函数列表文件，专供检索（Index）窗口使用。用户在 Index 窗上方的输入检索词（Enter index term）中输入某个词的字母时，显示白板就列出与键入字母最匹配的词汇列表。例如我们输入“diff”，显示的结果如图 3－5 所示。

搜索（Search）窗口是利用关键词查找全文中与之最匹配章节条目的交互界面。与 Index 只能进行单个词汇搜索不同，Search 搜索采用多词条的逻辑组合搜索，效率更高。例如，输入“Differential Equation”，可查到如图 3－6 所示的结果。

MATLAB 的 Demos 演示系统内容非常丰富。它以算例为切入点，视算例的不同，或用 M 文件、视频文件或 GUI 图形用户界面等形式来表现。对于 MATLAB 用户来说，这些演示都是十分有益且宝贵的资源。图 3－7 所示的是二维画图的示例演示图。

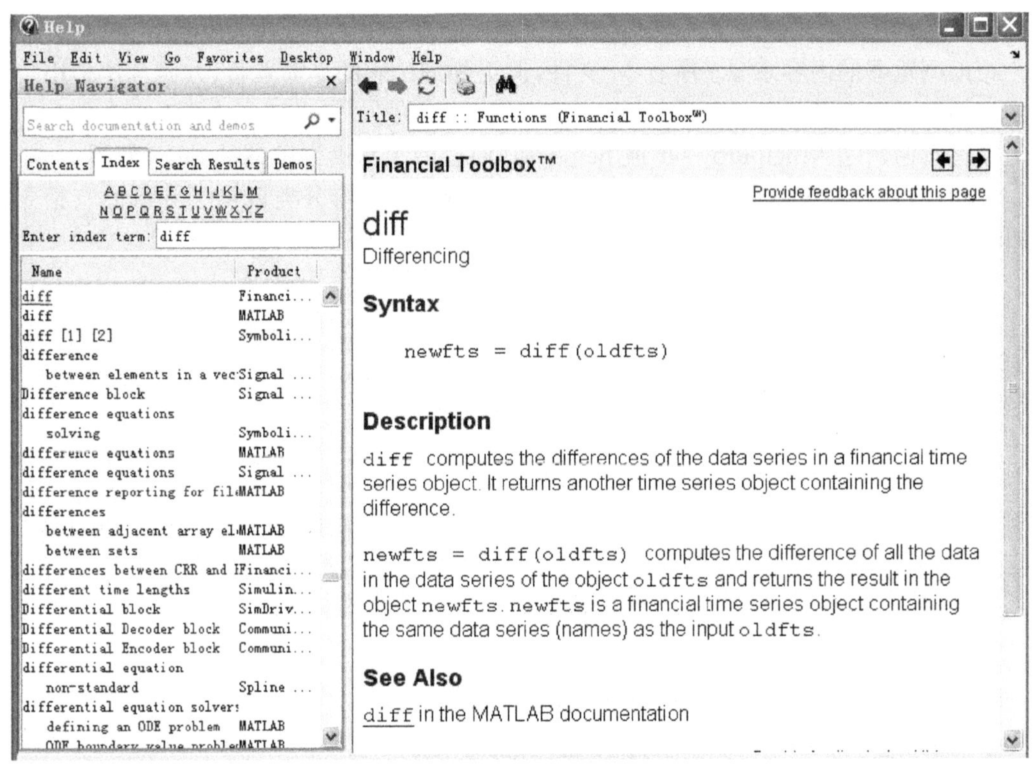

图 3-5 检索窗对 diff 词汇的搜索结果片段

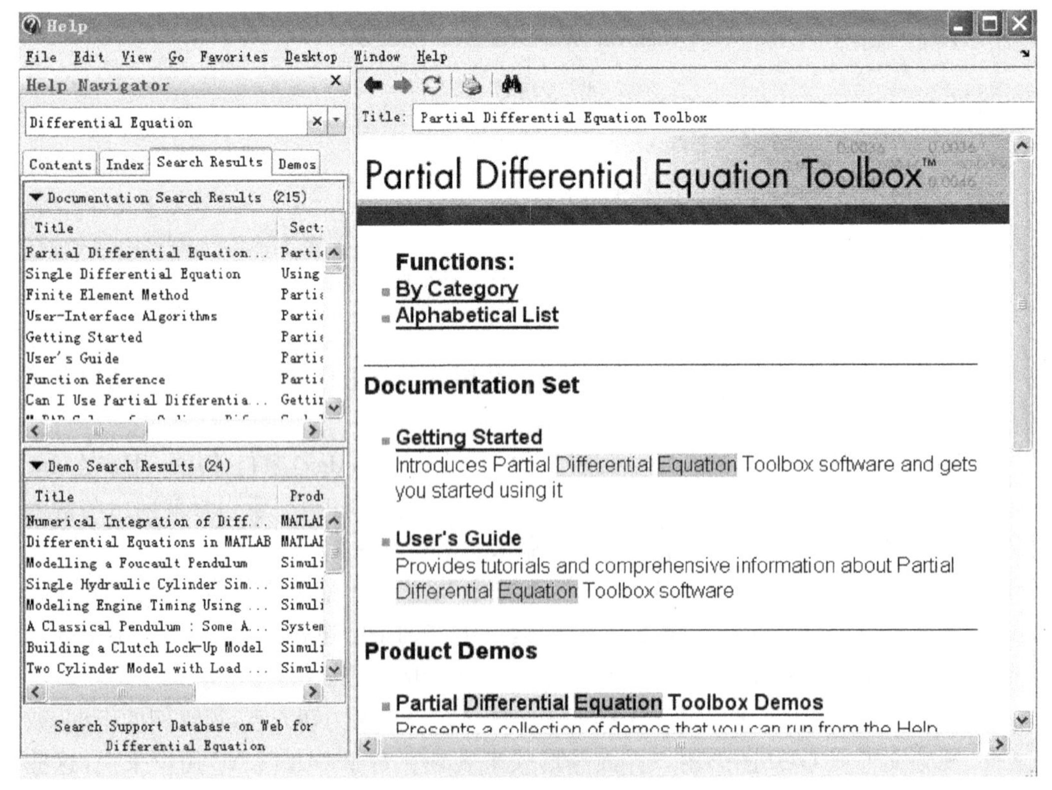

图 3-6 搜索窗逻辑组合搜索示例

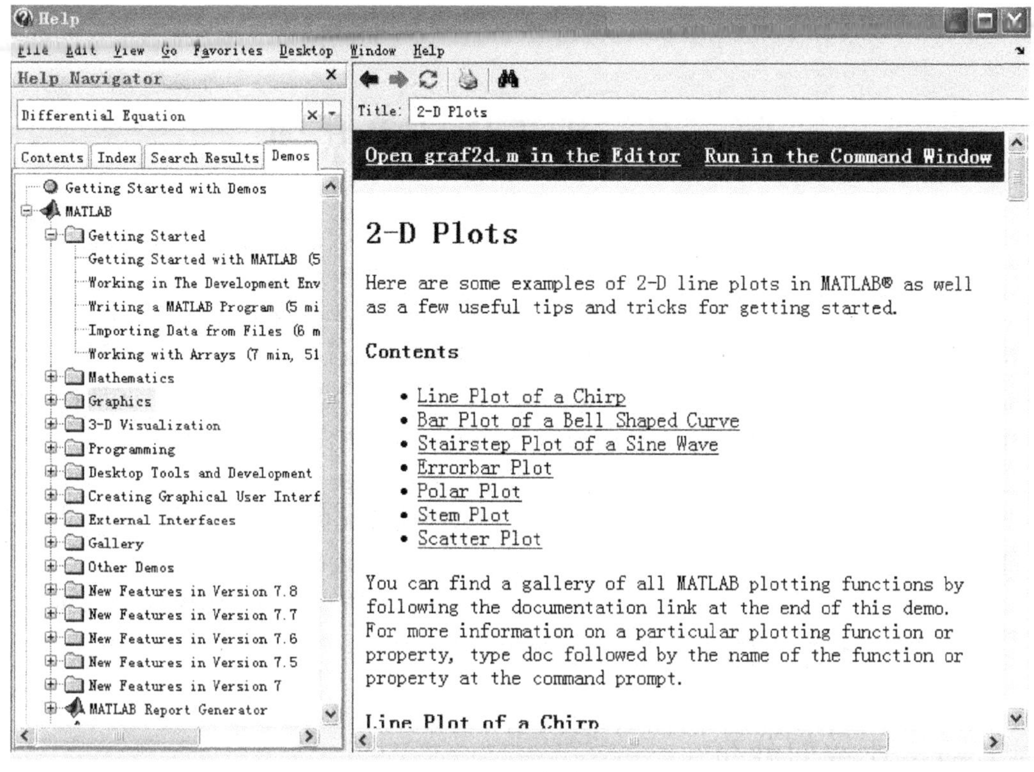

图 3－7　M 文件演示示例

本章学习要点：

(1) 了解 MATLAB 界面。

(2) 掌握 MATLAB 的基本语言特点。

(3) 掌握 MATLAB 的基本运算符、常用变量的使用。

(4) 掌握 MATLAB 的矩阵运算。

(5) 了解 M 文件的编写。

第4章　生物统计学基础

实验事件是一个随机过程，生命科学中的任何实验过程也是随机过程。由于每次实验的结果都带有一定程度的偶然性，有随机误差等的存在，但是其多次重复实验的结果变化能够反映一定的统计规律。众多生物实验数据处理就是对实验数据的误差和特性进行分析，应用概率和数理统计的知识对实验数据进行分析，找出规律，得到数学模型，并对数学模型进行检验。生物统计学是生物数学领域中应用最早也是最为广泛的学科，是一门运用数理统计的原理和方法分析和解释生命科学中各种现象和检验调查资料的科学，作为生物学研究和实验数据处理的一个基础工具，已越来越受到生命科学家的重视。

合理的实验设计也是以具体实验的发生概率为基础进行设计的。因此，对于生物统计学来说，了解概率和数理统计的知识是不可缺少的。

4.1　随机变量的分布

4.1.1　随机变量的分布函数

1. 概率函数和概率密度函数

要完整地掌握一个随机变量，必须了解随机变量的各种可能值的概率，即需了解随机变量的概率分布，了解其概率分布密度。随机变量 X 的概率分布可以用分布函数 $F(x)$ 表示，或用随机变量的概率分布曲线（见图 4-1）表示，所有的概率分布函数都必须满足归一化条件。公式如下：

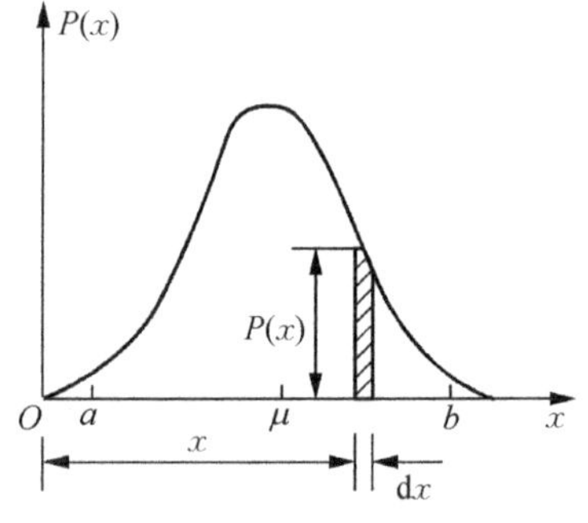

图 4-1　随机变量的概率分布曲线

$$F(x)=P(X\leqslant x)$$

$$F(x=-\infty)=0,\quad F(x=\infty)=1$$

对于离散型随机变量，即其随机变量 X 的值是不连续的，如血液中的红细胞数和白细胞数等。它的概率密度函数和分布函数表示为

$$p(x)=P(X=x)$$

$$F(x)=\sum_{x_i<x}p(x)$$

并且满足：

$$p(x_i)=F(x_i)-F(x_{i-1})$$

$$\sum_{x}p(x)=F(x=\infty)=1$$

对于连续型随机变量，即其随机变量 X 的值是连续的，如分子的运动速度、一个地区的男性身高分布等。它的概率密度函数和分布函数为

$$p(x)=\frac{\mathrm{d}F(x)}{\mathrm{d}x}$$

$$P(x<X<x+\mathrm{d}x)=p(x)\mathrm{d}x$$

$$F(x)=\int_{-\infty}^{x}p(x)\mathrm{d}x$$

并且满足 $\int_{-\infty}^{\infty}p(x)\mathrm{d}x=F(x=\infty)=1$。

2. 联合概率分布

对于两个或更多的随机变量，必须研究随机变量 X、Y、Z 等的联合概率分布，即需了解随机变量的联合分布函数。

以两个随机变量 X、Y 为例，定义连续型随机变量 X 和 Y 的联合分布函数：

$$F(x,\ y)=P(X\leqslant x,\ Y\leqslant y)$$

其联合概率密度函数为

$$p(x,\ y)=\frac{\partial^2 F(x,\ y)}{\partial x\partial y}$$

概率函数为

$$P(x\leqslant X\leqslant x+\mathrm{d}x,\ y\leqslant Y\leqslant y+\mathrm{d}y)=\int_{x}^{x+\mathrm{d}x}\int_{y}^{y+\mathrm{d}y}p(x,\ y)\mathrm{d}x\mathrm{d}y$$

而离散型随机变量 X 和 Y 的联合概率函数为

$$p(x,\ y)=P(X=x,\ Y=y)$$

可将上述定义推广到多个随机变量的情况。定义 n 维随机变量$(X_1,\ X_2,\ \cdots,\ X_n)$的联合分布函数为

$$F(x_1,\ x_2,\ \cdots,\ x_n)=p(X_1\leqslant x_1,\ \cdots,\ X_n\leqslant x_n)$$

或

$$F(x_1,\ x_2,\ \cdots,\ x_n)=\int_{-\infty}^{x_1}\cdots\int_{-\infty}^{x_n}p(x_1,\ x_2,\ \cdots,\ x_n)\mathrm{d}x_1\mathrm{d}x_2\cdots\mathrm{d}x_n$$

而离散型 n 维随机变量$(X_1,\ X_2,\ \cdots,\ X_n)$的联合分布密度函数为

$$p(x_1,\ x_2,\ \cdots,\ x_n)=p(X_1=x_1,\ \cdots,\ X_n=x_n)$$

n 维随机变量$(X_1,\ X_2,\ \cdots,\ X_n)$的联合分布函数的归一化条件为

$$\int_{-\infty}^{\infty}\cdots\int_{-\infty}^{\infty}p(x_1,\ x_2,\ \cdots,\ x_n)\mathrm{d}x_1\mathrm{d}x_2\cdots\mathrm{d}x_n=1$$

4.1.2　正态分布

正态分布是最常见的连续型随机变量分布，正态分布随机变量的概率密度函数为

$$f(x)=\frac{1}{\sigma\sqrt{2\pi}}\exp\left[\frac{-(x-\mu)^2}{2\sigma^2}\right]\quad(-\infty<x<\infty)$$

正态分布的分布函数为

$$F(a)=\int_{-\infty}^{a}\frac{1}{\sigma\sqrt{2\pi}}\exp\left[\frac{-(x-\mu)^2}{2\sigma^2}\right]\mathrm{d}x\quad(-\infty<a<\infty)$$

正态分布又称高斯分布,它有两个特征参数,即数学期望 μ 和方差 $\sigma^2(\sigma>0)$。当随机变量 x 服从数学期望为 μ 和方差为 σ^2 的正态分布时,常用 $x\sim N(\mu,\ \sigma^2)$ 或者 $x\sim N(\mu,\ \sigma)$ 来表示。对于随机变量 $x\sim N(\mu,\ \sigma^2)$ 的正态变量 x 作线性变换,令 $u=\dfrac{x-\mu}{\sigma}$,就可以得到标准正态分布 $u\sim N(0,\ 1)$。从而可以利用标准正态分布数值表(见附录 1)进行分布函数的计算。当 $x\sim N(\mu,\ \sigma^2)$,x 值落在区间 $(\mu-\gamma\sigma,\ \mu+\gamma\sigma)$ 内的概率可按上述公式求得,数据如表 4-1 所示。

表 4-1　正态分布的区间概率

γ	0.674	1.000	1.645	1.960	2.000	2.576	3.00
$p(\mu-\gamma\sigma,\ \mu+\gamma\sigma)$	0.500	0.683	0.900	0.950	0.954	0.990	0.997 3

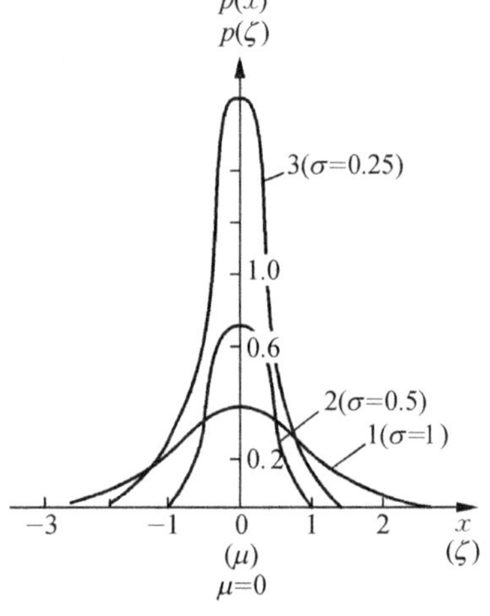

图 4-2　正态分布概率密度函数曲线

从正态分布概率密度函数曲线(见图 4-2)中可以得到该曲线有以下四个特征:① 曲线为单峰形;② 曲线有对称性;③ x 在 $\pm\sigma$ 处,曲线存在拐点;④ 当 $x\to\pm\infty$ 时,$p(x)\to0$。

许多生物数据的分布服从正态分布,如例 4-1 中的人身高分布。

例 4-1　在某地随机选取 100 名成年人,分别记录他们的身高结果,数据如表 4-2 所示。

表 4-2　随机选取 100 名成年人的身高结果　(单位: cm)

162	166	171	167	157	168	164	178	170	152
158	153	160	174	159	167	171	168	182	160
159	172	178	166	159	173	161	150	164	175
173	163	165	146	163	162	158	164	169	170
164	179	169	178	170	155	169	160	174	159
168	151	176	164	161	163	172	167	154	164
153	165	161	168	166	166	148	161	163	177
178	171	162	156	165	176	170	156	172	163
165	149	176	170	182	159	164	179	162	151
170	160	165	167	155	168	179	165	184	157

将以上数据整理后,可以得到表 4-3 中的身高分组频次。

表 4-3　身高分组频次

身高/cm	≤150	151~155	156~160	161~165	166~170	171~175	176~180	>180
频次	4	8	15	26	22	11	11	3

如果将分组频次表按统计学上常用的直方图、频率分布图或多边图等的形式表示，可以发现其分布接近正态分布，符合正态分布的各个特性。

4.2　随机变量的数字特征——数学期望和方差

对于一个随机变量的描述，用分布函数即可说明其性质。但是在实际的工程技术问题上，还需要了解随机变量的数学期望和方差。如上述的几种随机变量分布在了解其随机变量的数学期望和方差后，即可了解随机变量的总体分布状况。

一个随机变量可以取不同的数值，但是该随机变量所有的取值总是在随机变量的平均值周围，这个平均值反映了随机变量变化的集中趋势。这个平均值即称为随机变量的数学期望。而方差表示随机变量的离散特征。因为仅仅知道随机变量的分布中心位置，即数学期望还不够，它们不可能显示随机变量的各个值如何围绕在中心周围进行分布。为了研究随机变量的离散程度，引入方差代表随机变量离散性的综合指标。

方差的定义：

$$D(x)=E[x-E(x)]^2$$

它表示随机变量和其数学期望的差的平方的数学期望。

由于方差的因次是随机变量因次的平方，故在实际应用中，常常遇到的是方差的平方根，通常称为均方差或标准差：

$$\sigma(x)=[D(x)]^{1/2}$$

所以也可用 $\sigma^2(x)$ 表示方差，即 $D(x)=\sigma^2(x)$

因为方差代表随机变量的离散程度，方差越大，表示随机变量的值在其数学期望左右分布得越宽，越不集中；反之，方差越小，表示随机变量的值在其数学期望左右分布得越集中。因此，只要知道随机变量的方差和数学期望，就可以基本了解随机变量的分布位置和分布范围。

对于离散型随机变量，它的数学期望：

$$E(x)=\sum_i x_i P(x_i)$$

式中，$E(x)$ 表示随机变量 x 的数学期望；x_i 为随机变量可能的取值；$P(x_i)$ 为相应的概率。它的方差：

$$D(x)=\sum_i [x-E(x)]^2 p(x_i)$$

对于连续型随机变量，它的数学期望和方差分别为

$$E(x)=\int_{-\infty}^{\infty} x p(x)\mathrm{d}x$$

$$D(x)=\int_{-\infty}^{\infty} [x-E(x)]^2 p(x)\mathrm{d}x$$

对于 n 维随机变量$(x_1, x_2, \cdots, x_n)$,为了表征任意两个随机变量之间的相关程度,定义协方差为

$$\begin{aligned}\mathrm{Cov}(x_i, x_j) &= E[(x_i - E(x_i))(x_j - E(x_j))] \\ &= \int_{-\infty}^{x_1} \cdots \int_{-\infty}^{x_n} (x_i - E(x_i))(x_j - E(x_j)) p(x_1, x_2, \cdots, x_n) \mathrm{d}x_1 \mathrm{d}x_2 \cdots \mathrm{d}x_n\end{aligned}$$

如果协方差 $\mathrm{Cov}(x_i, x_j) = 0$,表示两个随机变量之间不相关。也可以用相关系数 $\rho(x_i, x_j)$表示其相关程度,定义相关系数为

$$\rho(x_i, x_j) = \frac{\mathrm{Cov}(x_i, x_j)}{\sigma(x_i)\sigma(x_j)}$$

根据方差的定义,显然 $-1 \leqslant \rho(x_i, x_j) \leqslant 1$。如果 $\rho(x_i, x_j) = 0$,表示两个随机变量之间不相关;$0 < |\rho(x_i, x_j)| < 1$,表示两个随机变量之间部分相关;$|\rho(x_i, x_j)| = 1$,则表示两个随机变量之间全相关,而对于同一个变量,$\rho(x_i, x_j) = 1$。$\rho(x_i, x_j)$为正值,表示正相关;反之,$\rho(x_i, x_j)$为负值,表示负相关。

4.3 样本的特征值和常见分布

在统计学中,随机过程的数学处理是用子样(或样本)的统计特性来估计总体(也称母体,即随机过程)的统计特性。设 X 为具有分布函数 $F(x)$的随机变量,如果 $X_1, X_2, \cdots, X_n$ 为具有同一分布函数 $F(x)$的相互独立的随机变量,则称 $X_1, X_2, \cdots, X_n$ 为从分布函数 $F(x)$得到的容量为 n 的样本。它们的观测值 $x_1, x_2, \cdots, x_n$ 称为 X 的 n 个独立观测值或样本的实现。对于一个随机变量的样本 $X_1, X_2, \cdots, X_n$,可从子样的性质推测其总体的性质,包括数学期望和方差。

4.3.1 样本的平均值和方差

如上所述,随机变量的数学期望及方差可从子样样本的特性推测,子样的特性归纳为子样均值 $\bar{x} = \mu = \frac{1}{n} \sum_{i=1}^{n} x_i$,它是母体均值的无偏估计。

子样的方差 $s^2 = \frac{1}{n} \sum_{i=1}^{n} (x_i - \bar{x})^2 = \frac{1}{n} \sum_{i=1}^{n} x_i^2 - \bar{x}^2$,它是母体方差的有偏估计。而 $\sigma^2 = \frac{1}{n-1} \sum_{i=1}^{n} (x_i - \bar{x})^2$ 则是母体方差的无偏估计。

它们两者相应的标准差为

$$s = \sqrt{\frac{1}{n} \sum_{i=1}^{n} (x_i - \bar{x})^2}$$

$$\sigma = \sqrt{\frac{1}{n-1} \sum_{i=1}^{n} (x_i - \bar{x})^2}$$

4.3.2　重要的统计分布

1. t 分布

t 分布又称为学生 t 分布，是一种连续型随机变量的概率分布。令 Z 和 y 是独立的随机变量，y 为 $\chi^2(n)$分布，Z 为 $N(0, 1)$正态分布，定义新变量：

$$t_n = \frac{Z}{\sqrt{y/n}}$$

t_n 即是自由度为 n 的 t 变量。

t_n 的概率密度函数：

$$p(t) = \frac{\gamma\left(\frac{n+1}{2}\right)}{\sqrt{\pi n}\,\gamma(n/2)}[1+t^2/n]^{-\frac{n+1}{2}} \quad (-\infty < t < +\infty)$$

t 分布的概率分布函数：

$$F(t) = \int_{-\infty}^{t_n} p(t)\mathrm{d}t$$

t 分布的数学期望：

$$M(t) = \mu_t = 0 \quad (n > 1)$$

t 分布的方差：

$$\sigma^2(t) = \frac{n}{n-2} \quad (n > 2)$$

$t\ (-\infty < t < \infty)$ 分布的概率密度函数 $p(t)$是单峰形单调和左右对称的偶函数(见图 4-3)，当自由度 n 很大时，t 分布接近于标准正态分布 $N(0, 1)$。

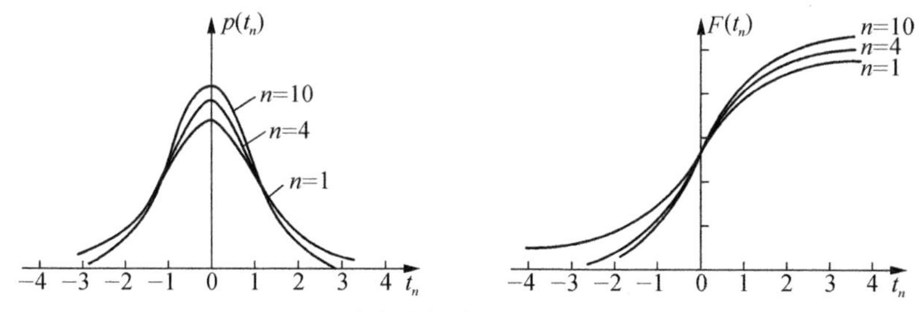

图 4-3　t 分布的概率密度和概率分布函数

2. χ^2 分布

χ^2 分布是连续型随机变量 χ^2 的一种概率分布。χ^2 变量的概率密度函数为

$$p(\chi) = \begin{cases} 0 & \chi \leqslant 0 \\ \dfrac{1}{2^{n/2}\gamma\left(\dfrac{n}{2}\right)}(\chi)^{\frac{n}{2}-1}\mathrm{e}^{-\frac{\chi}{2}} & \chi > 0 \end{cases}$$

式中，$\gamma\left(\frac{n}{2}\right)$为伽马函数；$n$ 为 χ^2 变量的自由度。

χ^2 的概率分布函数:

$$F(\chi)=\int_{-\infty}^{\chi_n} p(\chi)\mathrm{d}\chi$$

χ^2 分布的数学期望:

$$M(\chi)=\mu_{\chi^2}=n$$

χ^2 分布的方差:

$$\sigma^2(\chi)=2n$$

χ^2 分布的概率密度和概率分布函数如图 4-4 所示。

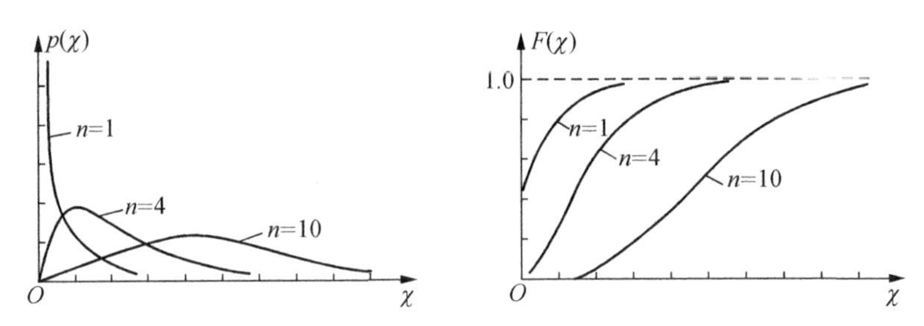

图 4-4　χ^2 分布的概率密度和概率分布函数

3. *F* 分布

F 分布是一种广泛应用于统计学的分布,*F* 变量也是一种随机变量,它的定义是:

$$F=\frac{x_1/n_1}{x_2/n_2}$$

式中,x_1 和 x_2 为彼此独立的 x^2 变量;n_1 和 n_2 分别为 x_1 和 x_2 的自由度,分别称为第一和第二自由度。

F 变量的概率密度函数:

$$p(x)=\begin{cases}\dfrac{\gamma[(n_1+n_2)/2](n_1/n_2)^{n_1/2}x^{(n_1/2)}}{\gamma(n_1/2)\gamma(n_2/2)[1+(n_1x/n_2)]^{(n_1+n_2)/2}} & x\geqslant 0\\ 0 & x<0\end{cases}$$

F 变量的概率分布函数:

$$F(x)=\int_{-\infty}^{F_{n_1,n_2,\alpha}} p(x)\mathrm{d}x$$

F 变量的数学期望:

$$M(x)=\frac{n_2}{n_1+n_2}\quad (n_2>2)$$

F 变量的方差:

$$\sigma^2(x)=\frac{2n_2^2(n_1+n_2-2)}{n_1(n_2-2)^2(n_2-4)}\quad (n_2>4)$$

其概率密度和概率分布函数如图 4-5 所示。

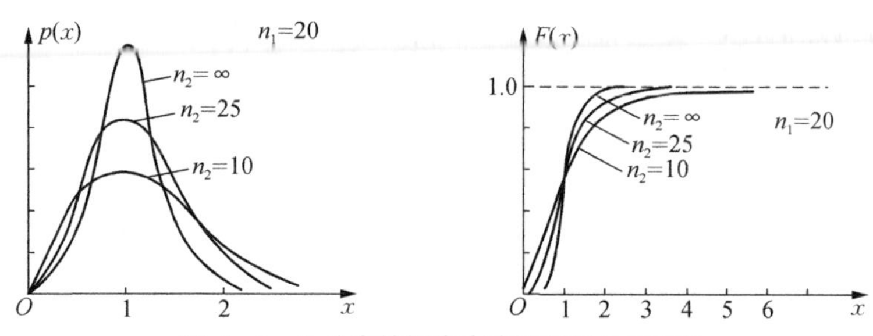

图 4-5　F 分布的概率密度和概率分布函数

4.3.3　其他常用的统计量分布

1. 大样本统计平均值$\bar{x}$的分布

设总体的均值为 μ，方差为 σ^2，根据概率论的中心极限定理，$\bar{x}$的分布基本接近于正态分布 $N\left(\mu, \dfrac{\sigma^2}{n}\right)$。

$\bar{x}$的数学期望为 $M(\bar{x})=\mu$，方差为 $\sigma^2(\bar{x})=\dfrac{\sigma^2}{n}$。

$\sigma(\bar{x})$的估计值 $s(\bar{x})$也称为标准差，可以用于判断两组样本数据之间的显著性差异。

2. 总体为正态分布下的样本统计平均值$\bar{x}$与标准差 s 的分布

设总体分布为正态分布 $N(\mu, \sigma^2)$，那么$\bar{x}$的分布为正态分布 $N\left(\mu, \dfrac{\sigma^2}{n}\right)$。

$\dfrac{ns^2}{\sigma^2}$为自由度等于 $n-1$ 的 χ^2 分布，且$\bar{x}$与 s^2 独立。

另外，$\dfrac{\bar{x}-\mu}{s}\sqrt{n-1}$服从自由度等于 $n-1$ 的 t 分布。

3. 两个相互独立的正态分布 $N_1(\mu_1, \sigma_1^2)$，$N_2(\mu_2, \sigma_2^2)$的平均值$\bar{x}_1$，$\bar{x}_2$ 之间的分布与方差 s_1^2，s_2^2 之间的分布

当 $\sigma_1^2=\sigma_2^2$ 时，$\dfrac{\sqrt{n_1 n_2(n_1+n_2-2)}}{n_1+n_2}\cdot\dfrac{(\bar{x}_1-\bar{x}_2)-(\mu_1-\mu_2)}{\sqrt{n_1 s_1^2+n_2 s_2^2}}$服从自由度等于 n_1+n_2-2 的 t 分布。

而$\dfrac{s_1^2}{s_2^2}$服从自由度等于 n_1-1 和 n_2-1 的 F 分布。

4.4　参数估计

从以上的随机变量分布可知，只要知道随机变量分布的特征值等几个参数，就可以确定该分布。如在正态分布中，只需知道其期望值和方差便可确定其分布；在 χ^2 分布中，只需知道其分布的自由度，便可确定其分布函数。

参数估计就是通过实测样本来估计随机变量分布参数的数值和推断这种估计的误差。参数估计分为点估计和区间估计。从一组样本数据估计总体的参数值，计算得到参数的一

个特定数值,称为点估计,它是一种求得未知的单个参数数值的方法。区间估计是对一个未知参数给出一个随机区间,了解参数真值的可靠范围,并求得在该随机区间内含有参数真值的概率。这个概率称为置信概率,相对应的随机区间称为置信区间。

4.4.1 点估计

计算点估计有不同的方法,如矩估计法、极大似然估计法等,因此也有不同的估计值。一般希望随机变量的点估计值具有以下的性质。

(1) 点估计值应该是无偏的。

(2) 点估计值应该具有最小的方差,也就是最有效的。

(3) 点估计值具有一致性,对于大样本,应收敛于估计值。

对于一个具有概率分布 $F(y)$ 的随机变量 y,假设该随机变量分布的数学期望 μ 和方差 σ^2 均是未知的。如果该随机变量 y 的一个容量为 n 的随机样本为 $(y_1, y_2, \cdots, y_n)$,那么该随机变量总体的数学期望 μ 的点估计值是样本的平均值:

$$\bar{y} = \frac{1}{n} \sum y_i$$

该随机变量 y 的总体方差 σ^2 的点估计值是样本的方差:

$$s^2 = \frac{\sum (y_i - \bar{y})^2}{n-1}$$

可以证明样本的平均值 $\bar{y}$ 和方差 s^2 是随机变量分布的数学期望 μ 和方差 σ^2 的无偏估计值。如样本的平均值 $\bar{y}$ 根据数学期望的性质,有

$$E(\bar{y}) = E\left(\frac{1}{n} \sum y_i\right) = \frac{1}{n} E\left(\sum y_i\right) = \frac{1}{n} \sum E(y_i) = \frac{1}{n} \sum \mu = \mu$$

因为每个测量值 y_i 的数学期望均为 μ,因此 $\bar{y}$ 是数学期望 μ 的无偏估计值得以证明。

对于样本的方差 s^2,同样有

$$\begin{aligned} E(s^2) &= E\left[\frac{\sum (y_i - \bar{y})^2}{n-1}\right] = \frac{1}{n-1} E\left[\sum (y_i - \bar{y})^2\right] \\ &= \frac{1}{n-1} E\left(\sum y_i^2 - n\bar{y}^2\right) \\ &= \frac{1}{n-1} \left[\sum (\mu^2 + \sigma^2) - n(\mu^2 + \sigma^2/n)\right] \\ &= \frac{1}{n-1} (n-1)\sigma^2 = \sigma^2 \end{aligned}$$

一般在统计学上,称 $(n-1)$ 为平方和 $\sum (y_i - \bar{y})^2$ 的自由度。或者说,对于一个有 n 个测量值的样本,它的自由度为 $(n-1)$。

4.4.2 区间估计

在已知随机变量的分布后,一个参数的区间估计是指参数的估计值的范围,以两个统计

量表示区间范围，并应指出在该区间内包含参数真值的给定概率。因为在数理统计中，必须用定量的方法来估计某个区间内包含有未知的总体参数的肯定程度。用概率方法描述，就是要确定两个统计量 θ_1 和 θ_2，参数 θ 在此区间的概率为 $1-\alpha$，则有

$$P(\theta_1 \leqslant \theta \leqslant \theta_2) = 1 - \alpha$$

式中，区间 $[\theta_1, \theta_2]$ 是参数 θ 的对应于置信概率为 $100(1-\alpha)\%$ 的置信区间，θ_1，θ_2 分别是置信区间的低限和高限，α 称为置信水平。

例如，假设 y 是一个正态分布的随机变量，其数学期望 μ 未知，而方差 σ^2 已知。如果它的一个容量为 n 的随机样本的平均值为 $\bar{y}$，则将其表示为标准正态分布的统计量为

$$\frac{\bar{y}-\mu}{\sigma/\sqrt{n}} \sim N(0, 1)$$

用概率的形式表示，则为(见图 4-6)

$$P\left(-\gamma \leqslant \frac{\bar{y}-\mu}{\sigma/\sqrt{n}} \leqslant \gamma\right) = 1 - \alpha$$

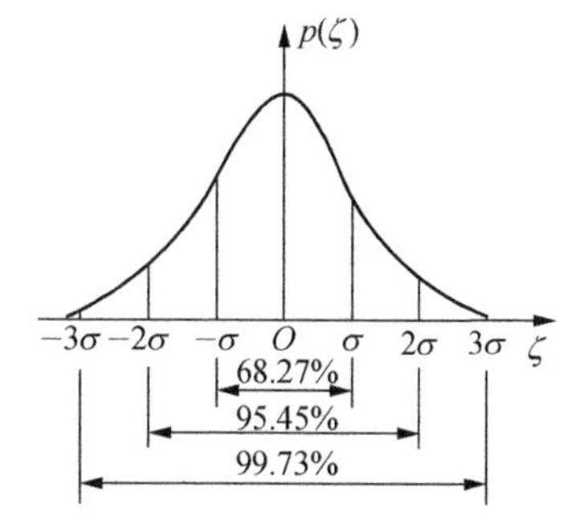

图 4-6　正态分布的置信概率和置信区间

若 γ 为 1.645，则 α 为 0.10，可将上式变为

$$P(\bar{y} - 1.645\sigma/\sqrt{n} \leqslant \mu \leqslant \bar{y} + 1.645\sigma/\sqrt{n}) = 1 - \alpha = 0.9$$

即当置信度为 0.10 时，或置信概率为 $100(1-\alpha)\%$ 时，参数 μ 的置信区间为

$$\bar{y} \pm 1.645\sigma/\sqrt{n}$$

如果上例中的方差 σ^2 未知，那么对于它的一个容量为 n 的随机样本，可计算得样本方差 s^2，其统计量为

$$\frac{\bar{y}-\mu}{s/\sqrt{n}} \sim t(n-1)$$

用概率的形式表示，则为

$$P\left(\left|\frac{\bar{y}-\mu}{s/\sqrt{n}}\right| \leqslant t_\alpha\right) = 1 - \alpha$$

若 α 为 0.05，n 为 11，那么其自由度 $f = n - 1 = 10$，可从 t 分布表(见附录 2)中查得 t_α 为 2.23，即当置信度为 0.05 时，或置信概率为 $100(1-\alpha)\%$ 时，参数 μ 的置信区间为

$$\bar{y} \pm 2.23s/\sqrt{n}$$

对于参数估计，其结果是和概率显著性水平 α 的大小联系在一起的，α 越小则置信概率越大，相对应的置信区间范围就越广，虽然估计数据的可靠程度较高，但是估计的精度较低。因此在实际应用中，应合理选取 α 的大小。

4.5　假设检验

在实际的生命科学及生物工程问题上，被考察的随机变量的分布函数形式在未知的情

况下,须对其总体分布做一些假设并进行检验,如进行实验方法的效果检验、某个品种的质量检验、某种药物的疗效检验。常用的假设检验内容有以下几种:

(1) 当方差已知时,关于平均值的检验;

(2) 当方差未知时,关于平均值的检验;

(3) 有关方差的检验。

检验过程包括四个步骤:① 提出假设,设原假设或无效假设 H_0 和备择假设 H_1,如果否定 H_0 就接受 H_1;② 确定显著性水平;③ 计算概率;④ 检验是否接受假设,确定 H_0 或 H_1 成立。

进行上述检验的常用检验方法有四种:u 检验、t 检验、F 检验和 χ^2 检验。

1. u 检验

在实际过程中,许多测量值都服从正态分布,而关于正态分布的检验问题就是检验正态分布的两个特征值:数学期望 μ 和方差 σ^2。

u 检验(或 z 检验)就是在方差已知的情况下,关于平均值的一种统计检验方法,也就是检验其平均值是否与已知常数 μ_0 相符合。

假设 y 是一个方差为 σ^2,平均值 $\bar{y}$ 为未知的子样,要求检验的假设为

$$H_0:\bar{y}=\mu_0$$

式中,μ_0 是原总体的平均值。

u 检验的检验统计量为

$$u=\frac{\bar{y}-\mu_0}{\sigma/\sqrt{n}}$$

式中,μ_0 是原总体的平均值;σ 是均方差;n 为随机样本的容量;$\bar{y}$ 是原总体的平均值。

现假设总体平均值不变,$\bar{y}=\mu_0$,则 $\bar{y}$ 应服从正态分布 $N(\mu_0,\ \sigma/\sqrt{n})$,检验统计量 u 应服从标准正态分布 $N(0,\ 1)$。

如果设定显著水平 $\alpha=0.05$,从正态分布表中可以求得拒绝域为 $|u|>1.96$。如果根据样本计算的统计量 $|u|>1.96$ 时,即拒绝假设;反之假设正确。

u 检验还可以用于检验两个正态分布的总体平均值是否相等,这两个样本分别服从正态分布 $N(\mu_1,\ \sigma_1/\sqrt{n_1})$ 和 $N(\mu_2,\ \sigma_2/\sqrt{n_2})$,总之 u 检验的检验方法可以概括如表 4-4 所示。

表 4-4 方差已知时总体平均值的检验

被检验的假设	检验统计量	拒绝假设的判别
(1) $H_0:\bar{y}=\mu_0$ (2) $H_0:\bar{y}\geqslant\mu_0$ (3) $H_0:\bar{y}\leqslant\mu_0$	$u=\dfrac{\bar{y}-\mu_0}{\sigma/\sqrt{n}}$	(1) $\lvert u\rvert>u_{\alpha/2}$ (2) $u<-u_\alpha$ (3) $u>u_\alpha$
(1) $H_0:\bar{y}_1=\bar{y}_2$ (2) $H_0:\bar{y}_1\geqslant\bar{y}_2$ (3) $H_0:\bar{y}_1\leqslant\bar{y}_2$	$u=\dfrac{\bar{y}_1-\bar{y}_2}{\sqrt{\dfrac{\sigma_1^2}{n_1}+\dfrac{\sigma_2^2}{n_2}}}$	(1) $\lvert u\rvert>u_{\alpha/2}$ (2) $u<-u_\alpha$ (3) $u>u_\alpha$

2. t 检验

如果总体分布的方差未知,在此情况下关于平均值的统计检验可以采用 t 检验。与 u

检验类似，也就是检验其平均值是否与已知常数 μ_0 相符合。一般在样本较小时均采用 t 检验。在生命科学上由于试验条件和研究对象的限制，通常的样本量较小(如小于 30)，因此 t 检验的应用特别广泛。

假设 y 是一个方差 σ^2 未知的子样，要求检验的假设为

$$H_0: \bar{y} = \mu_0$$

式中，μ_0 是原总体的平均值。

t 检验的检验统计量：
$$t = \frac{\bar{y} - \mu_0}{s/\sqrt{n}}$$

t 是一个服从自由度 f 为$(n-1)$的 t 分布的随机变量。式中，μ_0 是原总体的平均值；s 是样本平均值；n 为随机样本的容量；$\bar{y}$是原总体的平均值。

t 检验的检验方法与 u 检验一样概括，如表 4-5 所示。

表 4-5　方差未知时总体平均值的检验

被检验的假设	检验统计量	拒绝假设的判别
(1) $H_0: \bar{y} = \mu_0$ (2) $H_0: \bar{y} \geqslant \mu_0$ (3) $H_0: \bar{y} \leqslant \mu_0$	$t = \dfrac{\bar{y} - \mu_0}{s/\sqrt{n}}$	(1) $\lvert t \rvert > t_{\alpha, n-1}$ (2) $t < -t_{2\alpha, n-1}$ (3) $t > t_{2\alpha, n-1}$
(1) $H_0: \bar{y}_1 = \bar{y}_2$ (2) $H_0: \bar{y}_1 \geqslant \bar{y}_2$ (3) $H_0: \bar{y}_1 \leqslant \bar{y}_2$	如果 $\sigma_1^2 = \sigma_2^2$，则 $t = \dfrac{\bar{y}_1 - \bar{y}_2}{s_p\sqrt{\dfrac{1}{n_1} + \dfrac{1}{n_2}}}$ $f = n_1 + n_2 - 2$	(1) $\lvert t \rvert > t_{\alpha, n-1}$ (2) $t < -t_{2\alpha, n-1}$ (3) $t > t_{2\alpha, n-1}$

例 4-2　某湖泊的水中含氧量的常年平均数为 4.75 mg/L，现在湖泊中随机取样得到如下 12 组水的含氧量数据，分别为 4.53 mg/L、4.62 mg/L、4.09 mg/L、4.66 mg/L、4.58 mg/L、5.05 mg/L、4.98 mg/L、4.82 mg/L、4.88 mg/L、4.80 mg/L、4.64 mg/L、4.78 mg/L，试检验该次抽检的数据与常年平均值有没有显著差异。

由于本例中随机变量的方差未知，应选择 t 检验方法。

3. F 检验

F 检验用于对实验数据的方差做一致性检验，用于检验两个正态分布的母体的方差是否相等。F 检验经常用于对实验数据进行线性和非线性回归时所得的数学模型进行检验，检验模拟方程和估计参数的显著性。

从两个正态分布的母体中，各取容量分别为 n_1 和 n_2 的子样，它们的自由度分别为(n_1-1)和(n_2-1)。统计量 $F = s_1^2/s_2^2$ 是一个服从自由度分别为(n_1-1)和(n_2-1)的 F 统计量。

检验假设 $H_0: \sigma_1^2 = \sigma_2^2$。

如果由样本计算的 $F > F_{\alpha/2, (n_1-1, n_2-1)}$ 或者 $F < F_{(1-\alpha/2), (n_1-1, n_2-1)}$，则拒绝假设；反之接受假设。式中，$F_{\alpha/2, (n_1-1, n_2-1)}$、$F_{(1-\alpha/2), (n_1-1, n_2-1)}$ 分别为显著水平为 α、自由度为(n_1-1)和(n_2-1)的 F 分布的上界和下界。由于一般的 F 分布表只有 F 的上界值，F 的下界值可以

根据公式计算:

$$F_{(1-\alpha),f_1,f_2}=\frac{1}{F_{\alpha,f_1,f_2}}$$

F 检验方法如表4-6所示。

表4-6　正态分布方差的 F 检验

被检验的假设	检验统计量	拒绝假设的判别
(1) $H_0: \sigma_1^2=\sigma_2^2$ (2) $H_0: \sigma_1^2\geqslant\sigma_2^2$ (3) $H_0: \sigma_1^2\leqslant\sigma_2^2$	$F=s_1^2/s_2^2$ $F=s_2^2/s_1^2$ $F=s_1^2/s_2^2$	(1) $F>F_{\alpha/2,(n_1-1,n_2-1)}$ 或 $F<F_{(1-\alpha/2),(n_1-1,n_2-1)}$ (2) $F>F_{\alpha,(n_2-1,n_1-1)}$ (3) $F>F_{\alpha,(n_1-1,n_2-1)}$

例4-3　在生化实验中,两组同学均采用3,5-二硝基水杨酸比色定糖法测定同一种样品的总糖含量,分别得到如下数据:

A组的样品含量(g/L):12.08,13.12,11.87,12.45,13.04,12.68。

B组的样品含量(g/L):13.34,13.10,11.93,11.85,12.87,12.35,12.66。

试比较A、B两组人员的分析技术有何区别(取 $\alpha=0.05$)。

本题通过比较A、B两组实验的方差差异来判断两组人员的分析技术差异。

4. χ^2 检验

χ^2 检验用于检验一个正态随机变量 y 的总体方差是否等于某一个常数,如已知方差 σ_0^2,提出要被检验的假设为

$$H_0: \sigma^2=\sigma_0^2$$

检验统计量 χ^2 为

$$\chi^2=\frac{\sum(y-\bar{y})^2}{\sigma_0^2}$$

它是一个服从自由度 $f=n-1$ 的 χ^2 分布统计量。

对于给定的置信水平 α,如果由样本计算的 $\chi^2>\chi^2_{\alpha/2,n-1}$ 或 $\chi^2<\chi^2_{1-\alpha/2,n-1}$,则拒绝假设。其他的 χ^2 可参见表4-7。

表4-7　正态分布方差的 χ^2 检验

被检验的假设	检验统计量	拒绝假设的判别
(1) $H_0: \sigma^2=\sigma_0^2$ (2) $H_0: \sigma^2\geqslant\sigma_0^2$ (3) $H_0: \sigma^2\leqslant\sigma_0^2$	$\chi^2=\frac{\sum(y-\bar{y})^2}{\sigma_0^2}$	(1) $\chi^2>\chi^2_{\alpha/2,n-1}$ 或 $\chi^2<\chi^2_{1-\alpha/2,n-1}$ (2) $\chi^2<\chi^2_{1-\alpha,n-1}$ (3) $\chi^2>\chi^2_{\alpha,n-1}$

χ^2 检验还可用于检验测定值的分布是否服从正态分布,可以检验实验数据的误差分布函数是否服从正态分布,从而检验系统误差是否存在。

在生命科学实验数据中,χ^2 检验还可用于吻合性检验,通过分析实际数和理论数是否符合,来判断实验结果和理论假说是否符合,如检验遗传实验结果是否吻合孟德尔遗传规

律、自由组合定律等。

例 4-4　为研究果蝇翅叶的遗传规律，进行果蝇翅叶的杂交遗传实验，就 $Vg-vg$ 基因而言，第二代的观测结果如下：长翅有 416 个，短翅有 135 个，共 551 个。

试分析长翅与短翅的比例是否符合3∶1(取 $\alpha=0.05$)。

首先提出假设 H_0：O[观测值]$-E$[理论值]$=0$，即两者无差异。分别计算 O_i 和 E_i 值，计算 χ^2 值，一般取 $\chi^2_{(n-1)}=\sum_{i=1}^{n}\dfrac{(O_i-E_i)^2}{E_i}$，但当自由度为 1 时，取 $\chi^2_{(1)}=\sum_{i=1}^{n}\dfrac{(|O_i-E_i|-0.5)^2}{E_i}$，于是得到 $\chi^2_{(1)}=0.049$，而在自由度为 1 时，$\chi^2_{0.05}=3.84$，因此接受假设，认为实验结果符合 3∶1 的假设。

4.6　MATLAB 统计工具箱应用简介

MATLAB 统计工具箱几乎包括了数理统计方面所有的概念、理论、方法和算法，功能强大，可和常用的统计软件相媲美。MATLAB 统计工具箱包括概率分布、方差分析、假设检验、分布检验、非参数检验、回归分析、判别分析、主成分分析、因子分析、系统聚类分析、均值聚类分析、试验设计、决策树、多元方差分析、统计过程控制和统计图形绘制等。

本节主要介绍在概率与数理统计中常用的语句，如进行统计分析，计算分布参数的估计值和置信区间，提供假设检验的函数。

4.6.1　概率分布和统计

MATLAB 统计工具箱能够计算 20 余种常见概率分布的特征参数，常见概率分布有正态分布(norm)、χ^2 分布(chi2)、t 分布(t)、F 分布(f)。

MATLAB 提供 5 类函数，结合概率分布组合使用，即概率密度函数(pdf)、概率分布函数(cdf)、逆概率分布(inv)、均值与方差(stat)和随机数生成(rnd)。

如
```
p=normpdf(x,mu,sigma)
p=tcdf(x,n)
[m,v]=chi2stat(n)
x=finv(P,n1,n2)
x=normrnd(mu,sigma,n,1)
```

例如，随机数的生成，R=normrnd(MU,SIGMA,[m n])或 R=normrnd(MU,SIGMA,m,n),[m n]。m,n 是指定随机数 R 的行数 m 和列数 n。

```
R=normrnd(8,4,[3 4])
R=
    6.2697    9.1507    12.7567    8.6986
    1.3377    3.4141    7.8495     7.2532
    8.5013    12.7637   9.3092     10.9032
```

也可用通用函数求各分布的随机数据。

函数 random
格式 y=random('name',A1,A2,A3,m,n)

其中 name 可选择分布;A1, A2, A3 为分布的参数;m, n 为指定随机数的行和列。

例 4-5 产生 12(3 行 4 列)个均值为 2、标准差为 0.5 的正态分布随机数。

```
y=random('norm',2,0.5,3,4)
y=
    1.7058    2.0570    1.9522    1.3319
    3.0916    2.5334    1.5838    2.3572
    1.9318    2.0296    2.1472    2.8118
```

注:因是随机数生成,每次运行可能得到不同的结果。

MATLAB 常见的统计型描述函数如表 4-8 所示。

表 4-8 MATLAB 常见的统计型描述函数

函数名	描 述	函数名	描 述
max	求最大值	var	求方差
min	求最小值	range	求样本极差
mean	求平均值	sort	升序排列
median	求中间值	sum	求和
std	求标准差	cov	求协方差

例 4-6 A=[1 3 2 5 6 7]
mean(A);得到均值=4
var(A);方差=5.60
min(A);最小值=1

4.6.2 参数估计与假设检验

1. 参数估计

MATLAB 中有计算总体均值、标准差的点估计和区间估计语句,对于正态分布

[mu sigma muci sigmaci]=normfit(x,alpha)

式中,x 是样本(数组),alpha 是显著性水平 α(alpha 缺省时设定为 0.05),输出 mu 和 sigma 是总体均值 μ 和标准差 σ 的点估计,muci 和 sigmaci 是总体均值 μ 和标准差 σ 的区间估计。

例 4-7 x=normrnd(2,4,100,1); alpha=0.05
[mu sigma muci sigmaci]=normfit(x)

从一组随机数(注意:每次随机数不一定一样)得到各估计值及区间为

mu=2.1917
sigma=3.4740

```
muci=
    1.5024
    2.8810
sigmaci=
    3.0502
    4.0357
```

MATLAB 统计工具箱中还提供了一些具有特定分布总体的区间估计的命令，如指数分布 expfit，泊松分布 poissfit，Gamma 分布 gamfit，Beta 分布 betafit，均匀分布 unifit 等，分别用于指数分布、泊松分布的区间估计，具体用法详见 MATLAB 帮助。

2. 假设检验

常用的假设检验有以下几种。

(1) ttest：对单个样本均值进行 t 检验，总体方差 σ^2 未知。

```
[h,p,ci]=ttest(x,mu,alpha,tail)
```

(2) ztest：对已知总体方差 σ^2 的单个样本均值进行 z 检验。

```
[h,p,ci]=ztest(x,mu,sigma,alpha,tail)
```

tail 是对备用假设 H_1 的选择：输出参数 h=0 表示接受 H_0；h=1 表示拒绝 H_0；p 表示在假设 H_0 下出现的概率，p 越小 H_0 越值得怀疑；ci 是 μ_0 的置信区间。

(3) ttest2：对两样本均值差进行 t 检验。

```
[h,p,ci]=ttest2(x,y,alpha,tail)
```

x，y 为两个不同样本，其他意义同前。

例 4-8

```
x=normrnd(0,1,100,1)
y=normrnd(0.25,1,200,1)
[h,p,ci]=ttest2(x,y)
```

结果：h=1，p=0.0373，ci=−0.4841，−0.0148，表示拒绝假设 H_0。

(4) vartest：对总体均值未知的单个样本方差的检验。

相关语句如下，其中 v 为已知方差值，其他参数含义同上。

```
h=vartest(x,v)
[h,p]=vartest(x,v)
[h,p,ci,stats]=vartest(x,v)
```

(5) vartest2：对两个样本方差是否相等的检验。

格式类似，语句如下。

```
h=vartest2(x,y)
h=vartest2(x,y,alpha)
h=vartest2(x,y,alpha,tail)
[h,p]=vartest2(...)
```

[h,p,ci,stats]=vartest2(...)

(6) JB(Jarque-Bera)检验：对未知样本做正态分布检验。

[h,p,jbstat,cv]=jbtest(x)

若 h=0,则认为 x 服从正态分布;若 h=1,则 x 不服从正态分布。p 为接受假设的概率值,p 越接近于 0,则可以拒绝是正态分布的原假设。jbstat 为测试统计量的值。

例 4-9 x=normrnd(0,1,1,100);
jbtest(x) (省略模式)
ans=0 (表示 x 服从正态分布)
如 x=rand(1,100);
jbtest(x)
ans=1 (表示 x 不服从正态分布)

4.6.3 常用统计图制作

MATLAB 对常用的曲线图、直方图、误差条图等统计图都有应用语句,可以直观地表现样本及其统计量的内在规律。

(1) 曲线图：plot(x,y); plot(x1,y1,x2,y2,...),用法与第 3 章同。

(2) 直方图：hist。

[N,X]=hist(data,k)
或 hist(data,k)。

式中,k 表示数组 data 的区间等分数;N 为返回 k 个小区间的频数;X 为返回 k 个小区间的中点。

数组 data 的直方图如图 4-7 所示,k 缺省时为 10。

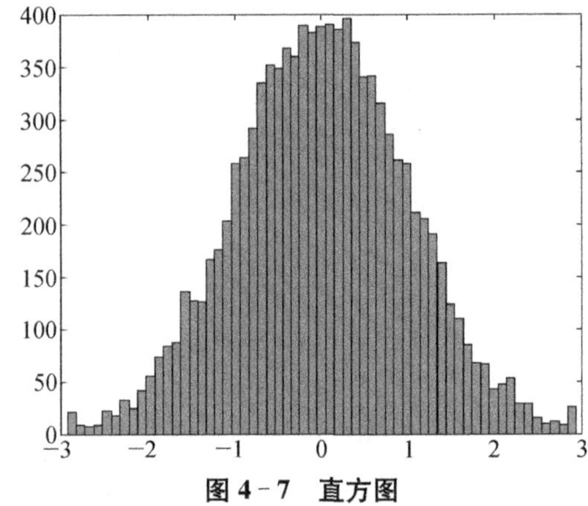

图 4-7 直方图

例 4-10 data=[156 159 162 165 168 169 172 175 178]
hist(data,3)

或 hist(y,x)。
例：x=−2.9:0.1:2.9
y=randn(10000,1)
hist(y,x)

(3) 条形图：bar(x,y)(见图 4-8)。

例：x=−2.9:0.2:2.9
bar(x,exp(−x.* x))
colormap hsv

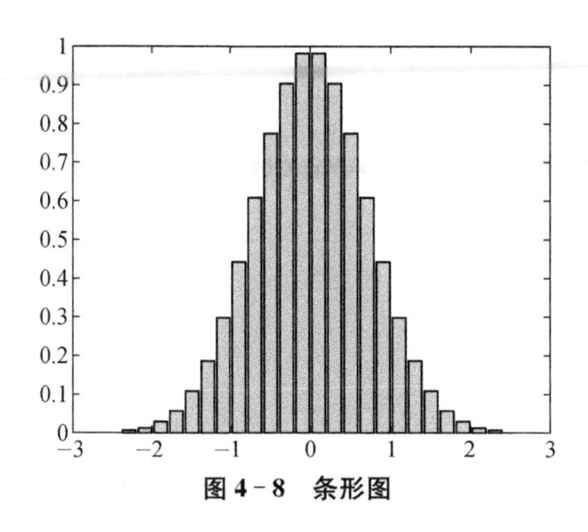

图 4-8　条形图

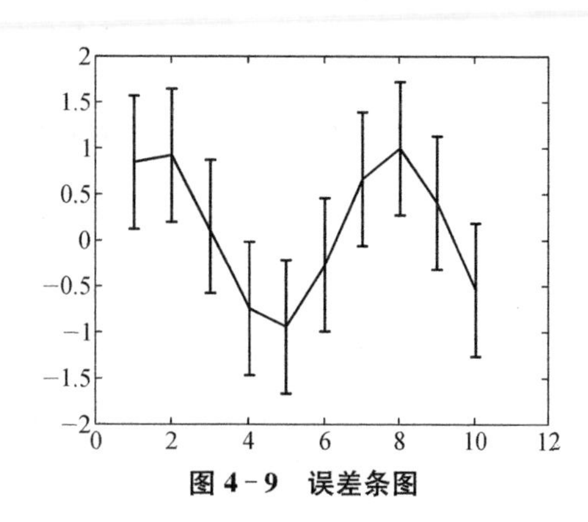

图 4-9　误差条图

(4) 误差条图 errorbar(见图 4-9)。

```
errorbar(Y,E)
errorbar(X,Y,E)
errorbar(X,Y,L,U)
```

式中,Y, X 为一组实验数据;E 为误差值。若误差上下不均,U、L 为上下值。

(5) 其他。

饼图:pie(x,y)。

散点图:scatter。

三维图:plot3(x,y,z), bar3, pie3。

正态检验的正态概率图:normplot。

叠加正态密度直方图:histfit。

画标准偏差图:schart。

画水平条图:xbarplot。

各图制作、用法详见 MATLAB 的帮助(help)。

本章学习要点:

(1) 掌握正态分布的特点。

(2) 了解常见的四种分布及其假设检验。

(3) 了解数学期望和方差的计算。

(4) 利用 MATLAB 求常用的统计量。

(5) 利用 MATLAB 进行常用概率分布的参数估计和假设检验。

(6) 利用 MATLAB 作常用的统计图。

第 5 章　生命科学实验数据的误差分析

实验数据除了计算误差外，不可避免地存在各种各样的实验测量误差，也就是说，实验测量结果和实际值之间或多或少存在一定的差异。了解测量误差的大小对准确判断实验数据非常重要。

5.1　实验数据的测量误差

下面介绍测量误差的产生原因、测量误差的分类和测量误差的表示形式。

5.1.1　随机误差和系统误差

实验数据的测量分为直接测量和间接测量。直接测量是用测量仪器直接测定实验量的值，如对温度、压力、时间、长度、质量等的测量。间接测量是通过一个或多个直接测量值，利用一定的函数关系换算得到实验数据，如溶液的组成和浓度等。生命科学实验数据中的大多数测量值都是间接得到的，但不管其测量过程是什么过程，总是存在着这样或那样的误差。测量误差按其变化规律，可以分为随机误差、系统误差和过失误差。

随机误差和系统误差是两种不同性质的测量误差。对于同一实验量的 n 次测量结果，如果误差的数值是按统计的规律进行变化的，这个误差即是随机误差。

如果误差的数值是固定的或按一定规律变化的(该规律不是统计规律)，这个误差即是系统误差。按系统误差的来源可以分为四种类型：① 仪器误差，如仪器使用精度下降，未予校正等；② 操作误差，如人为读数偏差，取样代表性不好等；③ 方法误差，如实验方法不完善，计算公式和实际有偏差等；④ 环境误差，如环境温度变化引起仪器精度变化，测试环境污染影响空白试验等。

过失误差是一种与事实不符的误差，主要是因为测量人员的责任心不强、粗心大意、测量方法不正确或仪器操作不正确所造成。过失误差只要小心操作，一般都能避免。

在测量过程中，一般随机误差和系统误差同时存在，具体处理时可针对数据结果的影响分以下三种情况区别对待。

(1) 系统误差的影响远大于随机误差的影响，这时可以忽略随机误差对数据的影响。

(2) 随机误差的影响远大于系统误差的影响，这时可以忽略系统误差对数据的影响。

(3) 随机误差的影响和系统误差的影响相差不大，两者均不能忽略，必须对两种误差分别进行处理。

5.1.2　测量误差的表示

测量误差的表示形式与计算误差类似，可用绝对误差和相对误差来表示：

绝对误差＝实测值－真值

相对误差＝绝对误差/真值≈绝对误差/实测值

相对误差经常以百分比的形式表示，即

相对误差＝(绝对误差/真值)×100％

而在实际过程中，虽然真值是客观存在的，但人们不可能知道真值，因此测量结果的好坏常用偏差大小来表示：

偏差＝实测值－数据平均值

相对偏差＝(偏差/平均值)×100％

或

实测值＝数据平均值±偏差，即 $x = \bar{x} \pm \delta$

测量数据的准确度和精密度可以说明绝对误差和相对误差的大小，实验数据的准确度好，表示数据的绝对误差小；实验数据的精密度好，表示数据对均值的相对误差小。

精密度还表示在多次重复测量中所测数据的重复程度或分散程度，随机误差小，即为重复性好。

准确度还表示测量结果与被测量的真值之间的偏离程度，系统误差小，准确度高。

精密度与准确度之间存在一定的关系，但是两者不一定统一。精确度才是测量结果的精密度和准确度的综合反应。只有准确度和精密度都高时，数据的精确度才一定高。

5.2　随机误差

因为随机误差的数值是按统计的规律进行变化的，经过多次测量后，其误差变化符合统计的规律。大多数的测量随机误差具有正态分布的规律。如图 5－1 所示，以误差频率密度为纵坐标，以测量随机误差为横坐标，其曲线接近于正态分布概率密度函数。

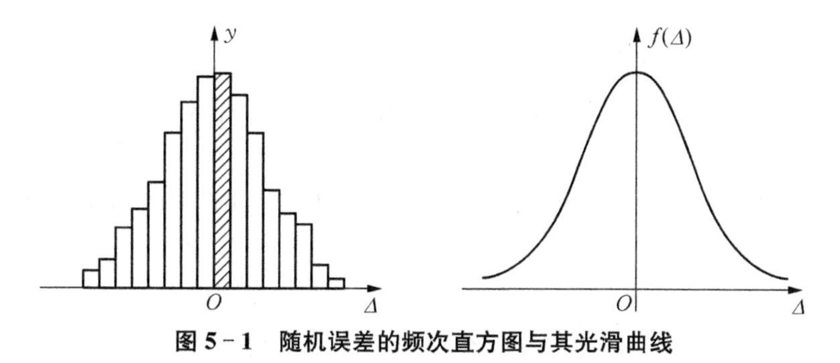

图 5－1　随机误差的频次直方图与其光滑曲线

若实验数据只存在随机误差,实测值 x 与真值 μ 的偏差即为随机误差 ξ,n 个实测值 x_i 的随机误差的分布密度函数为

$$p(\xi)=\frac{1}{\sigma\sqrt{2\pi}}\exp[-\xi^2/(2\sigma^2)]$$

随机误差的分布与正态分布一样具有以下的特性:误差的对称性、误差的有界性、误差的单峰性、误差的抵偿性。这也就是随机误差所遵循的统计规律。

1. 随机误差的统计规律

对一固定值进行多次重复测量,由测得值反映出随机误差的变化,经过大量实验数据的检验,随机误差具有以下四项特征。

(1) 对称性:绝对值相等的正、负误差出现的概率相同,即当测量次数 n 相当大时,绝对值相等符号相反的随机误差出现的机会相同。

(2) 有界性:绝对值很大的误差出现的概率为零,即在一定的条件下,随机误差的绝对值不会超过某一界限。

(3) 单峰性:绝对值小的误差出现的概率大于绝对值大的误差出现的概率,绝对值小的误差较绝对值大的误差出现的次数多。

(4) 抵偿性:随着测量次数 n 的增加,各个随机误差的代数和趋于零。

2. 随机误差的正态分布特性

正态分布规律是研究随机误差的理论基础,其实用价值可用以下四个理由来说明:

(1) 通过实践的检验,大量测量数据的随机误差都服从正态分布。

(2) 对于服从任何分布的独立的随机变量,当其数量足够多的时候,这些随机变量之和近似地服从正态分布,随机变量越多则越近似地服从正态分布。也就是说,对于由许多难以察觉的影响因素而产生的随机误差,可以用正态分布规律来研究和分析。

(3) 正态分布是研究其他分布的基础,在有些精度要求不太高的情况下,尽管严格讲不适用于正态分布规律的随机误差,但仍可近似地用正态分布来处理。如 t 分布在一定要求下可用正态分布来处理。

(4) 对于有些测量,尤其是在测量次数很少时,测量误差究竟服从什么规律尚不清楚,描述其统计规律的数学表达式更难以找到,在这种情况下常可用正态分布来代替测量随机误差的分布。当这种代替不能满足实际要求,或需要估计这种代替的可靠程度时,只有进一步进行实验工作,用统计检验的办法来判断实际分布与正态分布的差异。

5.3 随机误差的传递

在具体导出间接测量的实验数据时,其误差随影响参数的误差变化而变化。根据其影响关系,具体可分为线性函数的误差传递和非线性函数的误差传递。

在科学研究和工程上,大部分实验测量值是通过间接测量确定的,间接测量的误差传递就是根据直接测量值的精度来确定间接测量值的精度。研究误差传递有两方面的问题,一是由直接测量误差来估计函数或间接测量值的误差,在数据处理中属于分析间接测量误差的传递问题;二是已知函数关系及预先约定函数关系,根据间接测量值的误差要求,确定直

接测量参数的容许误差或容许测量精度的要求，在数据处理中属于分析直接测量误差的分配问题，也就是如何合理设计检测系统、选择测试设备和测量方法的最佳实验设计问题。

5.3.1　随机误差的传递计算

因为间接测量误差 y 是通过直接测量参数确定的，假设它们的函数一般关系式为

$$y=f(x_1,\ x_2,\ \cdots,\ x_m)$$

将该函数式进行泰勒级数展开，即可得到误差传递的一般计算式。

假设 $y=f(x_1,\ x_2,\ \cdots,\ x_m)$ 中各个因素 x_i 的误差为 δ_{x_i}，则引出 y 的误差，公式为

$$y+\delta_y=f(x_1+\delta_{x_1},\ x_2+\delta_{x_2},\ \cdots,\ x_m+\delta_{x_m})$$

由于该函数式为非线性函数，而各个误差值都非常小，因此将该函数式进行泰勒级数展开，可以近似地只取一阶导数值，而忽略其他高阶无穷小，可得

$$y+\delta_y=f(x_1,\ x_2,\ \cdots,\ x_m)+\frac{\partial f}{\partial x_1}\delta_{x_1}+\frac{\partial f}{\partial x_2}\delta_{x_2}+\cdots+\frac{\partial f}{\partial x_m}\delta_{x_m}$$

即

$$\delta_y=\frac{\partial f}{\partial x_1}\delta_{x_1}+\frac{\partial f}{\partial x_2}\delta_{x_2}+\cdots+\frac{\partial f}{\partial x_m}\delta_{x_m}$$

$$\begin{aligned}\delta_y^2=&\left(\frac{\partial f}{\partial x_1}\delta_{x_1}\right)^2+\left(\frac{\partial f}{\partial x_2}\delta_{x_2}\right)^2+\cdots+\left(\frac{\partial f}{\partial x_m}\delta_{x_m}\right)^2\\&+2\left(\frac{\partial f}{\partial x_1}\ \frac{\partial f}{\partial x_2}\delta_{x_1}\delta_{x_2}+\frac{\partial f}{\partial x_1}\ \frac{\partial f}{\partial x_3}\delta_{x_1}\delta_{x_3}+\cdots+\frac{\partial f}{\partial x_1}\ \frac{\partial f}{\partial x_m}\delta_{x_1}\delta_{x_m}+\cdots\right)+\cdots\end{aligned}$$

对于 n 组实验点，会产生 n 个 y 的误差，将 n 组 y 的误差进行累加，即得

$$\begin{aligned}\sum\delta_{yi}^2=&\sum\left(\frac{\partial f}{\partial x_1}\delta_{x_{1i}}\right)^2+\sum\left(\frac{\partial f}{\partial x_2}\delta_{x_{2i}}\right)^2+\cdots+\sum\left(\frac{\partial f}{\partial x_m}\delta_{x_{mi}}\right)^2+\cdots\\&+2\left(\frac{\partial f}{\partial x_1}\ \frac{\partial f}{\partial x_2}\delta_{x_1}\delta_{x_2}+\frac{\partial f}{\partial x_1}\ \frac{\partial f}{\partial x_3}\delta_{x_1}\delta_{x_3}+\cdots+\frac{\partial f}{\partial x_1}\ \frac{\partial f}{\partial x_m}\delta_{x_1}\delta_{x_m}+\cdots\right)+\cdots\end{aligned}$$

由于随机误差具有抵偿性，当 n 很大时，上式交叉项求和应趋于 0。故上式可为

$$\begin{aligned}\sum\delta_{yi}^2&=\sum\left(\frac{\partial f}{\partial x_1}\delta_{x_{1i}}\right)^2+\sum\left(\frac{\partial f}{\partial x_2}\delta_{x_{2i}}\right)^2+\cdots+\sum\left(\frac{\partial f}{\partial x_m}\delta_{x_{mi}}\right)^2\\&=\left(\frac{\partial f}{\partial x_1}\right)^2\sum(\delta_{x_{1i}})^2+\left(\frac{\partial f}{\partial x_2}\right)^2\sum(\delta_{x_{2i}})^2+\cdots+\left(\frac{\partial f}{\partial x_m}\right)^2\sum(\delta_{x_{mi}})^2\end{aligned}$$

根据标准误差的定义：

$$\begin{aligned}\sigma_y^2&=\frac{1}{n}\sum\delta_{yi}^2\\&=\left[\left(\frac{\partial f}{\partial x_1}\right)^2\sum(\delta_{x_{1i}})^2+\left(\frac{\partial f}{\partial x_2}\right)^2\sum(\delta_{x_{2i}})^2+\cdots+\left(\frac{\partial f}{\partial x_m}\right)^2\sum(\delta_{x_{mi}})^2\right]/n\\&=\left(\frac{\partial f}{\partial x_1}\right)^2\sigma_1^2+\left(\frac{\partial f}{\partial x_2}\right)^2\sigma_2^2+\cdots+\left(\frac{\partial f}{\partial x_m}\right)^2\sigma_m^2\end{aligned}$$

如果知道各个测量参数的不确定程度,或直接测量值的误差,就可以估计导出参数的误差值。

间接测量的绝对误差传递规律为

$$\sigma_y^2=\sigma_{x_1}^2\left(\frac{\partial y}{\partial x_1}\right)^2+\sigma_{x_2}^2\left(\frac{\partial y}{\partial x_2}\right)^2+\cdots+\sigma_{x_m}^2\left(\frac{\partial y}{\partial x_m}\right)^2$$

其相对误差的表示形式为

$$\frac{\sigma_y}{y}=\frac{1}{y}\sqrt{\sigma_{x_1}^2\left(\frac{\partial y}{\partial x_1}\right)^2+\sigma_{x_2}^2\left(\frac{\partial y}{\partial x_2}\right)^2+\cdots+\sigma_{x_m}^2\left(\frac{\partial y}{\partial x_m}\right)^2}$$

5.3.2 间接测量的误差传递公式的应用

为方便间接测量的误差计算,可以将间接测量的误差传递规律具体推广到各个算法,如最常用的加减法、乘法和除法等。

1. 加减运算

若 y 是直接测量参数的和差函数:

$$y=x_1\pm x_2\pm\cdots\pm x_m$$

则根据误差传递公式,可得

$$\begin{aligned}\sigma_y^2&=\sigma_{x_1}^2\left(\frac{\partial y}{\partial x_1}\right)^2+\sigma_{x_2}^2\left(\frac{\partial y}{\partial x_2}\right)^2+\cdots+\sigma_{x_m}^2\left(\frac{\partial y}{\partial x_m}\right)^2\\&=\sigma_{x_1}^2+\sigma_{x_2}^2+\cdots+\sigma_{x_m}^2\end{aligned}$$

标准误差的绝对形式为

$$\sigma_y=\sqrt{\sigma_{x_1}^2+\sigma_{x_2}^2+\cdots+\sigma_{x_m}^2}$$

2. 乘法运算

若 y 是直接测量参数的乘积函数:

$$y=kx_1x_2$$

则根据误差传递公式,可得

$$\sigma_y^2=\sigma_{x_1}^2\left(\frac{\partial y}{\partial x_1}\right)^2+\sigma_{x_2}^2\left(\frac{\partial y}{\partial x_2}\right)^2=\sigma_{x_1}^2(kx_2)^2+\sigma_{x_2}^2(kx_1)^2$$

标准误差的绝对形式为

$$\sigma_y=k\sqrt{\sigma_{x_1}^2(x_2)^2+\sigma_{x_2}^2(x_1)^2}$$

则相对误差为

$$\rho_y^2=\rho_{x_1}^2+\rho_{x_2}^2$$

3. 除法运算

若 y 是直接测量参数的商函数:

$$y=kx_1/x_2$$

则根据误差传递公式，可得

$$\sigma_y^2=\sigma_{x_1}^2\left(\frac{\partial y}{\partial x_1}\right)^2+\sigma_{x_2}^2\left(\frac{\partial y}{\partial x_2}\right)^2$$

$$=\sigma_{x_1}^2(k/x_2)^2+\sigma_{x_2}^2(-kx_1/x_2^2)^2$$

$$=(k/x_2)^2[\sigma_{x_1}^2+(x_1^2/x_2^2)\sigma_{x_2}^2]$$

标准误差的绝对形式为

$$\sigma_y=k/x_2\sqrt{\sigma_{x_1}^2+\sigma_{x_2}^2(x_1/x_2)^2}$$

则相对误差为

$$\rho_y^2=\rho_{x_1}^2+\rho_{x_2}^2$$

4. 对数运算

设函数：

$$y=a+b\ln x$$

根据误差传递公式，可得

$$\sigma_y^2=\sigma_x^2\left(\frac{\partial y}{\partial x}\right)^2=\left(\frac{b}{x}\right)^2\sigma_x^2$$

标准误差的绝对形式为

$$\sigma_y=\frac{b}{x}\sigma_x$$

还可以将该误差传递公式推广到其他各种函数，如指数函数、幂函数等。

例 5-1　采用精密库仑法测定碘酸钾标准溶液的浓度①。已知公式

$$P=\frac{EMt}{nRFm}$$

式中，P 为 KIO_3 标准溶液的浓度，mmol/g；E 为标准电池电动势，V；M 为 KIO_3 的相对分子质量；t 为库仑滴定中总的电解时间，s；n 为参加反应的电子数；R 为标准电阻值，Ω；F 为法拉第常数，A・s/mol；m 为样品溶液中所含 KIO_3 的质量，g。

根据误差传递公式，P 的相对误差可用下式计算：

$$\rho_P^2=(\Delta E/E)^2+(\Delta R/R)^2+(\Delta F/F)^2+(\Delta t/t)^2+(\Delta m/m)^2+(\Delta M/M)^2$$

经测定，标准电池电动势的不确定度 $\Delta E/E$ 为 3×10^{-6}；标准电阻值的不确定度 $\Delta R/R$ 多数为 5×10^{-6}；法拉第常数的不确定度 $\Delta F/F$ 为 3×10^{-7}；时间的不确定度 $\Delta t/t$ 为 1×10^{-7}；KIO_3 样品质量的不确定度 $\Delta m/m$ 为 1×10^{-5}；KIO_3 相对分子质量的不确定度 $\Delta M/M$ 为 3×10^{-5}。以单个电子数代入上式，即得到其相对误差约为 0.04%。

5.3.3　随机误差的分配

在任何实验数据的直接定量测定中，测量误差是不可避免的，应该通过合理的设计，将

① 田宝珍，杨展雄，沈迁. 碘酸钾标准物质的研制[J]. 东海海洋，1997，15(1)：27-38.

其测量误差限制在容许的范围内。

对于间接测量数据,其误差来自各个影响因子的直接测量误差的传递,即直接测量的参数误差通过其函数关系式传递给间接测定参数。反之,如果已知函数关系式和间接测定参数的实验误差,从而确定各个直接测量参数容许的误差大小,这就是误差的分配问题。误差分配一般有等效分配法和最佳分配法。

1. 等效分配法

等效分配法是假定各个直接测量参数传递于间接测定量的误差均相等,间接测定量的误差平均来自各个直接测量参数的误差,即

$$\sigma_y=\sqrt{\left(\frac{\partial f}{\partial x_1}\right)^2\sigma_{x_1}^2+\left(\frac{\partial f}{\partial x_2}\right)^2\sigma_{x_2}^2+\cdots+\left(\frac{\partial f}{\partial x_m}\right)^2\sigma_{x_m}^2}$$

$$=\sqrt{m\left(\frac{\partial f}{\partial x}\right)^2\sigma^2}=\sqrt{m}\left(\frac{\partial f}{\partial x_i}\right)\sigma_{x_i}$$

$$\sigma_{x_i}=\frac{\sigma_y}{\sqrt{m}}\cdot\frac{1}{(\partial f/\partial x_i)}$$

从而根据总体误差的要求、误差传递函数式的关系,控制各个直接测量参数的测量误差。为计算方便,上述误差分配时可以考虑各个直接测量参数的绝对误差等效分配,也可考虑各个相对误差的等效分配。

例 5-2 为配制 1 000 mL、浓度为 1.0 mg/mL 的某标准溶液,要求标准溶液的浓度误差小于 0.1%,问称量时所容许的最大误差是多少?

根据题意,浓度计算公式为

$$C=W/V$$

得误差公式:

$$\rho_C^2=\rho_W^2+\rho_V^2$$

因 $\rho_C<0.1\%$,按相对误差等效分配:

$$\rho_W=\rho_V$$

$$\rho_W<\sqrt{(0.1\%)^2/2}=0.07\%$$

$$\sigma_W<0.07\%\times 1\,000\times 1.0=0.7(\text{mg})$$

可选取相应的分析天平称量,以满足误差要求。

2. 最佳分配法

最佳分配法是以间接测量参数最佳精度为前提,求各个直接测量参数所允许的误差。即求间接测量参数的绝对误差或相对误差为最小时的 σ_{x_1}, σ_{x_2}, …, σ_{x_m}。这属于函数最优化的范畴。

若目标函数相对误差为

$$\rho_y=\sigma_y/\bar{y}=\left[\sum_{i=1}^{m}\left(\frac{\bar{x}_i}{\bar{y}}\right)^2\left(\frac{\partial f}{\partial x_i}\right)^2\rho_{x_i}^2\right]^{1/2}$$

对目标函数关于各个测量值的误差求偏导,并令其为 0,分析其二阶导数有无极小值,求

其误差函数极值，求联立方程组，即可以求得各个测量值的相对误差 $\rho_{x_1}, \rho_{x_2}, \cdots, \rho_{x_m}$。但是在求解过程中，该联立方程组可能有多个解，也可能没有合适的解，经常需要增加其他一些附加条件。

3. 误差传递的应用

实验的误差分析在科学研究中是非常重要的，通过误差大小分析和误差来源分析，确定主要实验误差的来源，往往可以成倍地提高实验的准确度。还可综合实验条件并评定所得的实验数据的误差大小。所以误差理论及其分析是科学研究中常用的工具之一。

如测定生物反应中氧传递系数时，气液两相流量的测定、气液两相浓度和温度的测定，以及各个定性参数的测定都可能是实验误差的来源。可以通过分析哪一个因子是主要影响因素，通过提高主要误差产生因子的测量精度，来提高最后实验值的准确度。

又如根据溶液的冰点降低测定化合物(溶质)相对分子质量的公式为

$$M = Kw/(DW)$$

式中，M 为相对分子质量；K 为系数；w 为测定溶质的质量；D 为冰点降低度数；W 为溶剂的质量。其误差传递公式为

$$\frac{\sigma_M^2}{M^2} = \frac{\sigma_w^2}{w^2} + \frac{\sigma_D^2}{D^2} + \frac{\sigma_W^2}{W^2}$$

即

$$\rho_M^2 = \rho_w^2 + \rho_D^2 + \rho_W^2$$

根据相对分子质量的测定要求，可以分别确定质量和温度的测定要求，并确定测量仪器的精度，完成实验目的。如 ρ_M 要求为 0.1%，ρ_W 已知为 0.001%，可以估计 ρ_D 和 ρ_w，从而选择相关的实验测量方案。

误差传递的应用主要在于以下几方面。

1) 测量方程的优选问题

由于实验测量结果与多个单项测量因素有关，有不同的表达函数式，应该使所选择的测量方程、所选择的测量因素、所选择的测量方案等确保测量结果的总误差最小。特别对于生命科学中的众多经验方程的选择，尤其是如此。

对于测量函数表达式，其系统误差一般可用系统误差修正法进行消除。因此，研究最佳测量条件就是使函数的随机误差减小到最小值。

根据函数式：

$$y = f(x_1, x_2, \cdots, x_m)$$

得到该函数的误差传递公式为

$$\sigma_y = \sqrt{\left(\frac{\partial f}{\partial x_1}\right)^2 \sigma_{x_1}^2 + \left(\frac{\partial f}{\partial x_2}\right)^2 \sigma_{x_2}^2 + \cdots + \left(\frac{\partial f}{\partial x_m}\right)^2 \sigma_{x_m}^2}$$

式中被测单项误差的项数越少，函数误差一般也就越小，即可以通过减小单项测量因素来达到减小总函数误差的目的。在实际过程中，如果同时有几个不同的函数式来表达，则应选取包含单项测量因素较少的函数表达式。如果函数表达式的单项测量因素基本相同，则应选取误差较小的测量值的函数表达式。

2）测量方案的优化

由间接测量函数误差的标准差公式可以看出，如果式中各个单项误差传递系数为最小时，函数误差就可以相应变小，此时可以减小该单项误差对函数误差的影响。在实际过程中，根据这个原则可以进行最佳测量误差方案的设计。

3）测量精度的提高

许多实验值在直接测量时误差较大，但是如果采用间接测量，只要考虑到误差传递系数，并适当地进行误差分配，就可以得到直接测量无法达到的测量精度。

5.4 实验数据的预处理

在实际的测量过程中，由于各方面的原因，实验数据会造成各种各样的误差，如测量者读数错位或记录错误、仪器的突然波动、客观条件的突然变化等都会造成实验数据的异常。如果在实验数据的处理中，将混入的异常数据和正常数据一起处理，则必然会歪曲测量结果，歪曲过程的事实，得出和实际过程不相符的结论。因此，从原始的实验数据中剔除异常数据是非常必要的。

在生化控制过程和生化参数自动检测中，为了及时排除外界对过程的随机干扰，在对过程的参数进行在线估计时，经常采用滤波的方法对被测参数进行处理。

有时一组正常的实验数据也可能会有较大的分散性，这也是对过程的客观实际情况的反映，如果人为地把某些表面上误差较大的数据作为异常数据进行剔除，那么同样会得到不正确的实验结果。所以对于异常数据的分析处理，必然要有一定的判断准则，而不是主观地做出取舍。该判断方法是采用统计学原理，给定适当的置信概率，求出其相应的置信区间，对各个数据进行判断，从而将异常数据剔除。

根据测量数据的误差情况，对可疑实验观测值的取舍准则较多，下面介绍三种常用的鉴别异常数据的方法。

5.4.1 拉依达准则

由正态分布的误差函数特点可知，误差特别大的出现事件是小概率事件。误差绝对值 $|\varepsilon_i| > 3\sigma$ 时的概率只有 0.002 7，约为 1/370。由于小概率事件在一次偶然事件中是不会发生的，即在测量次数较少的实验中一般是不会发生的。因此，在测量过程中，若某数据的误差绝对值超过 3σ 时，就可以认为该数据是异常数据。

以公式 $|\varepsilon_i| > 3\sigma$ 为依据进行实验数据的选择，这个准则即是拉依达(Pauta)准则。采用拉依达准则来剔除实验异常数据是一种最为常用和方便的方法。

但是拉依达准则的应用与所处理的实验点数多少有关。若 $n \geqslant 10$，则可以按上式剔除。在实验数据较少时，若 $n < 10$，则可以按 $|\varepsilon_i| > 2\sigma$ 进行剔除。但如果剔除数据过多，该处理方法也会产生把异常数据保留或剔除正确数据的现象。

由于在实际测量过程中，不可能得到误差绝对值，能得到的残差应该是 $\varepsilon_i = x_i - \bar{x}$，而且方差 σ 也只能取试验样本的标准偏差 s。

5.4.2 格鲁布斯法

格鲁布斯(Grubbs)法也是建立在统计理论和小概率事件的判断上,通过给定剔除数据的概率,判断实验数据偏离正态分布的程度,判定数据取舍的极限值。其处理步骤如下。

(1) 选定剔除数据的概率,即危险率 α。

危险率 α 越小,表示对剔除数据的要求越高,它表示把正常数据判定为异常数据的出错概率。在实际过程中,α 的取值一般为 0.05、0.025、0.01。它不宜取得太小,不然会把异常数据当作正确数据。

(2) 计算 T 值。

对于一组所测定的数据 $x_1, x_2, \cdots, x_n$,剔除其中的异常数据,计算标准偏差:

$$s=\sqrt{\frac{1}{n-1}\sum(x_i-\bar{x})^2}$$

计算 T 值:$T_i=|(x_i-\bar{x})/s|$,式中,$\bar{x}=\frac{1}{n}\sum x_i$。

(3) 查取极限值 $T_{\alpha,n}$。

从格鲁布斯极限值表(见表 5-1)中查取给定危险率 α 和实验点数时的极限值 $T_{\alpha,n}$。

表 5-1　格鲁布斯极限值 $T_{\alpha,n}$

测定次数 n	自由度 α			测定次数 n	自由度 α		
	0.01	0.025	0.05		0.01	0.025	0.05
3	1.15	1.15	1.15	20	2.88	2.71	2.56
4	1.49	1.48	1.46	21	2.91	2.73	2.58
5	1.75	1.71	1.67	22	2.94	2.76	2.60
6	1.94	1.89	1.82	23	2.96	2.78	2.62
7	2.10	2.02	1.94	24	2.99	2.80	2.64
8	2.22	2.13	2.03	25	3.01	2.82	2.66
9	2.32	2.21	2.11	30		2.91	2.75
10	2.41	2.29	2.18	35		2.98	2.82
11	2.48	2.36	2.23	40		3.04	2.87
12	2.55	2.41	2.29	45		3.09	2.92
13	2.61	2.46	2.33	50		3.13	2.96
14	2.66	2.51	2.37	60		3.20	3.03
15	2.71	2.55	2.41	70		3.26	3.09
16	2.75	2.59	2.44	80		3.31	3.14
17	2.79	2.62	2.47	90		3.35	3.18
18	2.82	2.65	2.50	100		3.38	3.21
19	2.85	2.68	2.53				

(4) 判断数据剔除与否。

将计算值和格鲁布斯极限值相比较,如果 $T_i \geqslant T_{\alpha,n}$,则可认为数据 x_i 是异常数据,应予剔除。根据统计检验原则,这样的出错概率为 α。反之,如果 $T_i < T_{\alpha,n}$,则不可认为数据

x_i 是异常数据,该数据应予保留。

5.4.3 狄克逊法

对于某个测量值 X 有一组实验测定数据 x_1, x_2, …, x_n,将测定数据按大小进行排列,如 $x_1 < x_2 < \cdots < x_n$,在所有数据中,最有可能出现的异常数据必然出现在两端,即 x_1 或 x_n。采用狄克逊(Dixon)准则进行检验时,应分别采用狄克逊法(见表 5-2)所示的统计量。当计算的统计量 f_0 大于给定的相应显著性水平 α 和测定次数 n 时的临界值 $f_{\alpha,n}$时,则判定 x_1 或 x_n 为异常实验数据而将其剔除。

表 5-2 狄克逊统计量 $f_{\alpha,n}$与 f_0 计算公式

n	$f_{\alpha,n}$		f_0 计算公式	
	$\alpha=0.01$	$\alpha=0.05$	x_1可疑时	x_n可疑时
3	0.988	0.941	$\frac{x_2-x_1}{x_n-x_1}$	$\frac{x_n-x_{n-1}}{x_n-x_1}$
4	0.889	0.765		
5	0.780	0.642		
6	0.698	0.560		
7	0.637	0.507		
8	0.683	0.554	$\frac{x_2-x_1}{x_{n-1}-x_1}$	$\frac{x_n-x_{n-1}}{x_n-x_2}$
9	0.635	0.512		
10	0.597	0.477		
11	0.679	0.576	$\frac{x_3-x_1}{x_{n-1}-x_1}$	$\frac{x_n-x_{n-2}}{x_n-x_2}$
12	0.642	0.546		
13	0.615	0.521		
14	0.641	0.546	$\frac{x_3-x_1}{x_{n-2}-x_1}$	$\frac{x_n-x_{n-2}}{x_n-x_3}$
15	0.616	0.525		
16	0.595	0.507		
17	0.577	0.490		
18	0.561	0.475		
19	0.547	0.462		
20	0.535	0.450		
21	0.524	0.440		
22	0.514	0.430		
23	0.505	0.421		
24	0.497	0.413		
25	0.498	0.406		

用狄克逊法检验异常数据的优点是方法简便，统计意义容易理解。但是如果测量数据太少，容易把异常数据判定为正常数据。

例 5－3　研究灭菌处理对碘酸钾标准物质浓度的影响①，具体数据如表 5－3 所示。

表 5－3　灭菌处理数据

序号	灭菌前测定值/(mol/dm³)	灭菌后测定值/(mol/dm³)	序号	灭菌前测定值/(mol/dm³)	灭菌后测定值/(mol/dm³)
1	0.009 998 1	0.009 996 6	9	0.010 005 0	0.010 000 0
2	0.009 997 4	0.009 995 2	10	0.010 002 0	0.010 004 0
3	0.009 997 4	0.009 995 2	11	0.010 001 0	0.010 004 0
4	0.010 001 0	0.009 998 0	12	0.010 001 0	0.009 998 7
5	0.009 998 1	0.009 997 3	13	0.009 994 8	0.010 002 0
6	0.010 001 0	0.009 998 0	14	0.009 999 5	0.010 001 0
7	0.010 003 0	0.009 998 0	15	0.009 996 8	0.009 995 9
8	0.009 996 8	0.010 001 0	平均值	0.009 999 5	0.009 999 0

可得灭菌前后碘酸钾标准物质浓度的标准偏差分别为$\pm 2.8\times 10^{-6}$ mol/dm³ 和$\pm 2.9\times 10^{-6}$ mol/dm³，相对标准偏差分别为 0.03%和 0.03%，可利用本节所介绍的异常数据判断准则分别对灭菌前后数据进行处理。如果两者采用狄克逊检验，结果表明均无异常值。对两组数据做方差检验，得到 $F=1.07$，而 F 临界值为 2.49，故 F 计算值小于 F 临界值（$\alpha=0.05$），结论说明灭菌处理对溶液浓度无影响。

其他的误差处理方法还有肖维勒(Chauvenet)准则、t 检验准则等。

5.5　系统误差

5.5.1　系统误差的研究特性

根据系统误差的不同的变化规律和变化特性，系统误差的处理方法也有相应的变化。系统误差的变化规律有恒定的、线性变化的、周期性变化的，以及其他复杂的变化规律，如果误差单调增加或单调减少，呈三角函数或对数等周期性变化，总的可以分为固定系统误差和变值系统误差(见图 5－2)。

系统误差还和相关专业领域有关，研究系统误差有专门的研究方法，这里仅仅介绍最基本的原理和处理方法。系统误差的处理一般需要有一定的专业知识，因此其详细的处理方法不是这里可以解决的。本书中其他章节介绍的实验数据处理方法中一般均以不含数据的系统误差作为前提。

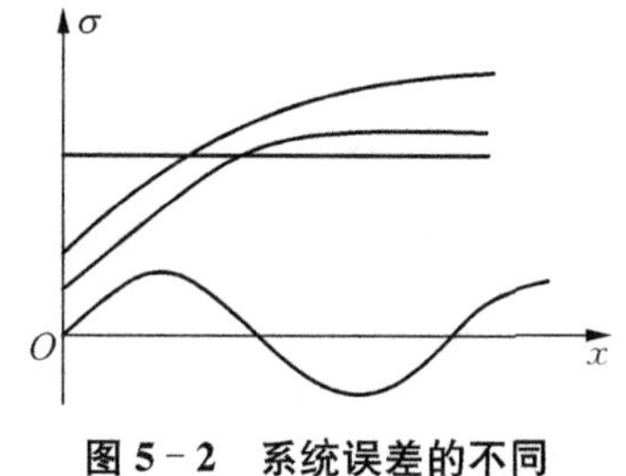

图 5－2　系统误差的不同变化规律

由于系统误差的特点，在实际过程中如不仔细分析，存在很大的危险性。因为系统误差虽然有确定的规律性，其出现

① 田宝珍，杨展雄，沈迁.碘酸钾标准物质的研制[J].东海海洋，1997，15(1)：27－38.

是必然的,但其规律性常常不易被发现和认识。系统误差常常隐藏在测量数据中,纵然是多次重复测量,也不可能降低它对测量精度的影响。系统误差的数值经常比随机误差的数值要大,故其对数据的潜在影响和危险性经常超过随机误差。

研究系统误差在科学研究中具有现实意义。研究系统误差对提高数据的精确度有重要意义。随机误差的数学处理和估计是以测量数据中不含系统误差为前提的。不研究系统误差的规律性、不消除系统误差对数据处理的影响,随机误差的估计就会丧失精确性,特别是当系统误差的大小和随机误差的大小相当时,如仅分析随机误差,误差分析就变得毫无意义。

研究系统误差经常可以大幅度提高数据的精确度。在某些测量实践中,系统误差的数值相当大,甚至比随机误差还大得多。例如在高精度比较测量中,由基准件偏差所产生的系统误差相当显著,必须按其规律性,用一定的方法和判据,及时发现其系统误差的存在,并加以消除,这往往成为提高测量精度的关键。

但是把系统误差研究清楚是相当艰巨的。对系统误差的认识、限制和消除,目前还没有普遍适用的方法和原则。一般来说,系统误差的研究和专业知识紧密相关。对于系统误差的常规处理还是属于测量技术、测量方法上的问题。对待系统误差,不可能像随机误差那样,得出一些普遍通用的处理方法,而只能针对每一具体情况,采用不同的处理措施。处理是否得当,在很大程度上取决于观测和测量者的经验、学识、技巧,以及对实验过程的了解程度。虽然系统误差是有规律的,但实际处理起来,往往要比无规律的随机误差困难得多。

另外,由于系统误差的特有规律性,研究系统误差常常可以得到新的发现,它是发现新事物的向导。对系统误差的深入研究,将对事物的进一步认识产生重要的作用。

在处理系统误差时,以下经验应当记取:

(1) 在测量前,必须尽可能全面地预见到可能产生系统误差的来源,并设法消除它们,或者让它们的影响减弱到可以接受的程度,如环境因素的影响、测量仪器的影响等。

(2) 在实际测量过程中,可以采用一些有效的测量方法,消除或减弱系统误差对测量结果的影响。

(3) 在进行数据处理时,还可以设法检查是否存在尚未被注意到的变值系统误差。

(4) 设法估计出未能被消除而残留下来的系统误差对最终测量结果的影响,即设法估计出残余系统误差的数值范围,或测量的不确定度。有时候误差的大小并不太重要,重要的是要了解其可能变化的范围。

5.5.2 系统误差的规律

系统误差的变化规律有以下几种:

(1) 固定误差。在测量过程中,误差的符号和大小都是固定不变的,称为固定误差。

(2) 线性误差。在测量过程中,误差值随影响因素的变化而线性增大或减小的变化,称为线性误差。

(3) 周期性误差。在测量过程中,误差随影响因素的变化按周期性变化的,称为周期性误差。

(4) 复杂规律误差。在测量过程中,若误差随影响因素的变化是按确定的且是复杂规律变化的，就称为复杂规律误差。这个复杂规律可能是各种规律的复合，如固定误差和线性误差的叠加。但是系统误差和随机误差相结合时，也常常出现复杂规律误差。

5.5.3　发现系统误差的方法

因为系统误差的危害性大，为了消除或减小系统误差，必须先发现系统误差。随机误差的分布一般服从正态分布，系统误差检验的理论基础是根据实验数据偏离正态分布的程度，将误差中非随机变化部分进行分离和判断。由于在实际过程中，系统误差往往要大于随机误差，所以在估计误差的时候，经常需要将两者分离，以便进一步研究系统误差和随机误差。

发现系统误差的方法主要有以下几种。

1. *实验对比法*

实验对比法通过改变产生系统误差的条件，进行不同条件下的测量，来发现系统误差，这种方法适用于固定系统误差的发现。因为固定系统误差单凭一种测量方法或一种测量仪器是不可能发现的。

2. *剩余误差观测法*

剩余误差观测法根据各个测量值的剩余误差大小和符号的变化规律，直接由误差数据或误差曲线来判断系统误差的存在，这种方法适用于规律性系统误差的发现。这在系统误差大于随机误差时才容易做出较为明确的判断。一般来说，剩余误差散点图比较直观，如图 5－3 所示。

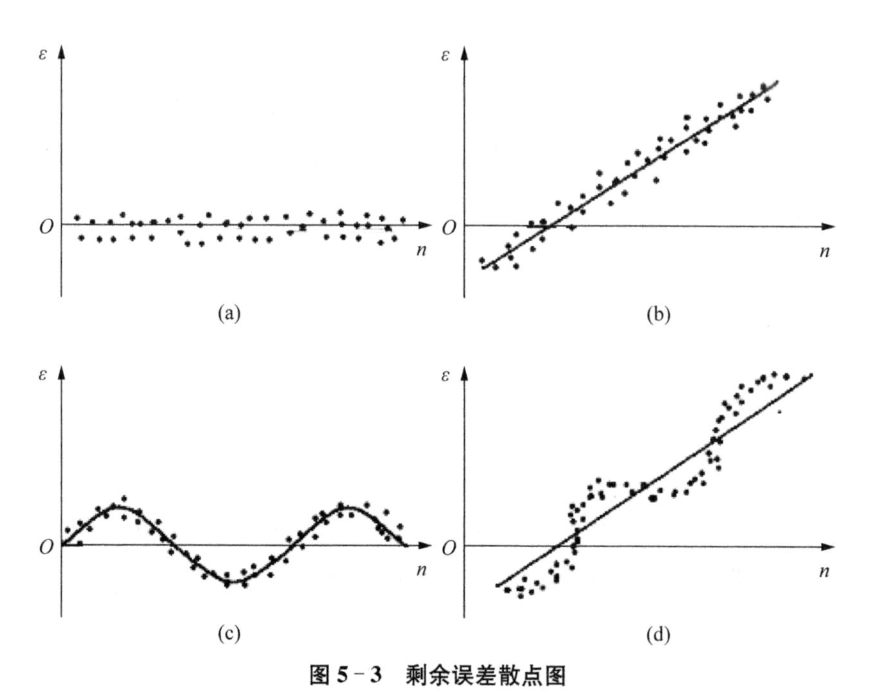

图 5－3　剩余误差散点图

(a) 随机误差或定值系统误差；(b) 线性系统误差；(c) 周期性系统误差；(d) 复杂性系统误差

3. *剩余误差校核法*

把 n 次测量值的剩余误差进行校核计算，发现线性规律变化的系统误差。由于误差经过计算,使这种方法比上面的方法能更简单、更明显地发现问题的所在。

具体做法是将一系列测量数据按测量的先后次序进行排列,把前面一半和后面一半数据的剩余误差分别求和,然后求这两个和的差值 Δ,若差值 Δ 显著不为零,则在该组测量数据中含有系统误差。但有时剩余误差和的差值 Δ 为零,也仍有可能存在系统误差,如周期性系统误差。

4. 计算数据比较法

对同一被测量所得的许多实验数据,可以通过计算数据比较,分析其实验数据的误差类型,以发现是否存在系统误差。可以将实验数据以统计检验的方法进行分析,也可以采用一些较简单的误差判据进行分析。

如以统计的方法分析实验数据的平均值和方差。该方法中最有名的例子是 1892 年雷莱(Rayleigh)从所分离的氮气中发现了惰性元素“氩”。下面举例说明。

例 5-4 雷莱用两种不同的方法制备氮气,测得氮气密度平均值及标准偏差分别如下:

(1) 从多种含氮化合物中(如硝酸盐、氨盐、氧化物等)制备得到的氮气:

$$\bar{\rho}_1 = 2.299\ 71,\ \sigma_1 = 0.000\ 41$$

(2) 从大气中直接分离得到的氮气:

$$\bar{\rho}_2 = 2.310\ 22,\ \sigma_2 = 0.000\ 19$$

对上述两种方法进行统计分析,判断方法之间是否存在差异,由此得到

$$k = \frac{|\bar{\rho}_1 - \bar{\rho}_2|}{\sqrt{\sigma_1^2 + \sigma_2^2}} = \frac{0.010\ 5}{0.000\ 19} = 23 \gg 3$$

从两组结果的差别说明两种方法之间存在显著的不同,远大于随机误差的容许范围,可以肯定有系统误差存在。通过对该系统误差的研究,惰性元素“氩”终于得以发现。

5.5.4 减少和消除系统误差的方法

在测量过程中,如通过检验发现有系统误差存在,就必须进一步分析研究产生系统误差的因素以及减少和消除系统误差的方法。由于系统误差产生的多样性,要找出普遍有效的方法是比较困难的,只能根据实际情况进行处理,总的原则是在合理的处理下满足实际需要。下面仅介绍几种最基本的方法。

1. 从产生误差的根源上消除系统误差

从产生误差的根源上消除误差是最根本的方法,它要求测量人员对测量过程中可能产生的系统误差的环节做仔细研究和深入分析,找出可能产生误差的原因,并在正式测试之前就将误差从产生根源上加以消除。如为了防止零位变动造成误差,则在测量开始和结束时都要检查仪器零位,必要时重新调整零位;又如,为了防止在长期使用时仪器精度降低,应对仪器进行周期性检查。如果误差是由外界条件引起的,则应在外界条件比较稳定时进行测量。

2. 用修正方法消除系统误差

这种方法是预先将测量器具的系统误差检定出来或计算出来,列出误差表或绘制误差曲线,然后取与误差值大小相同而符号相反的值作为修正值,将实际测得值加上相应的修正

值，即可得到不包含该系统误差的测量结果。只要测量仪器或测量方法对实验数据有稳定的重复性，就可以采用这种方法进行修正。如温度、压力、浓度等的测定，可根据其校正曲线消除系统误差，避免此项系统误差的产生。

因为修正值本身也含有一定的误差，因此这种方法不可能将全部系统误差修正掉。

3. 消除固定性系统误差的方法

1）代替法

代替法（或置换法）的实质是在测量装置上对所要测量的量进行测量后，不改变测量条件，立即用一个标准量代替被测的量，并在测量装置上重新测量，从而求出被测量与标准量的差值，即被测量＝标准量＋差值。

这种方法最早被用于称重上，所以也称为沃尔德称重法。

2）抵消法

抵消法要求对同一实验分别进行正反方向的两次测量，以使两次读数时出现的系统误差大小相等而符号相反。因此，取两次测量值的平均值作为测量结果即可消除系统误差。

3）交换法

交换法（或对照法）是根据误差产生的原因，将某些条件交换，以便抵消所引起的误差并将其消除。

4. 消除线性系统误差的方法——对称观测法

对于线性误差，误差值随影响因素的变化而线性增大或减小，可利用误差在测定范围内关于中点对称的特点，采用实验方法将其消除。为此可对称地进行测量，以使其在测量结果中相互比较的是测量结果的算术平均值。

5. 消除周期性系统误差的方法——半周期偶次观测法

对于周期性误差，有效的消除方法是每经过半个周期进行偶次观测，即在某个时刻测定数据后，相隔半个周期再测一个数据，每个周期取得两次数据，然后取两次数据的平均值来消除周期性系统误差。这就是半周期偶次观测法。

生命科学实验中常用对照实验、空白实验、回收实验、仪器校正来处理系统误差。

生命科学实验一般要分为实验组和对照组，对照组也称控制组。和实验组相比，对照组的某个条件应是标准化的，如标准样品、标准试剂、标准仪器、标准操作方法等，从而了解实验组结果的正确性或存在的问题。

空白实验是指在不加测试样品或以等量溶剂替代测试样品的情况下，按同样实验方法操作所得的结果。其作用是排除实验的环境（温度、湿度、氧气等）、实验所用的药品、实验操作方法对实验结果的影响。实际上空白实验也可看作是对照实验的一种。

回收实验在生化分析中经常被采用。如所测试的样品组分复杂或组分浓度相当低，难以分离提取或判断分析效果，向样品中加入已知量的被测组分标准品，然后进行测定，检查被加入的标准品能否被定量回收，以判断分析测试过程是否存在系统误差。所得回收结果常用百分数表示，称为“回收百分率”，简称“回收率”。一般回收率在（100±5）%的范围内，可认为测试过程不存在系统误差。

本章学习要点：

（1）了解测量误差的表示。

(2) 掌握随机误差的基本特征。

(3) 掌握随机误差的传递规律。

(4) 了解系统误差的基本特征。

(5) 了解系统误差的通用消除方法。

(6) 掌握数据预处理方法,如拉依特准则等。

第6章　一元线性回归与多项式插值

在生命科学实验中，经常会分析两个参数之间是否存在一定的关系，如果两者有关系，那么是否是线性关系。这可通过一元线性回归方法进行分析。如果两者不是线性关系，则可采用多项式插值法了解两者数值之间的关系。

6.1　回归分析与最小二乘法

6.1.1　简单实验数据的处理方法

生命科学实验中，为研究两个参数之间的关系，一般通过测定两个参数的系列变化数据，采用散点图处理数据，了解和判断其曲线变化趋势。如果显示曲线趋势为直线，则确定该直线方程的斜率和截距，得到一元线性方程。如果显示曲线趋势不为直线，则考虑如何通过变量转换，将曲线转化为直线，再求取该直线方程，并进一步了解变量之间的关系，如生化反应的单底物浓度与反应速率的关系。

但实际上，只知道该线性方程还不够，还应了解该方程的统计回归特性。对研究多个变量或更复杂的关系，更是需要采用回归方法分析。

6.1.2　回归分析

回归分析是研究随机现象中变量之间关系的一种统计方法，通过大量的实验数据，从中得到隐藏在随机性后面的统计规律。而这种统计规律称为变量之间的回归关系。它主要解决以下问题：① 确定几个特定的变量之间是否存在相互关系，如果存在，找出它们之间关系的合适数学表达式。② 根据某些变量值，预测或控制另一个变量的取值，并可知道该预测或控制可达到的精确度。③ 进行因子分析，如对于共同影响一个变量的许多因子，分析哪些是重要因子，哪些是次要因子，以及因子之间的相互关系。④ 进行实验方案的设计，根据实验目的和实验结果的要求，并考虑回归分析对实验数据的要求，主动设计实验方案，尽量以少的实验次数，获得最多的实验信息。同时希望所得到的实验数据能够便于回归分析和数据处理，具有较好的统计性质。回归分析法中最常用的数学方法是最小二乘法。

6.1.3　最小二乘法原理

处理实验数据拟合时，最小二乘法是最有用和最常用的方法之一，是一项非常有用的数学工具。最小二乘法的基本原理是：在具有同一精确度的许多测定数据中求其最优值，即各个测定值的残差的平方和为最小时的值。它是在实验误差呈正态分布的许多实验数据中求解。所拟合的曲线趋势可以不受实验随机误差的影响而出现局部的波动。如果各个数据的精度不同,则需对数据做加权处理。

最小二乘法的数学描述为

$$Q=\sum (y_i-u_i)^2=\min$$

其中,y_i、u_i分别是实验值和计算值。

如在 m 个未知参数的估计中,拟合函数关系的数据为 n 个,且 $n\geqslant m$。由于每次测量均有误差存在,该问题即是从 n 个带有误差的数据(或方程式)中,求解 m 个未知参数,采用最小二乘法可较好地解决这类问题。

利用最小二乘法可求得近似方程或函数 $y=f(x)$,这个回归拟合方程的函数计算值和实验值并不一致,但可以通过动态平滑或去除实验数据点的不规则变动来反映实验值的变化规律和变动趋势。

如第 1 章所述,用于回归分析、最小二乘法计算的软件有 SAS、SPSS、MATLAB、Excel 等,其中以 SAS、SPSS 等专业软件最为著名,适用的范围最广。但对于一般的生命科学实验数据,采用 MATLAB 的统计工具箱就能解决相关实验数据问题,能进行线性模型、非线性模型的回归和方差分析。

6.2 实验数据的一元线性回归

回归分析方法一般是以最小二乘法为基础的一种处理变量相关关系的数理统计方法,依靠实验误差的随机性找出变量之间的统计规律性。在回归分析中最简单的是只有一个自变量和一个因变量的两参数关系。

6.2.1 一元线性回归

一元线性回归的出发点是假设两个变量的测量值 y_i 和 x_i $(i=1, 2, \cdots, n)$ 之间的关系符合数学模型

$$y_i=\beta_0+\beta_1 x_i+\varepsilon_i,\ i=1, 2, \cdots, n$$

其中,ε_i表示其他随机因素对 y 的综合影响,一般均假定它们是一组相互独立且服从同一正态分布 $N(0, \sigma)$的随机变量。对于 x,一般只讨论它是可以精确测量或严格控制的变量。在这些条件下,因变量 y 将是服从正态分布$N(\beta_0+\beta_1 x_i, \sigma)$ 的随机变量。方程式中的参数 β_0、β_1 可以从已知的有限次测量值 y_i、x_i 中,用最小二乘法求得其估计值 b_0、b_1。b_0、b_1 又称为方程的回归系数。

最小二乘法处理的原理是建立在数据的残差基础上的,由回归系数构成的回归方程为

$$u_i=b_0+b_1 x_i$$

在每一个 x_i处所确定的回归值 u_i与实际观察值 y_i之差,称为余差或残差,即

$$y_i-u_i=y_i-b_0-b_1 x_i$$

回归时要求它的平方和为最小。根据余差平方和或剩余平方和为最小的原则,

$$Q(b_0, b_1) = \sum_{i=1}^{n} (y_i - u_i)^2 = \sum_{i=1}^{n} (y_i - b_0 - b_1 x_i)^2 = \min$$

由 y_i、x_i（$i=1, 2, \cdots, n$）的测量数据求出回归系数 b_0、b_1 的值。因此用最小二乘法得到的回归方程和测量值 y_i、x_i 在误差平方和的意义上偏差最小。既然 $Q(b_0, b_1)$ 是 b_0 和 b_1 的非负二次函数，所以 Q 的最小值一定存在，并可由微分学中的极值原理知道 b_0 和 b_1 应是下列方程的解：

$$\begin{cases} \dfrac{\partial Q}{\partial b_0} = -2\sum_{i=1}^{n}(y_i - b_0 - b_1 x_i) = 0 \\ \dfrac{\partial Q}{\partial b_1} = -2\sum_{i=1}^{n}(y_i - b_0 - b_1 x_i)x_i = 0 \end{cases}$$

上面的方程组称为正规方程或法方程，它也可简化成以下形式：

$$\begin{cases} \sum_{i}(y_i - u_i) = 0 \\ \sum_{i}(y_i - u_i)x_i = 0 \end{cases}$$

由正规方程可以解得

$$\begin{cases} b_0 = \bar{y} - b_1 \times \bar{x} \\ b_1 = \dfrac{\sum_{i}(x_i y_i) - \dfrac{1}{n}\sum_{i} x_i \cdot \sum_{i} y_i}{\sum_{i} x_i^2 - \dfrac{1}{n}\left(\sum_{i} x_i\right)^2} \end{cases}$$

其中 $\bar{y} = \dfrac{1}{n}\sum_{i} y_i$，$\bar{x} = \dfrac{1}{n}\sum_{i} x_i$，$\sum_{i}$ 为对 i 从 1 到 n 求和的简化符号。为了书写的方便，习惯上采用以下计算符号：

$$l_{xx} = \sum_{i} (x_i - \bar{x})^2 = \sum_{i} x_i^2 - \frac{1}{n}\left(\sum_{i} x_i\right)^2$$

$$l_{yy} = \sum_{i} (y_i - \bar{y})^2 = \sum_{i} y_i^2 - \frac{1}{n}\left(\sum_{i} y_i\right)^2$$

$$l_{xy} = \sum_{i} (x_i - \bar{x})(y_i - \bar{y}) = \sum_{i} x_i y_i - \frac{1}{n}\sum_{i} x_i \cdot \sum_{i} y_i$$

故可将系数 b_1 的表达式写成

$$b_1 = l_{xy}/l_{xx}$$

又若把式 $b_0 = \bar{y} - b_1\bar{x}$ 代入原回归方程，可得到回归方程的另一种形式

$$u_i - \bar{y} = b_1(x_i - \bar{x})$$

由此可知线性回归方程通过所有测量值的重心 $(\bar{x}, \bar{y})$，即全部测量值的 x_i 和 y_i 的算术平均值，该重心也就是回归方程的重心。

6.2.2 一元线性回归方程的显著性检验和方差分析

在求解一元线性回归方程系数时,并不要求两个变量之间存在着某种线性关系,就回归方法而言,即使对于一组本身没有线性关系的数据,也能求出一条回归直线,只是没有实际意义。因此,在利用最小二乘法求取线性回归方程后,必须对所得到的方程进行判别,确定该回归方程有没有实际意义,是否与实验数据相符,即用一定的方法判断所关联的两个变量之间的相关程度究竟有多大。

1. 相关系数的检验

在线性回归方程中,系数 b_1 是直线的斜率,其大小取决于计算值 u 随 x 变化的程度。如果 u 与 x 完全没有关系,即为零相关,则 u 不随 x 的变化而变化。此时回归方程的斜率为 0,即可得

$$b_1 = l_{xy}/l_{xx} = 0$$

而反过来如果把 y 作为自变量,x 作为因变量,则可以得到另一个回归方程

$$v = b'_0 + b'_1 y$$

其中回归值 v 是 x 的估计值。和上述一样,由于 u 与 x 完全没有关系,同样可知 x 的估计值 v 也与 y 无关。所以

$$b'_1 = l_{yx}/l_{yy} = 0$$

将上述两个式子合并,就可以知道当 x 和 y 完全不相关时必定有

$$b_1 b'_1 = \frac{l_{xy}}{l_{xx}} \frac{l_{yx}}{l_{yy}} = \frac{l_{xy}^2}{l_{xx} l_{yy}} = 0$$

反之,当所有的测量点都落在回归曲线上时,则有

$$y = u,\ x = v$$

上述两式可分别改写为

$$y = b_0 + b_1 x$$

$$x = b'_0 + b'_1 y$$

由于它们也是同一条直线的方程,所以其斜率之间的关系为

$$b_1 = 1/b'_1$$

或者

$$b_1 b'_1 = \frac{l_{xy}^2}{l_{xx} l_{yy}} = 1$$

基于以上两种特殊情况,定义一个参数相关系数 r,用以判断两个变量间线性相关的程度,其定义为

$$|r| = \sqrt{\frac{l_{xy}^2}{l_{xx} l_{yy}}} = \frac{l_{xy}}{\sqrt{l_{xx} l_{yy}}}$$

根据前面的分析,可以知道 r 具有以下的性质:

(1) r 是b_1和b_1'的几何平均值，即 $r^2=b_1b_1'$。r 的取值介于两个回归系数 b_1 和 b_1' 之间，r 值大小表示两个变量之间的线性相关程度。

(2) 当 $r=0$ 时，$b_1=b_1'=0$，即两个变量之间没有线性关系，称为线性无关。

(3) 当 $r=\pm1$ 时，$b_1b_1'=1$，即所有的测量点都落在回归曲线上，两个变量之间存在着完全相关的关系。其中，当 $r=+1$ 时，称为正相关，即因变量的值随自变量的值增大而增大。当 $r=-1$ 时，称为负相关，即因变量的值随自变量的值增大而减小。

(4) 当 $0<|r|<1$ 时，两个变量之间存在着一定的线性相关程度。其中，r 的绝对值越大表示线性相关的程度越紧密。

事实上，该相关系数和概率中以协方差定义的相关系数无论在形式上还是在实质上、内容上都是一致的。将相关系数和斜率的表示式代入残差平方和 Q，得

$$Q=\sum_i\left[y_i-\bar{y}+\frac{l_{xy}}{l_{xx}}(\bar{x}-x_i)\right]^2$$

可展开为

$$Q=l_{yy}-2\frac{l_{xy}}{l_{xx}}l_{xy}+\frac{l_{xy}^2}{l_{xx}}=l_{yy}-\frac{l_{xy}^2}{l_{xx}}=\left(1-\frac{l_{xy}^2}{l_{xx}l_{yy}}\right)l_{yy}$$

即可表示为 $Q=(1-r^2)l_{yy}$。

可见 Q 和 r 之间存在着相互关系，当 r 的绝对值越接近于 1 时，Q 值越接近于 0。反之，当 r 的绝对值越接近于 0 时，Q 值和 l_{yy} 就越接近。

在实际过程中，对测量值做线性回归时，所得到的 r 值一般都不为 0。因此，为研究回归系数的变量相关性，必须有一种方法来判断所得到的线性回归方程是否有效，这就是说必须对相关系数进行显著性检验。

由此可知，相关系数是定量地描述两个变量 (x_i, y_i) 之间线性关系密切程度的一个指标。从前面的推导可知，代入 l_{xx}、l_{yy}、l_{xy}，相关系数的计算如下：

$$r=\frac{\sum(x_i-\bar{x})(y_i-\bar{y})}{\sqrt{\sum(x_i-\bar{x}_i)^2\sum(y_i-\bar{y})^2}}$$

其中，$\begin{cases}\bar{y}=\sum y_i/n & i=1,2,\cdots,n\\ \bar{x}=\sum x_i/n & i=1,2,\cdots,n\end{cases}$

该相关系数是一个统计量，从 n 个实验数据样本计算得到。相关系数可以延伸到各个变量之间的线性关系的表示。

再看概率论中变量 x 与 y 之间的总体相关系数 ρ 的定义：

$$\rho=\frac{E(xy)-E(x)E(y)}{\sigma_x\sigma_y}$$

可以看到两者的形式是一致的，实际上 r 是总体相关系数 ρ 的估计值。这从根本上说明了相关系数和变量之间的联系。相关系数 r 有其自己的概率分布，因此两个变量 x 与 y 之间的线性相关性可用相关系数的大小来进行检验。

相关系数的检验可用临界相关系数进行判别。临界相关系数 r_0 是自由度 f 和显著性水平 α 的函数 $r_{f,\alpha}$（见表 6-1）。

表 6-1 相关系数临界值

f	α		f	α	
	0.05	0.01		0.05	0.01
1	0.996 92	0.999 88	17	0.455 50	0.575 10
2	0.950 00	0.990 00	18	0.443 80	0.561 40
3	0.878 30	0.958 73	19	0.432 90	0.548 70
4	0.811 40	0.917 20	20	0.422 70	0.536 80
5	0.754 50	0.874 50	25	0.380 90	0.486 90
6	0.706 70	0.834 30	30	0.349 40	0.448 70
7	0.666 40	0.797 70	35	0.324 60	0.418 20
8	0.631 90	0.764 60	40	0.304 40	0.393 20
9	0.602 10	0.734 80	45	0.287 50	0.372 60
10	0.576 00	0.707 90	50	0.273 20	0.354 60
11	0.552 90	0.683 50	60	0.250 00	0.324 80
12	0.532 40	0.661 40	70	0.231 90	0.301 70
13	0.513 90	0.641 10	80	0.217 20	0.283 00
14	0.497 30	0.622 60	90	0.205 00	0.267 30
15	0.482 10	0.605 50	100	0.194 60	0.254 00
16	0.468 30	0.589 70			

当 $|r| \leqslant r_{f,\alpha}$ 时，在显著性水平 α 下，可否定 x 与 y 之间的线性相关性。

当 $|r| > r_{f,\alpha}$ 时，在显著性水平 α 下，可认为 x 与 y 之间是线性相关的。

在一元线性回归中自由度 f 等于测量点数 n 减去 2。临界相关系数 r_0 的含义是在所选定的显著性水平 α 下，所得到的线性回归方程具有意义所必须具备的最低相关系数。

例 6-1 采用苯酚-硫酸法测定糖含量，得到如表 6-2 所示的数据。

表 6-2 葡萄糖浓度和 *OD* 值

葡萄糖浓度/(μg/mL)	10	20	30	40	50	60	70
OD_{490}	0.106	0.202	0.312	0.405	0.499	0.596	0.699

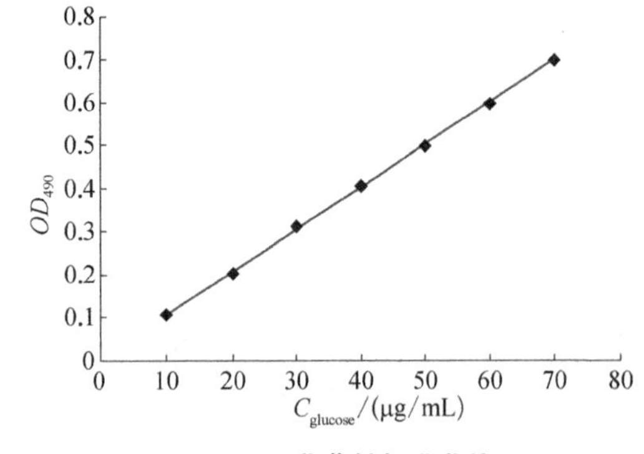

图 6-1 葡萄糖标准曲线

研究葡萄糖浓度和 *OD* 值的线性关系，通过线性回归分析，可以得到回归方程：

$$C_{glucose} = 100.88 \times OD_{490} - 0.546$$

计算得到方程的相关系数 $r = 0.999\ 8$，而 $r_0(5, 0.01) = 0.874\ 5$，因此相关系数远远大于临界相关系数，说明两者的线性关系很好，如图 6-1 所示。

2. 一元线性回归方程的方差检验

根据前面的分析，每个测量值的变差 $y_i - \bar{y}$ 都可以分解成两部分：

$$y_i - \bar{y} = (y_i - u_i) + (u_i - \bar{y})$$

其中，前一项为残差，后一项为 y 的估计值和平均值之差。即 y_i 的变异由两部分引起：① 由 x_i 的变异引起，② 其他未知影响因素引起残差 ε_i。对于 N 个测量值的总变异情况，可用测量值与其算术平均值的偏差的平方和表示，称之为离差平方和，并将其按变异原因进行分解。

定义离差平方和为

$$l_{yy} = \sum_i (y_i - \bar{y})^2$$

$$\begin{aligned} l_{yy} &= \sum_i (y_i - \bar{y})^2 = \sum_i [(y_i - u_i) + (u_i - \bar{y})]^2 \\ &= \sum_i (y_i - u_i)^2 + \sum_i (u_i - \bar{y})^2 + 2\sum_i [(y_i - u_i)(u_i - \bar{y})] \end{aligned}$$

根据线性回归的特性，即正规方程，可以证明交互项 $\sum_i [(y_i - u_i)(u_i - \bar{y})] = 0$，因而可得离差平方和

$$l_{yy} = \sum_i (y_i - u_i)^2 + \sum_i (u_i - \bar{y})^2$$

或者

$$Q_{\Sigma} = Q + Q_R$$

其中，

$$\begin{aligned} Q_R &= \sum_i (u_i - \bar{y})^2 = \sum_i (b_0 + b_1 x_i - b_0 - b_1 \bar{x})^2 \\ &= b_1^2 \sum_i (x_i - \bar{x})^2 = b_1^2 l_{xx} = l_{xy}^2 / l_{xx} = b_1 l_{xy} \end{aligned}$$

Q_R 称为回归平方和，它反映了由自变量 x 的变化而引起的变异，可以用回归线性方程估计因变量 y 的变异。

$$\begin{aligned} Q &= \sum_i (y_i - u_i)^2 = l_{yy} - Q_R \\ &= l_{yy} - l_{xy}^2 / l_{xx} = l_{yy} - b_1 l_{xy} = (l_{xx} l_{yy} - l_{xy}^2) / l_{xx} \end{aligned}$$

Q 称为残差或余差平方和，它反映了因各种没有加以控制的随机因素所引起的变异。

Q_R 和 Q 的相对大小说明了线性回归效果的优劣。Q_R 在 Q_{Σ} 中所占的比例越大，线性回归的效果越好，线性回归的相关系数越大。因为 $\dfrac{Q_R}{Q_{\Sigma}} = \dfrac{l_{xy}^2}{l_{xx} l_{yy}} = r^2$，这说明回归平方和与相关系数之间存在着一定的关系。

线性回归方程的检验也可以用 F 统计量检验。由上述三个平方和及其相对应的三个自由度 f_{Σ}、f_R、f 可以计算出三个相应的标准差，即

离差(总变差)标准差：$s_{\sum}=\sqrt{\frac{l_{yy}}{f_{\sum}}}=\sqrt{\frac{l_{yy}}{n-1}}$

回归标准差：$s_R=\sqrt{\frac{Q_R}{f_R}}=\sqrt{\frac{Q_R}{1}}=\sqrt{Q_R}$

剩余标准差：$s=\sqrt{\frac{Q}{f}}=\sqrt{\frac{Q}{n-2}}$

引入统计量 F，F 为回归平方和方差与残差平方和方差之比，$F=\frac{s_R^2}{s^2}$，它的自由度分别为 1 和 $n-2$。得到 F 的表达式：

$$F=\frac{Q_R}{Q/(n-2)}$$

根据给定的显著性水平 α，可得临界值 $F_{\alpha,(1,n-2)}$，与该统计量 F 值做比较，可以判断回归方程的有效性。假如以回归效果不显著作为假设检验中的假设 H_0，即假设 H_0：$y\sim x$ 没有线性关系，$b=0$。如果对于计算所得到的 F 值，$P(F>F_{\alpha,(1,n-2)})=\alpha$，即该事件为小概率事件，可拒绝假设。于是认为 $b\neq 0$，即回归的线性效果显著。反之如果 $F<F_{\alpha,(1,n-2)}$，则接受假设，认为回归效果不显著。

6.3 多项式插值法

6.3.1 多项式插值

对于已知的两个变量实验数据 y_i 和 $x_i(i=1, 2, \cdots, n)$，除了一元线性回归建立方程外，还可以通过插值法获取方程 $y=f(x)$，求解不同 x 时的 y 值。在实际问题的计算中，常常会遇到许多以表格形式给定的函数值 y_i 和 x_i，如方根表、对数表、三角函数表等各种数学用表、各种生物数据表以及实验室的各种实验数据记录表等。这些表格函数没有直接给出未列点处的函数值。在实际计算上常常需要寻找与给定表格函数相适应的近似解析表达式，以便于求未列点处的函数值。这可通过构造与给定数据相适应的近似函数来解决，也就是所谓的插值问题。

为给定表格函数构造相适应的近似函数表达式的可用函数类型很多，如可用代数多项式，也可用三角多项式或有理函数，甚至可用在定义区间上的任意光滑函数或分段光滑函数等。由于代数多项式形式简单、计算方便、易于微分和积分，因此它是最基本、最常用的插值函数类型。本章仅介绍代数多项式插值法，简称代数插值法或多项式插值法。

定义 6-1 设函数 $y=f(x)$ 在$[a, b]$上连续，且已知 $f(x)$在 $x_i(i=0, 1, 2, \cdots, n)\in[a, b]$ 各点处的 $y_i(i=0, 1, 2, \cdots, n)$ 值，即 $y_i=f(x_i)$。如有代数多项式 $P_n(x)$在 x_i处满足

$$P_n(x_i)=y_i \quad (i=0, 1, 2, \cdots, n) \tag{6-1}$$

则称 $P_n(x)$为函数 $y=f(x)$ 的插值多项式，点 $x_i(i=0, 1, 2, \cdots, n)$ 为插值节点，$[a, b]$

为插值区间，$y=f(x)$ 表格函数为被插值函数。在代数多项式中寻找 $P_n(x)$ 的方法称为代数插值法。式(6-1)称为插值条件，实质上有

$$\begin{cases} f(x_i)-P_n(x_i)=0 & i=0,1,2,\cdots,n \quad (\text{各节点处}) \\ f(x)-P_n(x)=R_n(x) & (\text{非节点处}) \end{cases}$$

非节点处的偏差 $R_n(x)$ 与插值多项式 $P_n(x)$ 的结构(项数)有关。代数插值的几何意义是通过给定的 $n+1$ 个几何点 $(x_i, y_i)(i=0, 1, 2, \cdots, n)$ 作一条 n 次多项式 $y=P_n(x)$ 近似地代替曲线 $y=f(x)$，如图 6-2 所示。

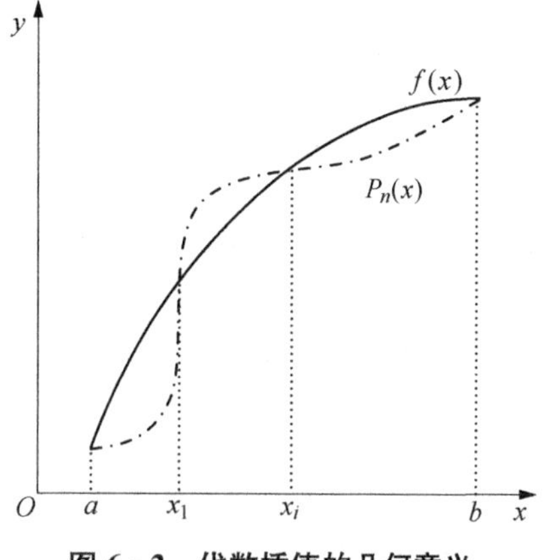

图 6-2　代数插值的几何意义

由图 6-2 可以看出，$y=P_n(x)$ 是一条围绕曲线 $y=f(x)$ 的光滑连续曲线，两条曲线越接近，偏差 $R_n(x)$ 就越小，插值计算就越准确。

对于给定的表格函数 $y=f(x)$，已知 $n+1$ 个节点，当插值多项式的次数 n 选定后，则插值多项式 $P_n(x)$ 便唯一地被确定了。如二次插值多项式，也称抛物线插值公式，即

$$y=P_2(x)=a_0+a_1x+a_2x^2$$

需要 3 个点 (x_0, y_0)、(x_1, y_1)、(x_2, y_2) 就能唯一地被确定。而线性插值仅需要两个点，因为依照插值条件有

$$y_i=P_n(x)=a_0+a_1x_i+a_2x_i^2+\cdots+a_nx_i^n \qquad (i=0, 1, 2, \cdots, n)$$

共有 $n+1$ 个关于 $a_i(i=0, 1, 2, \cdots, n)$ 的线性代数方程组，解之便可唯一地求得 $n+1$ 个系数，因此 $y=P_n(x)$ 是唯一的。

计算多项式插值的方法有拉格朗日插值多项式、牛顿插值多项式、样条函数插值等，MATLAB 有专门的插值函数和样条函数。

6.3.2　插值多项式的余项

在区间 $[a, b]$ 上若有 n 次多项式 $P_n(x)$ 近似地代替 $f(x)$，即 $f(x)\approx P_n(x)$，则按照插值条件，在节点 $x_i(i=0, 1, 2, \cdots, n)$ 上有 $P_n(x_i)=f(x_i)$，也就是说不存在偏差。但在其他点 $x\in[a, b]$ 上，$P_n(x)$ 与 $f(x)$ 一般并不相等，即在非节点上存在偏差，即 $R_n(x)=f(x)-P_n(x)$。$R_n(x)$ 为用 $P_n(x)$ 近似代替 $f(x)$ 时的截断误差，为插值多项式 $P_n(x)$ 的余项。

为了求节点外的其他点处的余项 $R_n(x)$，可以利用微分罗尔定理，从数学上推导得到：

$$R_n(x)=f(x)-P_n(x)-\frac{f^{n+1}(\xi)}{(n+1)!}\prod_{j=0}^{n}(x-x_j), \quad \xi\in[a, b] \qquad (6-2)$$

式(6-2)就是著名的拉格朗日插值多项式的余项，类似于泰勒级数的余项公式，因不知道点 ξ 的具体值，只知道其所在区间，式(6-2)不能直接计算得到 $R_n(x)$，但可以估计 $R_n(x)$ 的大小，了解插值计算的误差范围，或者估计余项约是步长 $(x_{i+1}-x_i)$ 的若干次方。

6.4 三次样条插值

6.4.1 分段插值法

从插值多项式的余项公式可知,为了使插值多项式很好地逼近 $f(x)$,往往要增加插值节点,提高插值多项式的次数 n。但是在实际应用时,过分地提高插值多项式的次数会带来一些新的问题。所以很少采用高次插值多项式(如七八次以上)。对高次插值所存在的问题分析如下。

(1) 插值结点的增多(即插值次数的提高)固然能使插值多项式 $P_n(x)$ 在更多的地方与 $f(x)$ 相等,但是在两个插值点之间,$P_n(x)$ 并不一定能很好地逼近 $f(x)$,有时差异很大。下面举例说明。

假设给定一个函数

$$f(x)=1/(1+25x^2) \quad (-1 \leqslant x \leqslant 1)$$

现取等距节点

$$x_i=-1+0.2i \quad (i=0, 1, \cdots, 10)$$

来建立插值多项式 $P_{10}(x)$。现在用插值多项式 $P_{10}(x)$ 来计算 $x=-1.0, -0.95, -0.90, \cdots, -0.05, 0$ 点处的值,并与用 $f(x)=1/(1+25x^2)$ 计算的结果进行比较。两种方法的计算结果如图 6-3 所示,图中的实线为 $f(x)$,虚线为插值多项式 $P_{10}(x)$。从图 6-3 中可以看出,在 $[-0.2, 0]$ 范围内,$P_{10}(x)$ 还能较好地逼近 $f(x)$,但在其他各小区间(即两插值节点之间)内,$P_{10}(x)$ 与 $f(x)$ 的差异就较大,且越靠近端点其逼近的效果就越差。高次插值所产生的这种现象称为龙格现象。由此可知,插值节点的加密并不一定能保证两节点之间插值多项式很好地逼近,即高次插值易引起计算不稳定,以及端点附近计算精度差。

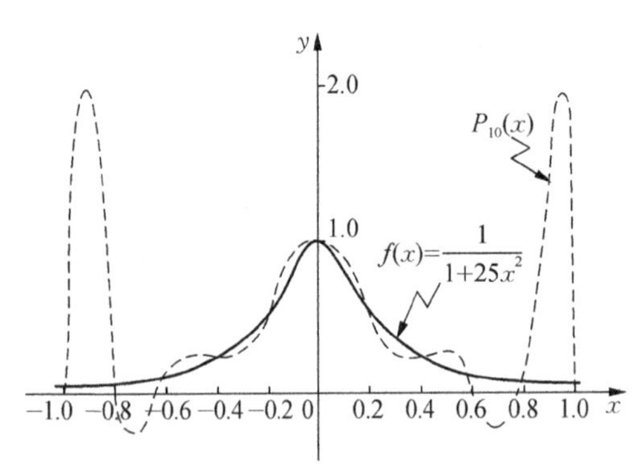

图 6-3 高次插值的龙格现象

(2) 从计算过程的舍入误差来看,高次插值中的误差传播有时会很严重。

综上所述,高次插值多项式并不实用,因为节点增加,其插值精度未必提高。那么如何解决这个矛盾呢?

方法之一是采用分段低次插值。首先将整个插值区间分成各个小区间,然后在每一个小区间内用低次插值。分段低次插值虽然有效地克服了高次插值计算不稳定及端点附近计算精度差等缺点,但它只能保证曲线的连续而不能使曲线光滑,即在各个小区间的连接处其导数不连续,会引起失真。故其主要用于计算被插值点上的函数值,只要节点选择适宜,便可保证计算结果的精度。

方法之二是采用分段光滑插值。在每两个插值节点的小区间内用低次插值,但又要保证在插值节点处导数连续,也就是在整个插值区间内,插值函数的曲线是光滑的,这就是样条插值。

方法之三是采用有理逼近。一般来说，在插值节点相同的条件下，采用有理分式逼近 $f(x)$ 要比插值多项式逼近的精度高一些。

6.4.2　三次样条插值法

由上述讨论可知，高次插值多项式可保证插值曲线光滑，但计算不稳定，而分段低次插值虽然计算稳定，但又不保证曲线光滑。在许多计算中，既要求计算稳定，又要求曲线光滑，也就是要求具有连续的二阶导数。应用样条函数插值可满足这些要求，因此，样条函数插值得到广泛应用。最常用的是三次样条插值函数。

1. 三次样条插值函数

定义 6-2　对于给定的表格函数，已知在 $[a, b]$ 上的各点 $x_i (i=0, 1, 2, \cdots, n)$ 处的 $y_i (i=0, 1, 2, \cdots, n)$ 值，则要求构造函数 $S(x)$ 使其满足

(1) $S(x_i)=y_i \quad (i=0, 1, 2, \cdots, n)$。

(2) 在 $[a, b]$ 上，$S(x)$ 具有连续的二阶导数，即

$$S(x_i-0)=S(x_i+0) \quad (i=1, 2, \cdots, n-1)$$
$$S'(x_i-0)=S'(x_i+0) \quad (i=1, 2, \cdots, n-1)$$
$$S''(x_i-0)=S''(x_i+0) \quad (i=1, 2, \cdots, n-1)$$

(3) 在子区间 $[x_{i-1}, x_i]$ $(i=0, 1, 2, \cdots, n)$ 上，$S_i(x)$ 为不高于三次的多项式。则称 $S(x)$ 为关于结点 (x_i, y_i) $(i=0, 1, 2, \cdots, n)$ 的三次样条插值函数，$S(x)$ 则为分段三次多项式。

2. 三次样条插值的边界条件

依据定义 6-2 中的第(3)条可知，$S_i(x)$ 在子区间 $[x_{i-1}, x_i]$ $(i=1, 2, \cdots, n)$ 上为不高于三次的多项式，于是 $S_i(x)=a_i+b_i x+c_i x^2+d_i x^3 \ (i=1, 2, \cdots, n)$，共有 n 个子区间，每个子区间有一个三次多项式，每个多项式有四个待定系数 a_i、b_i、c_i、d_i，因此共有 $4n$ 个待定系数。

按照定义 6-2 中的第(1)和第(2)条可列出方程：

$$S(x_i)=y_i \quad (i=0, 1, 2, \cdots, n)$$
$$S_i(x_i-0)=S_{i+1}(x_i+0) \quad (i=1, 2, \cdots, n-1)$$
$$S'_i(x_i-0)=S'_{i+1}(x_i+0) \quad (i=1, 2, \cdots, n-1)$$
$$S''_i(x_i-0)=S''_{i+1}(x_i+0) \quad (i=1, 2, \cdots, n-1)$$

共有方程数为 $(n+1)+3(n-1)=4n-2$ 个。

显然要唯一地确定三次样条插值函数 $S(x)$ 尚缺两个条件，通常由区间 $[a, b]$ 端点给出这两个条件，称其为边界条件。边界条件应按照实际问题给出，一般有三类。

(1) 第一边界条件：给定端点处的二阶导数，即

$$S''(x_0)=y''_0, \quad S''(x_n)=y''_n$$

在某些计算中，可近似地取

$$y''_0=y''_n\approx 0$$

此为自然样条函数。

(2) 第二边界条件：给定端点处的一阶导数，即

$$S'(x_0)=y'_0,\ S'(x_n)=y'_n$$

(3) 第三边界条件：面向周期性函数，已知两个端点处的一阶导数、二阶导数相等，即

$$S'(x_0)=S'(x_n),\ S''(x_0)=S''(x_n)$$

3. 三次样条插值函数的构造

根据不同的边界条件和已知的节点数据，可以确定相应的三次样条插值函数。对应于 n 个子区间，有

$$S_i(x)=a_i+b_ix+c_ix^2+d_ix^3\quad (i=1,\ 2,\ \cdots,\ n)$$

并可以分别计算得到 $S'(x)$ 和 $S''(x)$。

利用构建成功的样条函数，可以方便地计算函数值和导数值，而且其曲线是连续光滑的。

4. 插值多项式和回归方程的区别

对于给定的实验数据 $(x_i,\ y_i)$，可以利用回归方程和插值多项式求值。利用插值多项式求未知节点的 y 值，其计算比较简单。由于插值多项式在每一个节点上都和实验数据 $(x_i,\ y_i)$ 相符，即 $e_i^2=0$。然而在实验中，每个测量数据本身就有误差，插值曲线通过数据点 $(x_i,\ y_i)$ 会使曲线保留原有的测量误差。其次，当实验数据很多时，如采用多项式插值得到的是高项多项式，计算较为麻烦，而且效果较差。另外，插值多项式不能反映出实验数据的本来变化趋势。

而回归曲线不同，尽管计算过程较为复杂，而且 $\sum e_i^2\neq 0$，但该曲线能够直接反映实验数据的本来变化趋势，能够从实验数据中找出规律。特别是当实验点多的时候，可利用数据的统计规律，消除或减少随机误差，能有效地表达变量之间的函数关系，并可利用回归方程对实验过程进行预测和控制。

6.5 应用 MATLAB 进行一元函数的拟合和插值计算

6.5.1 多项式回归 polyfit

在 MATLAB 中有多种语句可以用于一元线性回归，本节介绍应用多项式回归 polyfit，计算一元线性回归。

多项式回归的语句：

p=polyfit(x,y,n)

或 [p,s]=polyfit(x,y,n)

其中，x, y 为已知数据点(数组)；n 为多项式阶数；返回 p 为幂次从高到低的多项式系数向量 p，如 n=1，即为线性方程回归；x 必须是单调变化的，如数据从小到大排列。矩阵 s 用于生成预测值的误差估计(参见下一函数 polyval)。

如 x=[1 2 3 4 5]; y=[1.0 1.3 1.5 2.0 2.3]; a=polyfit(x,y,1)

输出：

a = 0.3300　　0.6300

得到线性方程，结果为 y=0.33x+0.63。

如采用同样的 x、y，a=polyfit(x,y,2)，

输出：

a=0.0214　　0.2014　　0.7800

得到抛物线方程，结果为 $y=0.0214x^2+0.2014x+0.7800$。

多项式求值函数的语句：

y=polyval(p,x)

或　　[y,delta]=polyval(p,x,s)

其中，y=polyval(p,x)为返回对应自变量 x 在给定系数 p 时的多项式的值。[y,delta]=polyval(p,x,s)使用 polyfit 函数的选项输出 s 得出 y 和其误差估计 detla。它假设 polyfit 函数数据输入的误差是独立正态的，并且方差为常数，则 y 的 delta 范围内将至少包含 50%的预测值。

还可使用拟合效果绘图（交互式）语句：

polytool(x,y,n)

如对上面的数据做一元线性回归，采用 polytool(x,y,1)，得到图 6-4；如做二元多项式回归，采用 polytool(x,y,2)，得到图 6-5。在图上可直观看到数据的拟合情况，包括拟合曲线和两侧的置信区间，并可在 Export 区域输出模型回归参数及其置信区间、预测值 y 及其置信区间、数据点的残差。

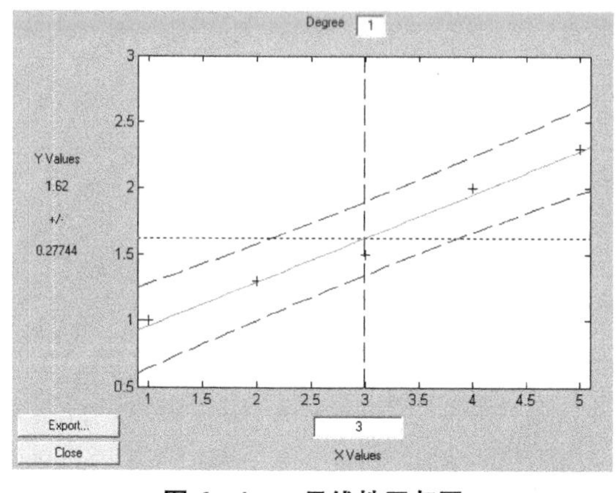

图 6-4　一元线性回归图

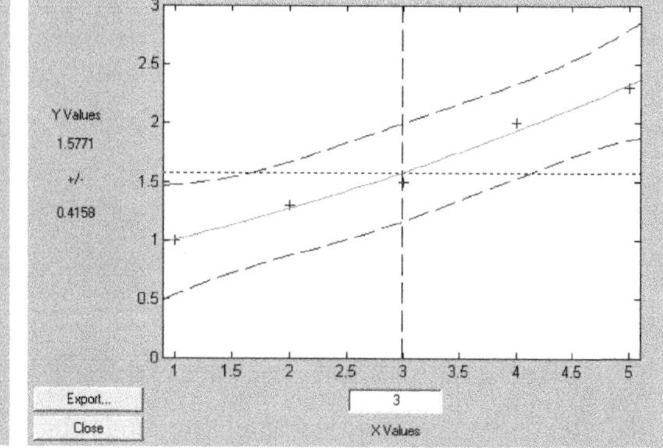

图 6-5　二元多项式回归图

多项式回归 polyfit 函数除用于多项式回归外，还可用于动态数据平滑等。得到回归方程后，可以计算方程的相关系数及方差检验 F 值，进行显著性检验。

6.5.2　多项式插值

1. 分段插值

已知一维数据 y_i，x_i $(i=1, 2, \cdots, n)$，分别以数组 y，x 表示。MATLAB 提供 interp1 函数来进行数据插值。其调用的格式为

yi=interp1(x,y,xi,'method')

其功能是返回插值向量 xi 处的函数向量 yi，它根据向量 x 与 y 插值而来。如果是一个矩阵,则对 y 的每一列进行插值。如果向量 xi 中有元素不在 x 的范围内,则与之相对的 yi 返回为 NaN。参数 method 表示插值方法,它可以取以下值：

nearest	最近插值
linear	线性插值
spline	三次样条插值
cubic	三次插值

method 的默认值为线性插值。需要注意的是,上述的调用格式都要求向量 x 为单调。当 x 单调且等间距时,可以使用快速插值法,此时可以选用方法 linear、cubic 或 nearest。当 x 为不等间距单调时,可以使用 MATLAB 中的函数 interp1q 来快速插值。

例 6-2 龙格现象的 MATLAB 描述。在[-1, 1]区间内取 10 个节点用拉格朗日插值法计算。

解：在 MATLAB 命令行窗口中输入

```
 x=[-1:0.2:1];
 y=1./(1+25* x.^2);
 x0=[-1:0.02:1];
 p=polyfit(x,y,10); %求 10 次多项式
 y0=polyval(p,x0);
 y1=1./(1+25* x0.^2);
 y2=interp1(x,y,x0);
plot(x0,y0,'--')
hold
plot(x0,y1,'-')
plot(x0,y2,'.')
```

结果如图 6-6 和图 6-7 所示。

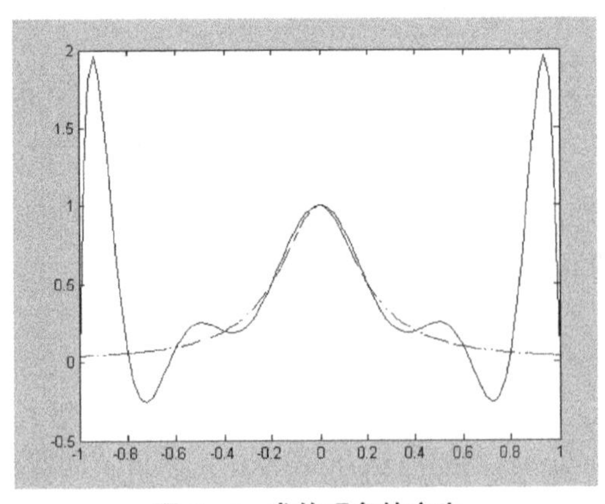

图 6-6 龙格现象的产生

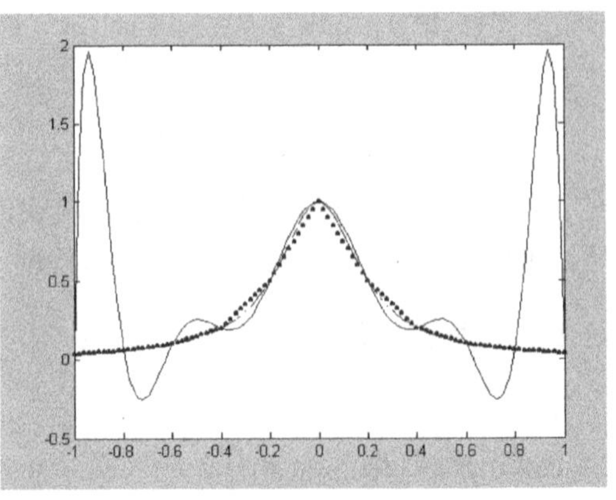

图 6-7 一维线性插值解决龙格现象

2. 三次样条插值

MATLAB 提供的三次样条插值函数有 spline 与 interp1 两个，其中 interp1 前面已经介绍过，spline 函数的调用格式为

y0=spline(x,y,x0)

利用三次样条插值法寻找在插值点 x0 处的插值函数 y0，插值函数根据输入参数 x 和 y 的关系得来。

例 6-3　湖水中氯和磷的浓度之间有一定的关系，表 6-3 是一组不同湖水中的测量值。

表 6-3　不同湖水中的磷浓度和氯浓度

湖　水	磷浓度/(mg/m^3)	氯浓度/(mg/m^3)
1	4.5	0.8
2	5.5	1.2
3	8.0	2.0
4	17.5	3.8
5	19.5	4.4
6	21.0	5.5
7	39.0	11.0

当磷的浓度为 15 mg/m^3 时，氯的浓度为多少？

解：在 MATLAB 命令行窗口中输入

```
x=[4.5,5.5,8.0,17.5,19.5,21.0,39.5];
y=[0.8,1.2,2.0,3.8,4.4,5.5,11.0];
spline(x,y,15)
```

即可得到

```
ans=3.3727
```

另外，MATLAB 工具箱里有一个样条工具箱，根据样条工具箱提供的函数，我们可以很容易地构造样条函数以及对样条函数进行各种操作。下面以例 6-4 为例简要介绍该工具箱中某些函数的用法，需进一步了解其用法的请参阅相关书籍。

例 6-4　某溶液冷却时，温度随时间的变化数据如表 6-4 所示。

表 6-4　温度随时间的变化数据

t/min	0	1	2	3	4	5
T/℃	92.0	85.3	79.5	74.5	70.2	67.0

试计算 $t=0.5$ min，1.5 min，2.5 min，3.5 min，4.5 min 时的冷却温度。给定两端点处的一阶导数值 $T'_0=-7.15$，$T'_5=-2.52$。

样条工具箱中的 csape 函数可以构造各种边界条件下的三次插值样条函数。其调用格式为

pp=csape(x,y,'conds',valconds)

其中,(x,y)为插值点的序列,pp 为指定条件下以(x,y)为插值点所返回的 pp 形式的三次样条函数。conds 为边界条件,可为下列字符串或字符串的第一个字母:complete, not-a-knot, periodic, second, variational。它们的含义如下:

complete——给定端点的斜率,斜率大小在 valconds 参数中给出;

not-a-knot——两个端点存在三阶连续导数;

periodic——给定周期特性;

second——给定端点的二阶导数,其大小在 valconds 参数中给出;

variational——给定端点的二阶导数,且大小均为零。

ppval 函数可以计算在节点处 x 样条函数 pp 的值,调用格式为

ppval(pp,x)

例 6-4 中给出了端点的一阶导数,因此我们可以编写如下的"weifen.m"文件来构造样条函数,然后利用样条函数求值。

```
weifen.m
x=[0 1 2 3 4 5];
y=[92 85.3 79.5 74.5 70.2 67];
pp=csape(x,y,'complete',[-7.15,-2.52]);
y1=ppval(pp,[0.5,1.5,2.5,3.5,4.5])
或 x1=[0.5,1.5,2.5,3.5,4.5];y1=ppval(pp,x1)
```

运行结果如下:

```
y1=   88.5369   82.2906   76.9133   72.2437   68.4368
```

即各时间点的温度为 88.5℃,82.3℃,76.9℃,72.2℃,68.4℃。

3. MATLAB 的多维插值

利用 MATLAB 的 interp2、interp3 语句可以进行多维插值。插值计算的原理通过二维插值说明。

当实验测试中含有两个自变量,如溶解度是温度和压力的函数,依据该实验测试值来推算非测试点上的值时,即为二元函数的插值问题。二元插值的目的就是构建一个二元函数 $z=f(x, y)$ 通过全部已知节点,即

$$f(x_i, y_j)=z_{ij} \quad i=0, 1, \cdots, m;\ j=0, 1, \cdots n$$

然后再用 $z=f(x, y)$ 计算在结点 $M(x, y)$上的值。

在计算 $f(M)$时,通常可以采取单变量函数的插值方法来计算它们的函数值。即可先固定 x,将 $z(x, y)$看成是 y 的函数,用一元插值的方法得到插值函数,简记为 $P_y z(x, y)$,然后将函数 $P_y z(x, y)$对 x 进行插值,得到我们所需的插值函数,如图 6-8 所示。

对于二维数据,MATLAB 进行数据插值调用的格式为

zi=interp2(x,y,z,xi,yi)

或

zi=interp2(x,y,z,xi,yi,'method')

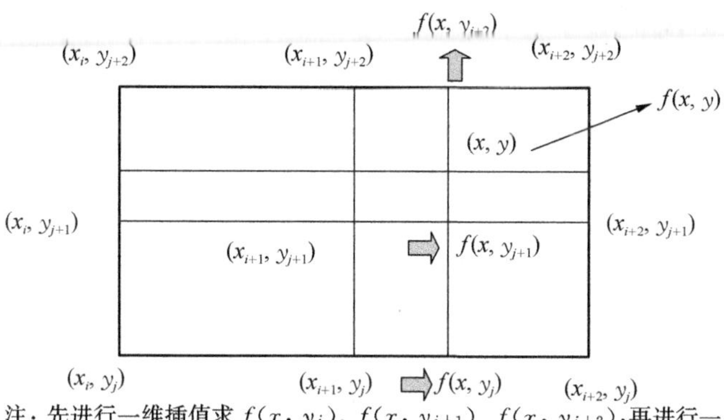

注：先进行一维插值求 $f(x, y_j)$、$f(x, y_{j+1})$、$f(x, y_{j+2})$，再进行一维插值求 $f(x, y)$。

图 6-8　二元插值示意图

其中，x(n)、y(m)、z(m, n)各参数含义参照 interp1。

生命科学中基于立体空间的已知实验数据(x, y, z)或已知三变量之间关系 $z=f(x, y)$ 的实验数据(x, y, z)，均可以通过二维插值计算某个(x_i, y_i)下的 z_i 值，如人体医学图像插值、有两个自由度的 F 分布函数插值。计算示例如例 6-5 所示。

例 6-5　根据表 6-5 的数据，用二维插值函数求 $x=0.3$，$y=0.5$ 处的值。

表 6-5　用于二维插值的 F 分布数据

y	x				
	0.2	0.4	0.6	0.8	1.0
0.2	7.32	7.08	6.92	6.84	6.84
0.4	8.08	7.88	7.76	7.72	7.76
0.6	8.92	8.76	8.68	8.68	8.76
0.8	9.84	9.72	9.68	9.72	9.84
1.0	10.84	10.76	10.76	10.84	11.00

解：在 MATLAB 命令行窗口中输入

```
x0=[0.2:0.2:1.0];
y0=[0.2:0.2:1.0];
z0=[7.32   7.08   6.92   6.84   6.84
    8.08   7.88   7.76   7.72   7.76
    8.92   8.76   8.68   8.68   8.76
    9.84   9.72   9.68   9.72   9.84
    10.84  10.76  10.76  10.84  11.00];
z=interp2(x0,y0,z0,0.3,0.5)%线性插值
```

可得

```
z=8.4100
```

若用三次样条函数插值,即

z=interp2(x0,y0,z0,0.3,0.5,'spline')

可得

z=8.3900

对于三维数据,MATLAB 进行数据插值调用的格式为

vi=interp3(x,y,z,v,xi,yi,zi)

或 vi=interp3(x,y,z,v,xi,yi,zi,'method')

其中,x(n)、y(m)、z(p)、v(m,n,p)三维插值经常用于生物资源调查、化学成分测量,如海洋、湖泊、土壤、山地的生物量(植物量)测量,人体组织内的辐射物质、温度分布等,还有气象、生态、环境等的变化。

本章学习要点:

(1) 了解回归分析的基本原理。

(2) 了解一元线性回归及检验。

(3) 了解插值计算特点。

(4) 了解样条函数的特点与表示。

(5) 运用 MATLAB 进行一元回归。

(6) 运用 MATLAB 语句 interp、spline 做插值计算。

第7章　多元线性回归

多元线性回归将处理多个变量之间的回归关系，设多元线性回归方程的数学模型为

$$y=\beta_0+\beta_1x_1+\beta_2x_2+\cdots+\beta_mx_m$$

该公式表示了因变量 y 与 m 个自变量 x_1, x_2, …, x_m 之间存在的线性函数关系。

通过实验数据回归模型参数的估计值，已知 n 组实验值（y_i, x_{1i}, x_{2i}, …, x_{mi}）的关系为

$$y_i=u_i+\varepsilon_i=b_0+b_1x_{1i}+b_2x_{2i}+\cdots+b_mx_{mi}+\varepsilon_i \quad (i=1,\ 2,\ \cdots,\ n)$$

其中，y_i 为实验值；u_i 为计算值；ε_i 为残差。要求解（$m+1$）个模型参数 b_0, b_1, b_2, …, b_m，就必须求解线性方程组，进行矩阵的相关运算，而 MATLAB 可以方便地进行矩阵运算，采用不同方法求解线性方程组。

7.1　矩阵与线性方程组求解

7.1.1　线性方程组的一般求解

解线性方程组 $\boldsymbol{AX}=\boldsymbol{B}$ 是数值计算中的一项基本运算，有许多数值过程涉及解线性方程组的问题。生命科学模型中诸如多组分的混合与分离、多个种群的组合都涉及线性方程组的求解。

例7-1　多组分混合物的光谱分析。按照比尔定律，一定波长 λ 下物质的吸光度 E 与其浓度 C 的关系为

$$E_\lambda=\xi_\lambda LC=m_\lambda C$$

其中，ξ_λ 为物质的摩尔吸光度；L 为试样厚度，$m_\lambda=\xi_\lambda L$。由于 ξ_λ 不但与物质性质有关，而且还与波长 λ 有关，因此 m_λ 与物质性质和波长 λ 都有关。如果比尔定律适用于 n 元混合物，那么在波长 λ 下有

$$E_\lambda=\sum_{j=1}^{n}M_{\lambda j}C_j$$

为了确定 n 元混合物中各组分的含量，在 n 个波长 λ_i（$i=1,\ 2,\ \cdots,\ n$）下测定混合物的吸收率 $E_{\lambda i}$（$i=1,\ 2,\ \cdots,\ n$），则按照比尔定律有

$$\begin{cases}E_{\lambda 1}=m_{11}C_1+m_{12}C_2+m_{13}C_3+\cdots+m_{1n}C_n\\ E_{\lambda 2}=m_{21}C_1+m_{22}C_2+m_{23}C_3+\cdots+m_{2n}C_n\\ \quad\cdots\\ E_{\lambda n}=m_{n1}C_1+m_{n2}C_2+m_{n3}C_3+\cdots+m_{nn}C_n\end{cases}$$

对于不同波长下各种物质的摩尔吸收率 ξ_λ 可在手册中查得。当试样厚度 L 确定后，m 便为定值。将测定数据代入上述方程组便可获得一个 n 阶方程组，解之便可求得各物质的浓度 C_1，C_2，…，C_n。方程组一般以矩阵形式表示：

$$\begin{bmatrix} a_{11} & \cdots & a_{1n} \\ \vdots & & \vdots \\ a_{m1} & \cdots & a_{mn} \end{bmatrix}$$

矩阵 $\boldsymbol{A}$ 是按一定格式排列的 $m\times n$ 个实数的集合，$m\times n$ 表示矩阵 $\boldsymbol{A}$ 有 m 行和 n 列，可用 $\boldsymbol{A}=(a_{ij})$ $(i=1, 2, \cdots, m; j=1, 2, \cdots, n)$ 来简单表示。若 $m=n$，则 $\boldsymbol{A}$ 为方阵。$\boldsymbol{B}$ 和 $\boldsymbol{X}$ 为 n 个元素的列向量。

若方阵的行列式 $\det(\boldsymbol{A})\neq 0$，则称 $\boldsymbol{A}$ 为非奇异的。对于非奇异的方阵 $\boldsymbol{A}$ 存在一个逆矩阵 $\boldsymbol{A}^{-1}$，两者之间的关系为 $\boldsymbol{A}^{-1}\boldsymbol{A}=\boldsymbol{A}\boldsymbol{A}^{-1}=\boldsymbol{I}$。

当 $\boldsymbol{A}=\boldsymbol{A}^{\mathrm{T}}$ 时，矩阵 $\boldsymbol{A}$ 对称，其特征是以主对角线为中轴，矩阵 $\boldsymbol{A}$ 中各元素对应相等，即 $a_{ij}=a_{ji}(i=1, 2, \cdots, n; j=1, 2, \cdots, n)$；如果 $\boldsymbol{A}$ 是实方阵，且 $\boldsymbol{A}^{\mathrm{T}}\boldsymbol{A}=\boldsymbol{I}$，则称 $\boldsymbol{A}$ 为正交矩阵。当 $\boldsymbol{A}$ 为正交矩阵时，$\boldsymbol{A}^{\mathrm{T}}=\boldsymbol{A}^{-1}$。

线性方程组 $\boldsymbol{AX}=\boldsymbol{B}$，对于非特殊的 $\boldsymbol{A}$，$\boldsymbol{A}$ 为非奇异矩阵，可直接求矩阵方程的解：$\boldsymbol{X}=\boldsymbol{A}^{-1}\boldsymbol{B}$ 或 $\boldsymbol{X}=\boldsymbol{A}\backslash\boldsymbol{B}$。

7.1.2 矩阵分解求解

生命科学如生物信息学、生物工程中经常出现 $\boldsymbol{A}$ 为大型稀疏矩阵，这时对于方程组 $\boldsymbol{AX}=\boldsymbol{B}$，不能通过直接求 $\boldsymbol{A}$ 的可逆进行求解，需要对 $\boldsymbol{A}$ 进行矩阵分解。

实际上直接法(消去法)求解线性方程组就是通过矩阵的三角分解来实现的。在不考虑舍入误差下，直接法可以用有限的运算得到精确解。

1. 三角分解法

三角分解法是将原 n 阶正规矩阵分解成一个上三角矩阵，或是上三角矩阵和一个下三角矩阵的乘积，这样的分解法又称为 LU 分解法。它的用途主要是简化一个大矩阵的行列式值的计算过程，求逆矩阵，以及求解联立方程组。不过要注意这种分解法所得到的上下三角形矩阵并非唯一，还可找到数个不同的一对上下三角形矩阵，此两三角形矩阵相乘也会得到原矩阵。

MATLAB 以 lu 函数来执行 LU 分解法，其语句为

[L,U]=lu(A)

其中，L 是下三角矩阵：Lower；U 是上三角矩阵：Upper。

方程组 $\boldsymbol{AX}=\boldsymbol{B}$ 转化为 $\boldsymbol{LUX}=\boldsymbol{B}$，于是 $\boldsymbol{X}=\boldsymbol{U}^{-1}\boldsymbol{L}^{-1}\boldsymbol{B}$。

2. QR 分解法

QR 分解法是将矩阵分解成一个正规正交矩阵与上三角矩阵，所以称为 QR 分解法。Q 是正规正交矩阵，R 是 $n\times n$ 的上三角矩阵。

MATLAB 以 qr 函数来执行 QR 分解法，其语句为

[Q,R]=qr(A)

方程组 $\boldsymbol{AX}=\boldsymbol{B}$ 转化为 $\boldsymbol{QRX}=\boldsymbol{B}$，于是 $\boldsymbol{X}=\boldsymbol{R}^{-1}\boldsymbol{Q}^{-1}\boldsymbol{B}$。

7.1.3 线性方程组的迭代法求解

1. 迭代法求解

对于阶数不太高的线性方程组，用直接法比较有效。但对于高阶方程组，如果其系数矩阵是无规律稀疏阵，用迭代法求解线性方程组可以得到较好的结果。

迭代法是用某种极限过程去逐步逼近线性方程组精确解的方法。其基本思想是从一个初始向量 $\boldsymbol{X}^{(0)}$ 出发，按照一定的迭代格式产生一个向量序列 $\{\boldsymbol{X}^{(k)}\}$，使其收敛于方程组 $\boldsymbol{AX}=\boldsymbol{B}$ 的精确解 $\boldsymbol{X}^*$。

这时需要先对 $\boldsymbol{A}$ 进行加减分解。首先将系数矩阵 $\boldsymbol{A}$ 分为

$$\boldsymbol{A}=\boldsymbol{N}-\boldsymbol{P}$$

这里要求 $\boldsymbol{N}$ 非奇异，于是方程可变换为

$$\boldsymbol{NX}=\boldsymbol{PX}+\boldsymbol{B}$$

即

$$\boldsymbol{X}=\boldsymbol{N}^{-1}\boldsymbol{PX}+\boldsymbol{N}^{-1}\boldsymbol{B}=\boldsymbol{MX}+\boldsymbol{f}$$

据此，我们可以构建迭代公式：

$$\boldsymbol{X}^{(k+1)}=\boldsymbol{MX}^{(k)}+\boldsymbol{f}$$

其中，$\boldsymbol{M}=\boldsymbol{N}^{-1}\boldsymbol{P}$，$\boldsymbol{f}=\boldsymbol{N}^{-1}\boldsymbol{B}$，$\boldsymbol{M}$ 称为以上迭代格式的迭代矩阵。

任取初始向量 $\boldsymbol{X}^{(0)}=(x_1^{(0)}, x_2^{(0)}, \cdots, x_n^{(0)})^{\mathrm{T}}$，代入迭代式中，经计算可得到一个迭代序列 $\{\boldsymbol{X}^{(k)}\}$，如果它是收敛的，即

$$\lim_{x\to\infty}\boldsymbol{X}^{(k)}=\boldsymbol{X}^*$$

对迭代式两边取极限

$$\lim_{x\to\infty}\boldsymbol{X}^{(k+1)}=\lim_{x\to\infty}(\boldsymbol{X}^{(k)}+\boldsymbol{f})$$

即 $\boldsymbol{X}^*=\boldsymbol{MX}^*+\boldsymbol{f}$，$\boldsymbol{X}*$ 是方程 $\boldsymbol{AX}=\boldsymbol{B}$ 的解。从中可看出，解线性方程组的迭代收敛与否完全取决于迭代矩阵的性质，与迭代初始值的选取无关。

可以证明，迭代格式 $\boldsymbol{X}^*=\boldsymbol{MX}^*+\boldsymbol{f}$ 对任意的初始向量 $\boldsymbol{X}^{(0)}$ 都收敛的充分必要条件是其迭代矩阵的谱半径 $\rho(\boldsymbol{M})<1$。一个矩阵的谱半径需要计算矩阵的特征值才能得到，而这通常是较为烦琐的工作，因此可以通过计算矩阵的范数(norm)等方法来简化判断收敛的工作。前面已经提到过，矩阵 $\boldsymbol{A}$ 的谱半径不会超过 $\boldsymbol{A}$ 的任何范数，对于迭代矩阵 $\boldsymbol{M}$，也有 $\rho(M)<\|M\|$。因此，若 $\boldsymbol{M}$ 的范数小于1，则该迭代序列必收敛。要注意的是，当 $\boldsymbol{M}$ 的范数大于1，不能判断迭代序列发散。

2. 上下三角分解求解

经常采用的迭代法如雅可比(Jacobi)迭代法采用上下三角分解求解。首先其系数矩阵 $\boldsymbol{A}$ 可以做如下分解：

$$\boldsymbol{A}=\boldsymbol{D}-\boldsymbol{L}-\boldsymbol{U}$$

$$A=\begin{bmatrix}a_{11} & & & & \\ & a_{22} & & & \\ & & a_{33} & & \\ & & & \cdots & \\ & & & & a_{nn}\end{bmatrix}-\begin{bmatrix}0 & & & & \\ -a_{21} & 0 & & & \\ -a_{31} & -a_{32} & 0 & & \\ \vdots & \vdots & \vdots & \vdots & \\ -a_{n1} & -a_{n2} & \cdots & \cdots & 0\end{bmatrix}$$

$$-\begin{bmatrix}0 & -a_{12} & & & -a_{1n} \\ & 0 & \vdots & \vdots & \vdots \\ & & 0 & -a_{n-2,n-1} & -a_{n-2,n} \\ & & & \vdots & -a_{n-1,n} \\ & & & & 0\end{bmatrix}$$

其中,$\boldsymbol{D}$ 是对角阵,$\boldsymbol{L}$ 和 $\boldsymbol{U}$ 分别为下、上三角阵。方程组 $\boldsymbol{AX}=\boldsymbol{b}$ 改写为矩阵形式

$$(\boldsymbol{D}-\boldsymbol{L}-\boldsymbol{U})\boldsymbol{X}=\boldsymbol{b}$$

对于雅可比迭代,方程可改写为

$$\boldsymbol{DX}=(\boldsymbol{L}+\boldsymbol{U})\boldsymbol{X}+\boldsymbol{b}$$

雅可比迭代矩阵表达式为

$$\boldsymbol{X}^{(k+1)}=\boldsymbol{D}^{-1}(\boldsymbol{L}+\boldsymbol{U})\boldsymbol{X}^{(k)}+\boldsymbol{D}^{-1}\boldsymbol{b}$$

对于雅克比迭代法,其迭代矩阵 $\boldsymbol{M}=\boldsymbol{D}^{-1}(\boldsymbol{L}+\boldsymbol{U})$ 的范数小于 1,则迭代收敛。

上述从矩阵 $\boldsymbol{A}$ 中提取对角阵的相关语句为:tril 用于抽取下三角阵,triu 用于抽取上三角阵,diag 用于抽取对角元素。triu($\boldsymbol{A}$, k)是抽取矩阵 $\boldsymbol{A}$ 的第 k 条对角线以上的元素。tril($\boldsymbol{A}$, k)是抽取矩阵 $\boldsymbol{A}$ 的第 k 条对角线以下的元素。

其他的迭代法还有赛德尔迭代法、松弛法等,适合于不同类型的线性方程组求解。对于赛德尔迭代,方程可改写为

$$(\boldsymbol{D}-\boldsymbol{L})\boldsymbol{X}=\boldsymbol{UX}+\boldsymbol{b}$$

赛德尔迭代的矩阵形式:

$$\boldsymbol{X}^{(k+1)}=(\boldsymbol{D}-\boldsymbol{L})^{-1}\boldsymbol{UX}^{(k)}+(\boldsymbol{D}-\boldsymbol{L})^{-1}\boldsymbol{b}$$

因 MATLAB 对矩阵的运算动能十分强大,根据各迭代方法的矩阵表达式就可以很容易地编写出各自的 M 文件。下面以赛德尔迭代法为例,其 MATLAB 的 M 文件如下:

```
seidel.m
Function s=seidel(a,d,x0)   (a 为系数矩阵,d 为方程组 AX=d 中右边的矩阵,x0 为迭代初值)
D=diag(diag(a));            (求对角矩阵)
U=-triu(a,1);               (求严格上三角矩阵)
L=-tril(a,-1);              (求严格下三角矩阵)
C=inv(D-L);
B=C*U;
```

```
G=C*d;
s=B*x0+G;
n=1;
While norm(s-x0)>=1.0e-5
  x0=s;
  s=B*x0+G;
  n=n+1;
end
n
```

例 7-2　已知 $\boldsymbol{a}=[10,-1,-2;-1,10,-2;-1,-1,5]$，$\boldsymbol{d}=[7.2,8.3,4.2]'$，利用赛德尔迭代法求解 $\boldsymbol{ax}=\boldsymbol{d}$，误差控制在 10^{-5} 内。

解：首先输入赛德尔迭代法 M 文件，然后在 MATLAB 命令行窗口中输入：

```
a=[10,-1,-2;-1,10,-2;-1,-1,5];
d=[7.2,8.3,4.2]';
x0=[0,0,0]';
seidal(a,d,x0)
n=
   8
ans=
       1.099999781713155e+000
       1.199999866227841e+000
       1.299999929588199e+000
```

7.2　多元线性回归

7.2.1　二元线性回归

一元线性回归中仅仅讨论了两个变量之间的关系，但是实际过程中影响实验结果的变量常常不止一个，对于多个变量之间的回归称为多元回归，如果变量之间的关系属于线性关系，则为多元线性回归。

多元线性回归分析的原理和过程与一元线性回归基本一致，只是回归参数的计算和各个影响因子的检验繁复。以其中最简单的二元线性回归为例来说明多元线性回归分析的原理和过程。

在二元线性回归中，影响 y 值的因素有 x_1 和 x_2 两个变量，可测得 n 组实验点 $(y_i,\ x_{1i},\ x_{2i},\ i=1,\ \cdots,\ n)$，类似一元线性回归可推导得到回归方程：

$$u_i=b_0+b_1x_{1i}+b_2x_{2i}\quad i=1,\ \cdots,\ n$$

或

$$y_i=b_0+b_1x_{1i}+b_2x_{2i}+\varepsilon_i\quad i=1,\ \cdots,\ n$$

模型方程为

$$y=b_0+b_1x_1+b_2x_2$$

其中,b_0为常数,b_1、b_2分别为 y 对 x_1和 x_2的回归系数,分别表示另一自变量保持不变时,该自变量变化对因变量数值变化的影响大小。

根据最小二乘法原理,取

$$Q=\sum_{i=1}^{n}[y_i-(b_0+b_1x_{1i}+b_2x_{2i})]^2$$

当 Q 取最小值时,Q 关于回归参数的偏导数为 0。对 Q 关于三个回归参数求偏导,并令其为零,即 $\partial Q/\partial b_j=0$, $j=0, 1, 2$,转化可得

$$\begin{cases} nb_0+b_1\sum x_{1i}+b_2\sum x_{2i}=\sum y_i \\ b_0\sum x_{1i}+b_1\sum x_{1i}^2+b_2\sum x_{1i}x_{2i}=\sum x_{1i}y_i \\ b_0\sum x_{2i}+b_1\sum x_{1i}x_{2i}+b_2\sum x_{2i}^2=\sum x_{2i}y_i \end{cases}$$

如以矩阵形式表示,则为

$$\begin{bmatrix} n & \sum x_{1i} & \sum x_{2i} \\ \sum x_{1i} & \sum x_{1i}^2 & \sum x_{1i}x_{2i} \\ \sum x_{2i} & \sum x_{1i}x_{2i} & \sum x_{2i}^2 \end{bmatrix}\begin{bmatrix} b_0 \\ b_1 \\ b_2 \end{bmatrix}=\begin{bmatrix} \sum y_i \\ \sum x_{1i}y_i \\ \sum x_{2i}y_i \end{bmatrix}$$

求解该方程组,即可得到其模型参数,并得到二元线性回归方程。

7.2.2 多元线性回归分析

从二元线性回归可依此类推到多元线性回归,多元线性回归过程可用下面的步骤说明。设多元线性回归方程的数学模型为

$$y=\beta_0+\beta_1x_1+\beta_2x_2+\cdots+\beta_mx_m$$

该公式即是表示因变量 y 与 m 个自变量 x_1, x_2, …, x_m之间存在的线性函数关系。

通过实验数据回归模型参数的估计值,已知 n 组实验值(y_i, x_{1i}, x_{2i}, …, x_{mi})的关系为

$$y_i=u_i+\varepsilon_i=b_0+b_1x_{1i}+b_2x_{2i}+\cdots+b_mx_{mi}+\varepsilon_i \quad (i=1, 2, \cdots, n)$$

其中,y_i为实验值,u_i 为计算值,ε_i 为残差。为求解$(m+1)$模型参数 b_0, b_1, b_2, …, b_m,代入 n 组实验数据,即得 n 个方程:

$$\begin{cases} y_1=b_0+b_1x_{11}+b_2x_{21}+\cdots+b_mx_{m1}+\varepsilon_1 \\ y_2=b_0+b_1x_{12}+b_2x_{22}+\cdots+b_mx_{m2}+\varepsilon_2 \\ \cdots \\ y_n=b_0+b_1x_{1n}+b_2x_{2n}+\cdots+b_mx_{mn}+\varepsilon_n \end{cases}$$

根据最小二乘法原理,要求回归时的残差平方和最小,即要求

$$Q=\sum_{i=1}^{n}\varepsilon_i^2=\min$$

以矩阵形式表示方程组，形式为 $\boldsymbol{Y}=\boldsymbol{X}\boldsymbol{b}+\boldsymbol{E}$，其中，

$$Y=\begin{bmatrix}y_1\\y_2\\\vdots\\y_n\end{bmatrix},\ \boldsymbol{X}=\begin{bmatrix}1&x_{11}&x_{21}&\cdots&x_{m1}\\1&x_{12}&x_{22}&\cdots&x_{m2}\\\vdots&\vdots&\vdots&&\vdots\\1&x_{1n}&x_{2n}&\cdots&x_{mn}\end{bmatrix},\ \boldsymbol{E}=\begin{bmatrix}\varepsilon_1\\\varepsilon_2\\\vdots\\\varepsilon_n\end{bmatrix},\ \boldsymbol{b}=\begin{bmatrix}b_0\\b_1\\b_2\\\vdots\\b_m\end{bmatrix}$$

$$Q=\sum_{i=1}^{n}\varepsilon_i^2=\sum_{i=1}^{n}(y_i-u_i)^2$$

$$Q=\sum_{i=1}^{n}(y_i-u_i)^2=\sum_{i=1}^{n}(y_i-b_0-b_1x_{1i}-b_2x_{2i}-\cdots-b_mx_{mi})^2=\min$$

根据极值原理，分别求 Q 关于未知值 b_i 的偏导数，并令偏导数的值为零，于是得到 $m+1$ 个方程式的正规方程组，求解该方程组可得模型参数 b_0，b_1，b_2，…，b_m。

事实上和一元线性回归一样，Q 是 b_j 的非负二次式，所以一定存在 Q 的极小值。对 Q 求二次偏导：

$$\begin{cases}\dfrac{\partial Q}{\partial b_0}=-2\sum_{i=1}^{n}(y_i-u_i)=0\\\dfrac{\partial Q}{\partial b_j}=-2\sum_{i=1}^{n}(y_i-u_i)x_{ji}=0\quad j=1,\ 2,\ \cdots,\ m\end{cases}$$

$$\begin{cases}\dfrac{\partial^2 Q}{\partial b_0^2}=\dfrac{\partial}{\partial b_0}\left[-2\sum_{i=1}^{n}(y_i-u_i)\right]\\\qquad=\dfrac{\partial}{\partial b_0}\left[-2\sum_{i=1}^{n}(y_i-b_0-b_1x_{1i}-b_2x_{2i}-\cdots-b_mx_{mi})\right]\\\qquad=2n>0\\\dfrac{\partial^2 Q}{\partial b_j^2}=\dfrac{\partial}{\partial b_j}\left[-2\sum_{i=1}^{n}(y_i-u_i)x_{ji}\right]\\\qquad=\dfrac{\partial}{\partial b_j}\left[-2\sum_{i=1}^{n}(y_i-b_0-b_1x_{1i}-b_2x_{2i}-\cdots-b_mx_{mi})x_{ji}\right]\\\qquad=2\sum_{i=1}^{n}x_{ji}^2>0\quad j=1,\ 2,\ \cdots,\ m\end{cases}$$

由于二阶偏导数都大于 0，因此所得的模型参数 b_0，b_1，b_2，…，b_m 一定能满足 Q 为极小值。令 $\boldsymbol{A}=\boldsymbol{X}^{\mathrm{T}}\boldsymbol{X}$，

$$\boldsymbol{A}=\begin{bmatrix}1&1&\cdots&1\\x_{11}&x_{12}&\cdots&x_{1n}\\x_{21}&x_{22}&\cdots&x_{2n}\\\vdots&\vdots&&\vdots\\x_{m1}&x_{m2}&\cdots&x_{mn}\end{bmatrix}\begin{bmatrix}1&x_{11}&x_{21}&\cdots&x_{m1}\\1&x_{12}&x_{22}&\cdots&x_{m2}\\\vdots&\vdots&\vdots&&\vdots\\1&x_{1n}&x_{2n}&\cdots&x_{mn}\end{bmatrix}$$

因为$\boldsymbol{Y}=\boldsymbol{X}\boldsymbol{b}+\boldsymbol{E}$，其中，$\boldsymbol{E}$ 是 N 维随机变量，它的分量是相互独立的。基于最小二乘法，求解常数的正规方程组可以转化为

$$(\boldsymbol{X}^{\mathrm{T}}\boldsymbol{X})\boldsymbol{b}=\boldsymbol{X}^{\mathrm{T}}\boldsymbol{Y}, \quad \text{或 } \boldsymbol{A}\boldsymbol{b}=\boldsymbol{B}$$

$$\boldsymbol{b}=(\boldsymbol{X}^{\mathrm{T}}\boldsymbol{X})^{-1}\boldsymbol{X}^{\mathrm{T}}\boldsymbol{Y}=\boldsymbol{A}^{-1}\boldsymbol{X}^{\mathrm{T}}\boldsymbol{Y}=\boldsymbol{A}^{-1}\boldsymbol{B}$$

该式即是模型参数的最小二乘估计计算式。代入实验数据，则为

$$\boldsymbol{A}=\boldsymbol{X}^{\mathrm{T}}\boldsymbol{X}=\begin{bmatrix} n & \sum_{i=1}^{n}x_{1i} & \sum_{i=1}^{n}x_{2i} & \cdots & \sum_{i=1}^{n}x_{mi} \\ \sum_{i=1}^{n}x_{1i} & \sum_{i=1}^{n}x_{1i}^{2} & \sum_{i=1}^{n}x_{1i}x_{2i} & \cdots & \sum_{i=1}^{n}x_{1i}x_{mi} \\ \sum_{i=1}^{n}x_{2i} & \sum_{i=1}^{n}x_{1i}x_{2i} & \sum_{i=1}^{n}x_{2i}^{2} & \cdots & \sum_{i=1}^{n}x_{2i}x_{mi} \\ \vdots & \vdots & \vdots & & \vdots \\ \sum_{i=1}^{n}x_{mi} & \sum_{i=1}^{n}x_{1i}x_{mi} & \sum_{i=1}^{n}x_{2i}x_{mi} & \cdots & \sum_{i=1}^{n}x_{mi}^{2} \end{bmatrix}$$

$$\boldsymbol{B}=\begin{bmatrix} B_0 \\ B_1 \\ B_2 \\ \vdots \\ B_m \end{bmatrix}=\boldsymbol{X}^{\mathrm{T}}\boldsymbol{Y}=\begin{bmatrix} 1 & 1 & \cdots & 1 \\ x_{11} & x_{12} & \cdots & x_{1n} \\ x_{21} & x_{22} & \cdots & x_{2n} \\ \vdots & \vdots & & \vdots \\ x_{m1} & x_{m2} & \cdots & x_{mn} \end{bmatrix}\begin{bmatrix} y_1 \\ y_2 \\ y_3 \\ \vdots \\ y_n \end{bmatrix}=\begin{bmatrix} \sum_{i=1}^{n}y_i \\ \sum_{i=1}^{n}x_{1i}y_i \\ \sum_{i=1}^{n}x_{2i}y_i \\ \vdots \\ \sum_{i=1}^{n}x_{mi}y_i \end{bmatrix}$$

从而通过解$(m+1)$元正规方程组，求解$(m+1)$个未知的模型参数。同时，$b_0=\bar{y}-b_1\bar{x}_1-b_2\bar{x}_2-\cdots-b_m\bar{x}_m$。

以上是采用最小二乘法进行线性回归的过程。最小二乘法是最常用的回归方法，利用最小二乘法所求出的回归系数估计值具有如下的统计特性：① 无偏性；② 互不相关性；③ 等精度；④ 服从正态分布。但是利用最小二乘法求解回归系数的方法并不是在任何情况下都是最佳的。除最小二乘法外，还有其他的参数估计方法。因为许多非线性问题的目标函数不是平方和形式。例如最小绝对剩余误差法是利用 $\sum|\varepsilon_i|=\min$ 的条件来回归模型参数；最大残差法是以 $\max|\varepsilon_i|=\min$ 为条件来回归模型参数；最小广义极差法的目标函数为 $\max|\varepsilon_i|-\min|\varepsilon_i|=\min$，以此来回归模型参数；等等。由于不同实验情况所涉及的具体范围很广，在此基础上，根据不同要求以不同的目标函数进行方程参数的求解。这也可称为最优化方法，就是找出使其目标函数达到最优化的有关因子的参数值。

7.2.3　多元回归方程的显著性检验和方差分析

1. 多元回归方程的方差分析

多元线性回归方程的显著性检验与一元线性回归相似，同样可以用方差检验或相关系数检验，检验回归模型是否与实验数据相符。但是它与一元线性回归相比要复杂，因为对多元线性回归不仅要检验方程总体的有效性，还要检验每一个自变量在回归方程中的作用是否显著。与一元线性回归一样，多元线性回归方程 y 的总的离差平方和 Q 仍然可以分为两个部分，即回归平方和与残差平方和：

$$l_{yy}=\sum_i (y_i-\bar{y})^2=\sum_i (y_i-u_i)^2+\sum_i (u_i-\bar{y})^2$$

或者以下式表示：

$$Q_{\sum}=Q+Q_R$$

其中，Q 为残差平方和，它反映了因各种没有加以控制的随机因素所引起的变异；Q_R 为回归平方和，反映了所有的 m 个自变量对因变量 y 的变差的总影响。

可以用回归线性方程系数估计因变量 y 的变异，按下式计算：

$$Q_R=\sum (\bar{y}-u_i)^2=\sum_{j=1}^{m} b_j l_{jy}$$

该回归平方和的自由度 $f_R=m$。

而残差平方和(或称为剩余平方和)是除了这些自变量之外的其他随机因素对 y 的影响，它可由下式计算：

$$Q=l_{yy}-Q_R=\sum (y_i-u_i)^2=l_{yy}-\sum_{j=1}^{m} b_j l_{jy}$$

该残差平方和的自由度 $f=f_{\sum}-f_R=n-m-1$。

Q_R 和 Q 的相对大小说明了线性回归效果的优劣。Q_R 在总的离差平方和中所占的比例越大，说明 y 的变异中由各个自变量的变化引起的所占的比例越大，回归方程中的自变量对 y 的相关性越大。相对而言，其他随机因素所引起的 y 的变异就越小，回归方程的回归效果就越好。

首先对回归方程做总体方差检验。引入统计量 F，F 为回归平方和方差与残差平方和方差之比，即 $F=\frac{s_R^2}{s^2}$，它的自由度分别为 m 和($n-m-1$)。

根据给定的显著性水平 α，可得临界值 $F_{\alpha,(m,n-m-1)}$，与统计量 F 值做比较，可以判断回归方程的有效性。假如以回归效果不显著作为假设检验中的假设 H_0，即假设 H_0：$y\sim x$ 没有线性关系，也就是说 $b=0$。

如果对于计算所得到的 F 值，$F>F_{\alpha,(m,n-m-1)}$，即可拒绝假设。于是认为 $b\neq 0$，即回归方程中模型系数 b_i 中至少有一个不为零，回归的线性效果显著。反之如果 $F<F_{\alpha,(m,n-m-1)}$，则接受假设，认为 $b=0$，即回归方程中模型系数 b_i 均为零，认为回归效果不显著。

该方差分析检验过程用于有 k 个自变量的多元线性回归，它的具体参数计算如表 7-1 所示。

表7-1 方差分析

来源	平方和	自由度	均方差	F值
回归	$Q_R = \sum_i (u_i - \bar{y})^2$	k	Q_R/k	$F = \dfrac{Q_R/k}{Q/(n-k-1)}$
残差	$Q = \sum_i (y_i - u_i)^2$	$n-k-1$	$Q/(n-k-1)$	
总离差	$Q_{\sum} = l_{yy} = \sum_i (y_i - \bar{y})^2$	$n-1$		

2. 各个自变量在多元线性回归中的作用

回归方程要求 Q 的数值小，Q_R 在总的离差平方和中所占的比例大，其中有两个含义：即希望① Q 的数值小，ε_i 符合正态分布；② 回归方程中应排除对实验结果影响不太显著的变量。前者利用回归方程的总体显著性检验进行判别，后者利用回归方程中各个回归系数的显著性检验进行判别。根据给定的显著性水平 α，可得变量 x_j 的偏回归系数的 F 临界值 F_α，与该值做比较，从而判断该自变量对 y 的影响大小。考虑到各个自变量对 y 的影响，对于具体的变量 x_j 的显著性检验，引出了偏回归平方和，其定义为

$$Q_p = Q_R - Q_R^*$$

其中，Q_R 为方程的回归平方和，Q_R^* 为新的回归方程的回归平方和，该新方程去除了 x_j 项，即原回归方程为

$$y = b_0 + b_1 x_1 + b_2 x_2 + \cdots + b_j x_j + \cdots + b_m x_m$$

而新回归方程为

$$y = b_0^* + b_1^* x_1 + b_2^* x_2 + \cdots + b_{j-1}^* x_{j-1} + b_{j+1}^* x_{j+1} + \cdots + b_m^* x_m$$

引入统计量 F，$F = \dfrac{Q_p/f_p}{s^2}$，其中对于一个自变量时，$f_p = 1$，则

$$F = \frac{Q_p}{Q/(n-m-1)}$$

根据给定的显著性水平 α，可得临界值 $F_{\alpha,(1,n-m-1)}$，与该 F 统计量做比较，可以判断该自变量对 y 的影响是否显著。

为了偏回归平方和计算的便利，记

$$\boldsymbol{C} = \boldsymbol{A}^{-1} = (\boldsymbol{X}^{\mathrm{T}}\boldsymbol{X})^{-1}$$

$\boldsymbol{C}$ 矩阵可写为

$$\boldsymbol{C} = \begin{bmatrix} c_{00} & c_{10} & c_{20} & \cdots & c_{m0} \\ c_{01} & c_{11} & c_{21} & \cdots & c_{m1} \\ c_{02} & c_{12} & c_{22} & \cdots & c_{m2} \\ \vdots & \vdots & \vdots & & \vdots \\ c_{0m} & c_{1m} & c_{2m} & \cdots & c_{mm} \end{bmatrix}$$

$\boldsymbol{C}$ 为对称矩阵。

由于 $\boldsymbol{b}=\boldsymbol{A}^{-1}\boldsymbol{B}=\boldsymbol{CB}$，

$$b_k=c_{0k}B_0+c_{1k}B_1+c_{2k}B_2+\cdots+c_{mk}B_m \quad (k=0,1,2,\cdots,m)$$

可以证明回归方程中去除 x_l 项后，新的回归系数和原回归系数之间的关系为

$$b_j^*=b_j-\frac{c_{lj}}{c_{ll}}b_l \quad l\neq j$$

其中，c_{lj} 和 c_{ll} 均为 $\boldsymbol{C}$ 的元素。

由于 $Q_R=\sum_{j=1}^{m}b_j l_{jy}$，$Q_R^*=\sum_{j=1,\ j\neq l}^{m}b_j^* l_{jy}$，于是

$$Q_{p,l}=Q_R-Q_R^*=b_l^2/c_{ll}$$

或者偏回归平方和以通式表示：

$$Q_{p,j}=b_j^2/c_{jj}$$

取偏回归的 F 统计量：

$$F_{p,j}=\frac{b_j^2/c_{jj}}{s^2}$$

根据给定的显著性水平 α，可以得到 $F_{\alpha,(1,n-m-1)}$。当 $F_{p,j}>F_\alpha$ 时，表示该变量的回归方差不可忽视，该项自变量 x_j 不能剔除；反之，当 $F_{p,j}<F_\alpha$ 时，表示该变量的回归方差不显著，假设 $b_j=0$ 成立，该项自变量 x_j 可以剔除。一般来说，哪一个自变量的偏回归检验 F 值较大，哪一个自变量对 y 的影响就较为显著。

其他的统计检验方法还有 t 检验、相关系数检验等。

3. 复相关系数与偏相关系数

在多元回归方程中，y 与 x_1，x_2，…，x_m 之间的线性相关程度也可以用与相关系数类似的形式来表示，在多元回归分析中称为复相关系数 R，其定义为

$$R^2=\frac{\sum_i(u_i-\bar{y})^2}{\sum_i(y_i-\bar{y})^2}=1-\frac{\sum_i(u_i-y_i)^2}{\sum_i(y_i-\bar{y})^2}=1-\frac{Q}{Q_\Sigma}$$

以上公式的意义也很明确，表示回归平方和在总的离差平方和中所占的比例。对于复相关系数 R 的显著性检验，实质上是对整个回归方程的显著性检验，其自由度 $f=n-m-1$。相关系数检验的临界值仍参照表6-1。

但是在多变量的情况下，变量与变量之间的相互关系是很复杂的，因为任意的两个变量之间可能存在着相互关系，而在动态过程中，所有的变量又都在变化。如果要真实地反映两个变量之间的相互关系，必须在去除其他变量的影响下计算它们的相关系数。这种相关系数称为偏相关系数，即在固定其他变量，将它们作为常数的情况下进行计算而得到的相关系数。

例如，有三个变量 x_1、x_2、x_3，在 x_1、x_2 削去了 x_3 的影响后，它们之间的相关系数 $r_{12,3}$ 称为 x_1 和 x_2 对 x_3 的偏相关系数。若 x_1、x_2、x_3 之间的简单相关系数 r_{12}、r_{23}、r_{13} 已知，那么相关系数 $r_{12,3}$ 可由下式计算：

$$r_{12,3}=\frac{r_{12}-r_{13}r_{23}}{\sqrt{1-r_{13}^2}\sqrt{1-r_{23}^2}}，其中\ r_{ij}=\frac{\sum(x_{ki}-\bar{x}_i)(x_{kj}-\bar{x}_j)}{\sqrt{\sum(x_{ki}-\bar{x}_i)^2\sum(x_{kj}-\bar{x}_j)^2}}$$

如果有四个变量 x_1、x_2、x_3、x_4，在 x_1、x_2 削去了 x_3、x_4 的影响后，它们之间的相关系数 $r_{12,34}$ 称为 x_1 和 x_2 对 x_3 和 x_4 的偏相关系数。与以上的计算式相似，相关系数 $r_{12,34}$ 可由下式计算：

$$r_{12,34}=\frac{r_{12,3}-r_{14,3}r_{24,3}}{\sqrt{1-r_{14,3}^2}\sqrt{1-r_{24,3}^2}}$$

由于变量之间的关系非常复杂，偏相关系数与简单相关系数在数值上可能有较大差异，甚至有时会出现符号相反的情况。不过，只有偏相关系数才能真正反映两个变量的本质联系，而两个简单相关系数则可能由于其他因素的影响，仅仅反映的是表面的而非本质的联系。

在多元线性回归中，回归系数 b_i 是在去除了其他变量的影响后，变量 x_i 对 y 的影响。因此，回归系数与偏相关系数之间是有密切联系的，如两者的符号一致。而 b_i 与变量 x_i 对 y 的简单相关系数 r_{1y} 并没有本质上的联系。

在多元回归的显著性检验中，F 检验和相关系数检验本质上是一致的，两者只要检验一种即可。然而在自变量较多的情况下，偏相关系数的计算相当复杂，故在实际计算时应用较少。在许多情况下，采用 F 检验进行处理。

4. *多元回归实例*

例 7－3 研究杉木的生长模型时，选取了产地(A)、年龄(B)、郁闭度(C)、坡度(D)、坡位(E)、坡向(F)6 个因子，通过正交实验确定其对树高(H)和蓄积量(M)的影响，从而确定其生长模型①。将这些因子数据化后所得数据如表 7－2 所示。

表 7－2 杉木的树高、蓄积量与 6 个因子的关系

试验号	产地纬度 A/(°)	年龄 B/年	郁闭度 C	坡度 D /(°)	坡位 E /(°)	坡向 F /(°)	H/m	M/m³
1	26.25	8	0.5	16.3	16	203	5.3	1.6
2	26.25	15.2	0.7	28.6	49	113	11.0	13.7
3	26.25	22.5	0.8	36.5	82	23	12.7	13.6
4	26.75	7	0.6	27	49	23	6.1	3.6
5	26.75	15.5	0.7	30	82	203	13.9	16.8
6	26.75	25	0.8	17.6	16	113	14.6	21.8
7	27.25	8	0.7	19	82	23	6.6	5.1
8	27.25	15	0.9	28	16	203	14.1	18.6
9	27.25	20.3	0.6	31.8	49	113	12.8	7.7
10	26.25	8.3	0.8	31	49	203	7.8	6.6
11	26.25	15.7	0.5	22	82	113	9.3	4.6
12	26.25	19.5	0.7	28	16	23	11.8	10.5
13	26.75	6	0.7	32.5	16	113	4.6	2.2

① 谢惠琴.杉木生长模型建立与多元线性回归的应用研究[J].福建林业科技，2004，31(1)：34－37.

（续表）

试验号	产地纬度 A/(°)	年龄 B/年	郁闭度 C	坡度 D /(°)	坡位 E /(°)	坡向 F /(°)	H/m	M/m³
14	26.75	12.3	0.8	18.8	49	23	10.4	9.0
15	26.75	20	0.6	27	82	203	12.2	11.1
16	27.25	9	0.9	29.5	82	113	7.8	7.9
17	27.25	12	0.6	34	16	23	10.5	6.4
18	27.25	21	0.7	19.3	49	203	13.8	13.9

试将以上数据进行多元线性回归，并进行检验（取 $\alpha=0.05$）。

由以上数据经过多元线性回归，得到树高 H 的回归方程为

$$H=-36.0944+1.3040A+0.4740B+4.3917C+0.0398D-0.0029E+0.0059F$$

其复相关系数 R^2 为 0.871 9，R 为 0.933 8$>r_{0.05,(11)}=0.5529$。F 检验值为 12.479 6$>F_{0.05,(6,11)}=3.09$，因此回归方程总体效果显著。也可看到 F 检验和复相关系数检验的效果一致。从系数看，个别变量的系数较小，如 D、E、F 存在影响不显著的可能，需要进行偏回归检验。

经偏回归分析后，综合 F 检验，回归方程为

$$H=-36.0944+1.3040A+0.4740B+4.3917C$$

其复相关系数 R^2 为 0.849 9，F 检验值为 $26.4306>F_{0.05,(3,14)}=3.34$。

同理，得到蓄积量 M 的回归方程为

$$M=-24.6581+0.3273A+0.6594B+23.8953C-0.0623D-0.0125E+0.0142F$$

其复相关系数 R^2 为 0.817 1，R 为 0.903 9$>r_{0.05,(11)}=0.5529$。F 检验值为 8.188 8$>F_{0.05,(6,11)}=3.09$，因此回归方程总体效果显著。

经偏回归分析后，综合 F 检验，回归方程为

$$M=-16.4598+0.6697B+23.5436C$$

其复相关系数 R^2 为 0.769 4，F 检验值为 $25.0271>F_{0.05,(2,15)}=3.68$。

例 7－4 莫小阳等研究了野生鳖和养殖鳖的体重与其形态指标之间存在的多元线性关系，分析了鳖体重与背甲长、腹甲长等 13 个形态参数之间的关系（见表 7－3、表 7－4），分别得到了回归方程①。

表 7－3 17 只野生鳖的形态测量

项 目	测量值/cm	项 目	测量值/cm
背甲长 X_1	12.90±12.32	体高 X_5	3.50±2.77
背甲宽 X_2	10.79±9.49	头高 X_6	2.36±2.44
腹甲长 X_3	9.92±10.04	头宽 X_7	2.02±1.76
腹甲宽 X_4	5.44±5.07	头长 X_8	4.35±4.29

① 莫小阳，沈猷慧，周工健，等.鳖的形态学统计分析[J].生命科学研究，2000，4(2)：115－119.

(续表)

项　目	测量值/cm	项　目	测量值/cm
眼径 X_9	0.69±0.36	口裂 X_{12}	1.64±1.22
眼间距 X_{10}	0.48±0.44	尾长 X_{13}	3.10±3.30
吻长 X_{11}	0.55±0.33		

分析表明,对野生鳖体重影响均达到显著水平的形态指标的最优多元回归方程为

$$Y=8\,850.51+6\,796.1X_1-1\,010.91X_5+1\,464.72X_8-8\,296.64X_9-3\,142.09X_{12}$$

方程的 $F=194.58$, $F>F_{5,11}(0.01)$,表明线性回归有效,在所测 13 个形态指标中,背甲长、体高、头长、眼径、口裂为影响野生鳖体重的显著因素。

表 7-4　42 只控温养殖条件下 1 龄鳖的形态测量

项　目	测量值/cm	项　目	测量值/cm
背甲长 X_1	6.29±1.65	头长 X_8	2.66±0.53
背甲宽 X_2	5.56±1.25	眼径 X_9	0.46±0.08
腹甲长 X_3	5.07±1.21	眼间距 X_{10}	0.24±0.06
腹甲宽 X_4	2.68±0.65	吻长 X_{11}	0.36±0.10
体高 X_5	2.11±0.46	口裂 X_{12}	0.95±0.20
头高 X_6	1.12±0.20	尾长 X_{13}	0.94±0.50
头宽 X_7	1.31±0.24		

控温条件下养殖鳖体重对背甲长等 13 项形态指标的最优多元回归方程为

$$Y=-97.46+38.99X_4-30.26X_5-29.34X_8+140.83X_{10}-30.42X_{13}$$

方程的 $F=118.62$, $F>F_{5,11}(0.01)$,各测量指标对体重线性回归极其显著,说明在养殖鳖生长阶段,腹甲宽、体高、头长、眼间距、尾长对体重影响显著。

通过对两个多元线性回归方程的比较,可以知道对野生鳖体重影响显著的 5 个因素中,头部指标有 3 个,位、躯干部指标有 2 个,无尾部指标,说明野生条件下头的生长对鳖的生长影响最大,可以用头部综合指标作为选育种的主要依据,然后再考虑躯干部指标。控温条件下养殖鳖对体重有显著影响的 5 个因素如下: 2 个头部指标,2 个躯干部指标,1 个尾部指标。这与野生鳖有差异,也有相同之处,其差异主要是由生长环境的差异引起的。体高、头长是共同影响因素,说明在不同条件下体高、头长都会对体重产生影响,这主要是由决定鳖生长的内部因素决定的。

多元线性回归分析的成功案例很多,还有用于植物光合速率分析的,如王继和等通过对金冠、新红星、毛里斯 3 种苹果的光合特性日变化、季节变化的研究,揭示出各种苹果的光合速率(Pn)与其蒸腾强度(TRAN)、胞间 CO_2 浓度(CINT)、环境因子光照强度(QNTM)、水分亏缺(VPD)等之间的线性相关,并得到了多元线性回归方程[①]。

① 王继和,张吨明,吴春荣,等.金冠、毛里斯、新红星苹果光合特性的研究[J].西北植物学报,2000,20(5): 802-811.

7.3　逐步回归法

在多元线性回归中，假如变量较多，变量之间也可能不是相互独立的，那么如何从众多的变量中挑选出合适的变量，如何建立最优的回归方程，如何从各因子中选择显著的影响因子，剔除不显著的因子，这些都是逐步回归分析的内容。

最优的回归方程应包含两个内容，其一，最后的回归方程中应该包括尽可能多的因素，尤其应包括任何对 y 有显著影响的变量。而从统计意义来说，回归方程中变量越多，回归平方和就越大，而剩余（残差）平方和相应就越小，回归效果就越好。其二，回归方程中应包含尽可能少的变量，以减少回归计算和使用上的困难。因为方程中若包含对 y 不起作用或作用很小的变量，则残差平方和并不会减少太多。而由于试验的自由度减少，残差的方差反而有增加的可能，从而影响回归方程的回归效果。所以最优的回归方程应包含所有对 y 影响显著的变量，而不包含任何影响不显著的因素。

最优回归方程的选择有以下四种方法。

(1) 从所有可能的因子组合的回归方程中挑选出最优方程。这类方法对于方程中有多个自变量的时候，显然不大可能。如在四个可能自变量的组合回归方程中挑选，所有的回归方程有 $C_4^1+C_4^2+C_4^3+C_4^4=15$ 个，因此必须对这15个方程的系数均进行回归，并逐个比较方程的显著性和方差，再进行挑选得到其最优方程。如果自变量为10个，则需研究的方程共有 $\sum C_{10}^i=2^{10}-1=1\,023$ 个。

(2) 从包含全部因子的回归方程中逐次剔除不显著因子的方法，称为退后消去法(backward)，即采用前一节中的多元线性回归方法求取最优方程。先假定方程中包含全部变量，然后进行回归检验，逐次剔除不显著的因子，再回归，再检验，直到满意为止。每剔除一个因子，都需重新回归方程系数。由于变量之间可能相互联系，因此一次只能剔除一个因子。

(3) 从包含一个自变量开始，将其他因子逐个地引入回归方程的方法称为朝前选择法(forward)，其过程和前面的退后消去法刚好相反。先计算各个自变量与因变量的相关系数，把其中相关系数最大的自变量引入方程，然后从余下的自变量中找出与因变量相关系数最大的自变量，再引入方程，直到把所有影响显著的自变量引入回归方程为止，但是这样得到的最后方程并不能保证所有的因子都是显著的。因为各个自变量之间可能存在着一定的相互关系，原来影响显著的变量在引入新变量后，其显著性可能会下降。

(4) 逐步回归法(stepwise)，它是在朝前选择法的基础上改进的回归方法，结合了第(2)种方法和第(3)种方法的优点，边引入变量边检验，直到得到包含全部显著性影响因子的回归方程为止。这包含两方面内容，其一是对新的有显著影响的变量的引入，其二是对新的回归方程中显著性差的变量从方程中剔除。因此它可以克服以上两种方法的缺点。

对于逐步回归方程的建立和检验，各个变量的选择和剔除的判断标准是以 F 检验或相关系数检验为基础，计算相对简单。当然，模型的最后确定同样需要经过检验。

逐步回归法一般是多元线性回归中的较好方法，虽然计算烦琐，但在自变量较多时效果较好，在实验数据的回归中得到了广泛的应用。对于自变量较少的回归方程的建立，可采用退后消去法。

如假设某个参数有四个可能的因变量,以偏相关系数为依据,在给定显著性水平 $\alpha=0.10$ 的条件 下进行方程的逐步回归,步骤如下。

(1) 计算各个变量与 y 的简单相关系数,假设

$$r_{15}=0.731,\ r_{25}=0.816,\ r_{35}=-0.535,\ r_{45}=-0.821$$

因为 x_4 与 y 的相关程度最大,于是第一个选入方程的为 x_4。

(2) 关于变量 x_4 求取回归方程,得到 $y=f(x_4)$,并对方程做 F 检验,设总体回归的 $F=22.8$,大于 F 的临界值,即方程的检验是显著的,应保留 x_4。

(3) 计算其他三个变量与 y 的偏相关系数,假设

$$r_{15.4}=0.915,\ r_{25.4}=0.017,\ r_{35.4}=0.801$$

因为 x_1 与 y 的相关程度最大,于是选入方程的变量为 x_1。

(4) 关于变量 x_1、x_4 求取回归方程,得到 $y=f(x_1,\ x_4)$,并对方程做 F 检验,总体回归的 $F=176.6$,大于 F 的临界值,即方程经检验说明是显著的,并对变量 x_1、x_4 做偏 F 值检验,两者均大于 F 的临界值,故应保留 x_1、x_4。

(5) 继续计算其他两个变量与 y 的偏相关系数,假设分别得到

$$r_{25.41}=0.358,\ r_{35.41}=0.320$$

因为 x_2 与 y 的相关程度最大,于是选入方程的为 x_2。

(6) 关于变量 x_1、x_2、x_4 求取回归方程,得到 $y=f(x_1,\ x_2,\ x_4)$,并对方程做 F 检验,若总体回归的 F 大于 F 的临界值,则方程经检验是显著的,并对变量 x_1、x_2、x_4 做偏 F 值检验,结果表明,x_1、x_2 两者的偏 F 值均大于 F 的临界值,而 x_4 的偏 F 值小于 F 的临界值,故应保留 x_1 和 x_2,而将 x_4 剔除。

(7) 关于变量 x_1、x_2 重新求取回归方程,得到 $y=f(x_1,\ x_2)$,并对方程做 F 检验,若总体回归的 F 大于 F 的临界值,则方程的检验是显著的。

(8) 最后计算 x_3 与 y 的偏相关系数,假设 x_3 的偏 F 值小于 F 的临界值,故仅保留 x_1 和 x_2,而将 x_3 剔除。因此经过逐步回归后,所得的回归方程 $y=f(x_1,\ x_2)$ 为最优方程。该回归方程可以应用于对过程的预测、控制等。

以上 x_4 的首先引入和后续剔除说明该变量不是独立变量,而变量的同时引入和同时剔除则说明了逐步回归法的优越性。

例 7-5 部发道等[①]对肾综合征出血热(HFRS)的发生做了逐步回归分析,并进行测报,提高了 HFRS 预测的准确性。他们发现黑线姬鼠密度、带病毒率、降雨量均与 HFRS 发病人数有显著的相关关系,对这些因子进行逐步回归及多元回归分析,探讨 HFRS 发病数的消长规律。研究者选择 3 个月前的降雨量、2 个月前的黑线姬鼠带病毒率为因子,预测 2 个月后 HFRS 发病人数;选择每年春季降雨量为因子,预测该年 HFRS 发病率,理论预测值与实际值基本吻合。研究者成功用建立的回归方程对西安郊县(户县和周至县)的 HFRS 发病率进行了短期和中期测报。

---

① 部发道,王廷正,孙怀玉.肾综合征出血热发生的逐步回归分析及测报研究[J].中国媒介生物学及控制杂志,1998,9(4):9-13.

因为降雨量可以改变土壤湿度,继而影响黑线姬鼠密度,最终影响 HFRS 发病率的高低。选择影响 HFRS 发病率的几个重要因子,即 3 个月前降雨量(x_1)、2 个月前带病毒率(x_2)、当月黑线姬鼠密度(x_3),在测报时还综合考虑了各因子的影响。

根据 1988—1993 年的数据进行逐步回归分析,回归方程为

$$y(\text{户县}) = -70.66 + 7.78x_2 + 17.74x_3$$

$$y(\text{周至}) = -89.18 + 1.02x_1 + 13.26x_2$$

$$y(\text{户县和周至}) = -64.79 + 1.03x_1 + 10.88x_3$$

以上方程的复相关系数分别为 0.952、0.928、0.894,且分别大于临界相关系数 $\gamma(0.01) = 0.886$、0.667,说明回归方程显著。

例 7-6 李维波等用细胞形态计量学方法统计了 10 例晚期乳腺单纯癌病例的癌细胞粗面内质网、核糖体的 12 个超微结构形态参数,分别是粗面内质网的体密度 N_1,多核糖体的体密度 N_2,游离核糖体的体密度 N_3,粗面内质网的面密度 N_4,多核糖体面密度 N_5,游离核糖体的面密度 N_6,粗面内质网的比表面 N_7,多核糖体的比表面 N_8,游离核糖体的比表面 N_9,粗面内质网的面数密度 N_{10},多核糖体的面数密度 N_{11},游离核糖体的面数密度 N_{12},并用逐步回归法进行分析得到最优回归方程:

$$Y = 0.222 + 0.503N_6 - 0.013N_7$$

逐步回归中设置的进入回归方程的变量的 F 检验的显著性水平值设为 0.05,从方程剔除变量的显著性水平值设为 0.10,先后进入的变量为 N_6 和 N_7,计算得到方程的复相关系数 $R = 0.852$, $F = 11.887$。

回归结果筛选出区分正常细胞器及癌细胞器的最佳参数是游离核糖体的面密度 N_6 和粗面内质网的比表面 N_7,该结果可为根据 N_6、N_7 的变化程度诊断乳腺癌提供一定的定量依据①。

7.4 多元线性回归与实验数据平滑

在动态的数据测量中,对于实验点,重复测量次数有限,测量误差不明。对于光滑连续变化的数据,经常只能得到实验点的折线图。为区别异常实验数据,减少测量误差,根据多元回归方程(多项式回归),不仅可利用全部数据的变化趋势来消除数据中测量误差带来的干扰,还可利用局部数据的变化趋势来消除数据中测量误差的影响,如图 7-1 所示。数据平滑尤其被用于无法利用多次重复测量来得到其平均值的情况和当 y_i 随 x_i 有陡然变化的那些测量段,如寻找峰位、峰值或拐点等数据。

对实验数据进行修匀,做平滑处理,即构建一个 m 阶多项式:

$$y = f(x, a_1, a_2, \cdots, a_m) = a_0 + a_1x + a_2x^2 + \cdots + a_mx^m$$

将多项式看作多元线性方程,根据最小二乘法对已知实验数据中的 n 组数据进行拟合,利用

① 李维波,陈平,刘美玉,等.晚期乳腺癌癌细胞器形态参数的逐步回归分析[J].昆明医学院学报,2001,22(1):56-58.

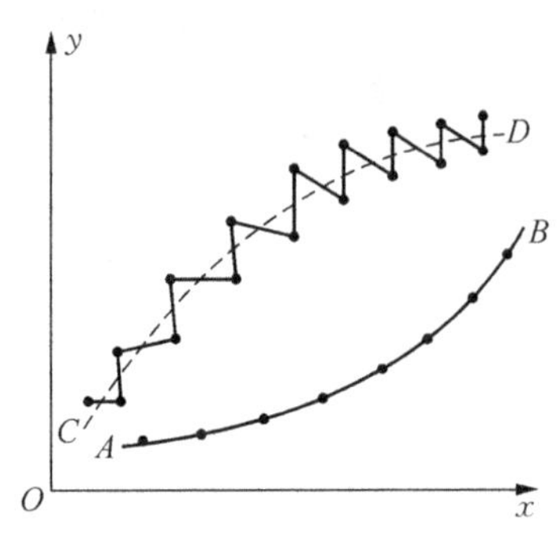

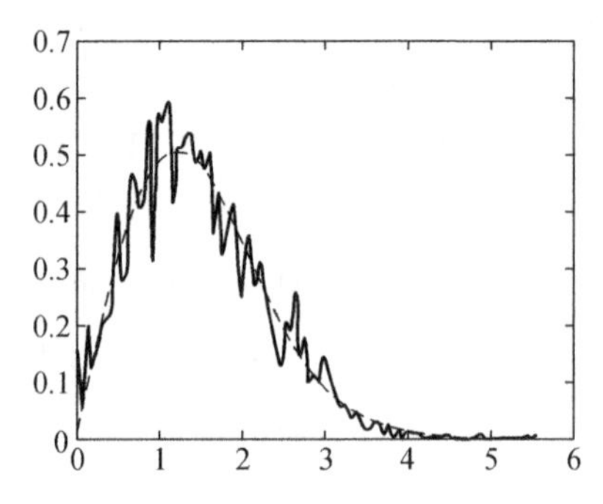

图 7-1 实验数据平滑示意图

拟合公式的计算结果代替该点的实验测定值。常用的有五点二次平滑 ($n=5$, $m=2$)，五点三次平滑 ($n=5$, $m=3$) 两种方法，此时多项式的 m 次导数为常数。数据平滑和插值计算类似，一般点数 n 越多，次数 m 越高，随机误差的补偿性越好，但须防止出现曲线振荡的现象。其他还有七点二次平滑 ($n=7$, $m=2$)、七点三次平滑 ($n=7$, $m=3$) 等。

1. 五点二次平滑

假设实验数据排列紧密，而且节点之间是等距的，对于 $2n$ 个区间，共有 $2n+1$ 个节点，各个节点之间的步长为 h。选取五个邻近的实验点，设其横坐标分别为−2、−1、0、1、2，相对应的纵坐标分别为 y_{-2}、y_{-1}、y_0、y_1、y_2。选择二次曲线方程 $y=a_0+a_1x+a_2x^2$ 拟合数据，根据最小二乘法原理求解方程的参数，要求：$Q=\sum(y_{i,\exp}-y_{i,\mathrm{cal}})^2=\min$。做多元回归后，可得

$$\begin{cases} a_0=\dfrac{1}{35}(-3y_{-2}+12y_{-1}+17y_0+12y_1-3y_2) \\ a_1=\dfrac{1}{10}(-2y_{-2}-y_{-1}+y_1+2y_2) \\ a_2=\dfrac{1}{14}(2y_{-2}-y_{-1}-2y_0-y_1+2y_2) \end{cases}$$

分别代入 x 的横坐标值，即得到五点二次平滑公式，其中五点中的中心 y 值就是 a_0，即 $\bar{y}_0=\dfrac{1}{35}(-3y_{-2}+12y_{-1}+17y_0+12y_1-3y_2)$，其他各点公式分别为

$$\begin{cases} \bar{y}_{-2}=\dfrac{1}{35}(31y_{-2}+9y_{-1}-3y_0-5y_1+3y_2) \\ \bar{y}_{-1}=\dfrac{1}{35}(9y_{-2}+13y_{-1}+12y_0+6y_1-5y_2) \\ \bar{y}_1=\dfrac{1}{35}(-5y_{-2}+6y_{-1}+12y_0+13y_1+9y_2) \\ \bar{y}_2=\dfrac{1}{35}(3y_{-2}-5y_{-1}-3y_0+9y_1+31y_2) \end{cases}$$

对于所有区间上的节点计算，与分段插值函数处理类似，除无法使用中心平滑公式的最左边两个点和最右边两个点之外，应尽可能采用中心平滑公式计算，以减少误差。从而根据

平滑公式可得到所有平滑计算值。

2. 五点三次平滑

类似五点二次平滑，选择三次曲线方程 $y=a_0+a_1x+a_2x^2+a_3x^3$ 拟合数据，根据最小二乘法原理求解方程的参数，然后得到五点三次平滑公式

$$\begin{cases}\bar{y}_{-2}=\dfrac{1}{70}(69y_{-2}+4y_{-1}-6y_0+4y_1-y_2)\\ \bar{y}_{-1}=\dfrac{1}{35}(2y_{-2}+27y_{-1}+12y_0-8y_1+2y_2)\\ \bar{y}_0=\dfrac{1}{35}(-3y_{-2}+12y_{-1}+17y_0+12y_1-3y_2)\\ \bar{y}_1=\dfrac{1}{35}(2y_{-2}-8y_{-1}+12y_0+27y_1+2y_2)\\ \bar{y}_2=\dfrac{1}{70}(-y_{-2}+4y_{-1}-6y_0+4y_1+69y_2)\end{cases}$$

该公式在节点计算上的应用和五点二次平滑公式一样。

对于不等距节点的实验数据的动态平滑也可按照多元线性回归原理做不等距平滑。平滑公式的选择同样应尽可能中心平滑，以减少计算误差。

例 7－7　如图 7－2 的原始数据中后三点变化趋势大，估计存在明显的实验误差，现分别采用五点二次、五点三次平滑，计算平滑后的实验数据。

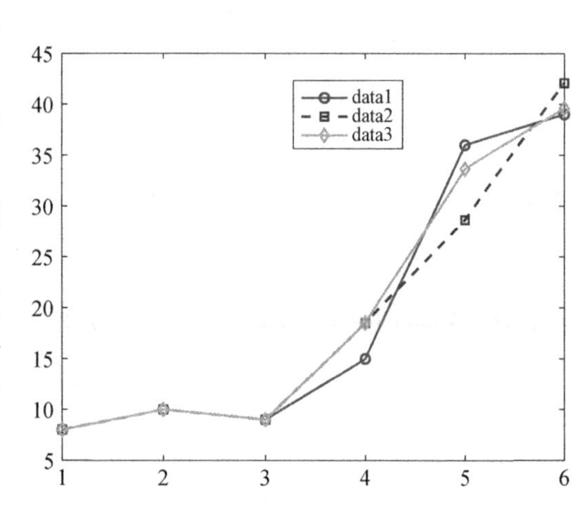

图 7－2　实验数据的动态平滑(其中，data1 为原始数据，data2 为五点二次平滑结果，data3 为五点三次平滑结果)

输入原始数据：

x1=[2 3 4 5 6]；

y1=[10 9 15 36 39]；

采用 polyfit 函数计算，

p1=polyfit(x1,y1,2)；y11=polyval(p1,x1)

p2=polyfit(x1,y1,3)；y22=polyval(p2,x1)

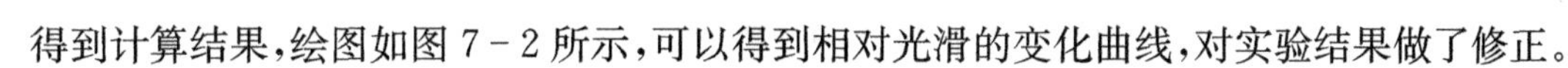

得到计算结果，绘图如图 7－2 所示，可以得到相对光滑的变化曲线，对实验结果做了修正。

7.5　回归方程的预测和控制

科学实验的目的在许多情况下是寻找最佳的实验条件，在工程上经常是寻找最佳的生产条件。在生产过程或科学实验中，利用回归的数学模型对其实验指标的期望值及其变动范围做出估计，这就是一种预测问题。而预测的逆问题则是在规定某个指标值的变动范围

后,使实验或生产过程保持稳定,这称为控制问题。根据回归方程可通过精确预测或控制,努力减少实验或工艺参数的随机性变异。

7.5.1 回归方程的预测

在预测问题上,人们关心的是回归方程的预测精度,即对于自变量 $(x_1, x_2, \cdots, x_m)$ 的任何一组观测值,除要求给出预测量 y 的估计值外,还应指出它的精度,就是需要给出误差的方差估计值。

因此,所谓的预测实际上就是一个区间估计,即在一定的显著性水平 α 下,寻找一个范围 Δ,使其实际的观测值 y_0 落在区间 $(u_0-\Delta, u_0+\Delta)$ 内的概率为 $1-\alpha$,即

$$P\{(u_0-\Delta<y_0<u_0+\Delta)\}=1-\alpha$$

对于多元线性回归方程

$$y_i=u_i+\varepsilon_i=b_0+b_1x_{1i}+b_2x_{2i}+\cdots+b_mx_{mi}+\varepsilon$$

由于 y 的回归残差服从正态分布,因此可用区间估计求取 Δ。Δ 不仅与给定的显著性水平有关,还与回归方程的实验点数 n 有关,而且与实验预测点 x_0 的位置也有关。x_0 和 $\bar{x}$ 距离较远,范围 Δ 就大,预报精度就差。故将线性回归方程外推进行预测,可能与实际结果相差较大,从而导致不正确的情况。因此,在回归方程的应用上,应该将其范围尽量限定在原来的实验范围内,不要随意扩大。

在实际过程中,Δ 的估计比较复杂。当 x_0 和 $\bar{x}$ 距离不远,而 n 又较大时,可近似地认为 $y_0-u_0\sim N(0, \sigma)$,且 σ 与 x_0 的位置无关。

这里以最简单的一元线性回归为例,实验点自变量 x_0 相对应的点 y_0 的点估计值为 $\hat{y}_0=\hat{\beta}_0+\hat{\beta}_1x_0$,而且它是 y_0 的无偏估计,其精度 $\sigma(\hat{y}_0)=\sigma\sqrt{\frac{1}{n}+\frac{(x_0-\bar{x})^2}{l_{xx}}}$。而对于任何不等于实验点 $(x_1, x_2, \cdots, x_n)$ 的自变量 x_0,随机变量 $y_0-\hat{y}_0$ 的期望为 0。由于 $\hat{y}_0$ 是 $(y_1, y_2, \cdots, y_n)$ n 个独立随机变量的函数,不仅 y_0 与 $(y_1, y_2, \cdots, y_n)$ 是独立的,y_0 与 $\hat{y}_0$ 也是独立的,于是可得

$$D(y_0-\hat{y})=\sigma^2\left[1+\frac{1}{n}+\frac{(x_0-\bar{x})^2}{l_{xx}}\right]$$

为了求取实验值 y_0 的区间估计,做统计量 $t=(\hat{y}-y_0)\Big/\left[\sigma\sqrt{1+\frac{1}{n}+\frac{(x_0-\bar{x})^2}{l_{xx}}}\right]$,其自由度为 $f_t=n-2$,在给定显著性水平 α 下,可得 t 检验临界值 $t_{\alpha/2}$,满足 $p(|t|<t_{\alpha/2})=1-\alpha$,得到 y_0 的置信区间为 $\left(\hat{y}_0-t_{\alpha/2}\sigma\sqrt{1+\frac{1}{n}+\frac{(x_0-\bar{x})^2}{l_{xx}}}, \hat{y}_0+t_{\alpha/2}\sigma\sqrt{1+\frac{1}{n}+\frac{(x_0-\bar{x})^2}{l_{xx}}}\right)$。

同理,对于已知的自变量 x_0 相对应的点 y_0 的置信区间为 $\left(\hat{y}_0-t_{\alpha/2}\sigma\sqrt{\frac{1}{n}+\frac{(x_0-\bar{x})^2}{l_{xx}}}, \hat{y}_0+t_{\alpha/2}\sigma\sqrt{\frac{1}{n}+\frac{(x_0-\bar{x})^2}{l_{xx}}}\right)$。

显然,试验值 y_0 的置信区间为 x_0 的函数。x_0 与 $\bar{x}$ 越接近,预报区间越小,则预报精度

越高(见图7-3)。

7.5.2　回归随机误差的控制

对于线性回归方程的控制，就是要求观测值 y 具有一定精度，在某区间 (y_1, y_2) 内取值时，明确对应的 x 的取值范围 (x_1, x_2)，也就是必须将 x 控制在某个区间范围内。对于给定的实验数据，随机误差 $\varepsilon_i = y_i - u_i (i=1, 2, \cdots, n)$，假如 n 足够大，随机误差服从方差为 s^2 的正态分布，y_i 也服从数学期望为 u_i、方差为 s^2 的正态分布，那么可知 y_i 的分布概率为

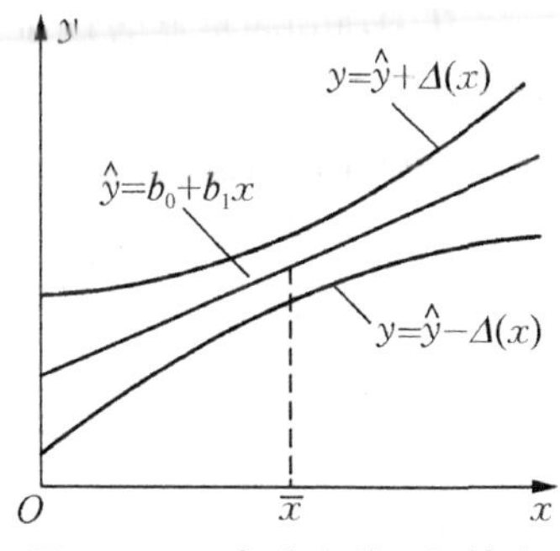

图7-3　回归方程的预报精度

$$P\{|y_i - u_i| < s\} = 68.27\%$$

即 $P\{u_i - s < y_i < u_i + s\} = 0.6827$，相应地还有

$$P\{u_i - 2s < y_i < u_i + 2s\} = 0.9545$$

$$P\{u_i - 3s < y_i < u_i + 3s\} = 0.9973$$

对于给定的置信度，如要控制 y 的变化范围，则可从方程

$$y_1 = u_i - \gamma\sigma = f(x_1) - \gamma\sigma$$

$$y_2 = u_i + \gamma\sigma = f(x_2) + \gamma\sigma$$

分别求取 (x_1, x_2)。

在实际控制实验数据的有效性时，通常可以 $\pm 3\sigma$ 为界限，认为 $\pm 3\sigma$ 以外的实验点为不正常点，应予以剔除。

7.6　多元线性回归在MATLAB中的实现

在MATLAB中有三种语句用于线性回归，分别是多项式回归polyfit、多元线性回归regress、逐步回归stepwise，其中多项式回归polyfit已在第6章中介绍，下面介绍regress和stepwise两个语句。

7.6.1　多元线性回归regress

在MATLAB中regress函数主要用于线性回归，包括一元以及多元线性回归。对于方程形式 $Y = Xb + E$，简单求模型参数 b 的语句是：

```
b=regress(Y, X)
```

其中，Y表示一个 $n\times1$ 的矩阵；X 表示一个 $n\times(m+1)$ 矩阵，是自变量 x(m 列)和一列具有相同行数、值是1的矩阵的组合；b 表示一个 $(m+1)\times1$ 矩阵，即

$$\boldsymbol{b} = [b_0 \quad b_1 \quad b_2 \quad \cdots \quad b_m]'$$

另一语句可提供更多信息：

```
[b,bint,r,rint,stats]=regress(Y,X,alpha)
```

其中,alpha 是显著性水平,缺省时为 0.05;b 是回归系数估计值;bint 是系数估计值的置信度为 95%的置信区间,其中第一个值表示常数,第二个值起表示回归系数; r, rint 是各点残差和其置信区间;stats 是检验回归模型的统计量,有四个数值[R^2, F, P(与 F 值对应的概率), s(模型误差的方差)]。

相关系数 R^2 越大,说明回归方程越显著;与 F 对应的概率 P<alpha 时拒绝 H0,回归模型成立。

残差和其置信区间的绘图语句:

```
rcoplot(r,rint)
```

仍以多项式回归的数据为例,做一元线性回归。

```
x=[1 2 3 4 5];y=[1.0 1.3 1.5 2.0 2.3];
X=[ones(5,1) x'];
Y=y';
[b,bint,r,rint,stats]=regress(Y,X)
rcoplot(r,rint)
```

得到结果:

```
b =
    0.6300
    0.3300
bint =
      0.3644      0.8956
      0.2499      0.4101
r =
      0.0400
      0.0100
     -0.1200
      0.0500
      0.0200
rint =
     -0.1343      0.2143
     -0.2485      0.2685
     -0.1836     -0.0564
     -0.1839      0.2839
     -0.1709      0.2109
stats =
      0.9829   171.9474   0.0010   0.0063
```

所得的结果: $y=0.33x+0.63$, 与多项式回归 polyfit 一致,残差的 rcoplot 图如图 7-4 所示。

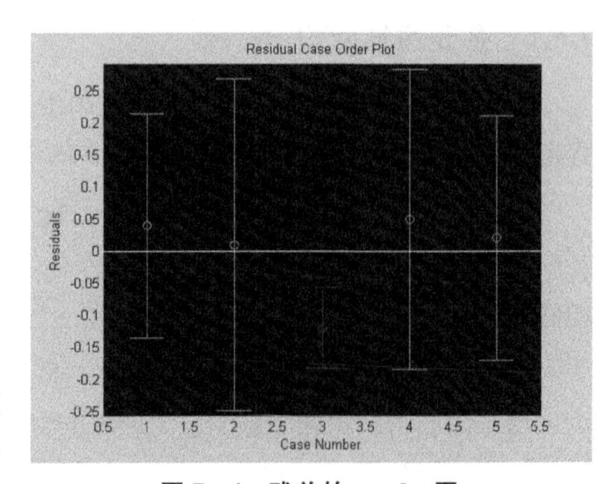

图 7-4 残差的 rcoplot 图

对于多元线性回归，以例 7-3 的数据为例，输入实验数据 x(6)(18)，H(18)，M(18)，

```
X=[ones(18,1) x'];
Y1=H';
Y2=M';
[b1, bint1, r1, rint1, stats1]=regress(Y1, X) % 计算 H 的回归方程
[b2, bint2, r2, rint2, stats2]=regress(Y2, X) % 计算 M 的回归方程
```

即可分别得到计算结果，包括回归系数、复相关系数、F 值。

7.6.2　逐步回归在 MATLAB 中的实现

逐步回归语句提供交互式画面，格式为

stepwise(x,y,inmodel,alpha)

其中，x 是 $n \times m$ 矩阵；y 是 $n \times 1$ 矩阵；inmodel 是矩阵 x 的列数的指标，初始模型的列数缺省为全体 x；alpha 是显著性水平。

简化的常用语句：stepwise(x,y)，运行后产生三个交互式图形窗口。

Stepwise Regression Plot：图示回归系数及其 t 统计量，并有统计计算的结果输出按钮 Export，可输出回归相关的各个参数，包括回归系数及其置信区间、模型的统计量；在这个窗口中还有变量移入和移出的操作按钮，可完成整个回归分析。图中的绿色表明在模型中的变量，红色表明从模型中移出的变量。

Stepwise Regression Diagnostics Table：列出统计表，包括回归系数及其置信区间、模型的统计量（RMSE 剩余标准差、R_2、F、P 等），相当于 regress 输出内容。

Stepwise History Plot：图示 RMSE，给出每次选择不同模型后的结果。

以 MATLAB 软件中的典型案例反应热为例。

例 7-8　4 个组分混合反应放出的热量 y 与 4 种化学成分 x_1、x_2、x_3、x_4 的质量相关，今测得一组数据如表 7-5 所示，试用逐步回归来确定一个线性模型。

表 7-5　反应热量与 4 种化学成分的质量分数的关系

序号	x_1/%	x_2/%	x_3/%	x_4/%	y/kcal[①]
1	7	26	6	60	78.5
2	1	29	15	52	74.3
3	11	56	8	20	104.3
4	11	31	8	47	87.6
5	7	52	6	33	95.9
6	11	55	9	22	109.2
7	3	71	17	6	102.7
8	1	31	22	44	72.5
9	2	54	18	22	93.1
10	21	47	4	26	115.9
11	1	40	23	34	83.8
12	11	66	9	12	113.3
13	10	68	8	12	109.4

① 注：1 cal=4.184 J

编写程序如下：

```
clc,clear
x0=[7     26    6     60    78.5
    1     29    15    52    74.3
    11    56    8     20    104.3
    11    31    8     47    87.6
    7     52    6     33    95.9
    11    55    9     22    109.2
    3     71    17    6     102.7
    1     31    22    44    72.5
    2     54    18    22    93.1
    21    47    4     26    115.9
    1     40    23    34    83.8
    11    66    9     12    113.3
    10    68    8     12    109.4];
x=x0(:,1:4);
y=x0(:,5);
stepwise(x,y)
```

得到 Stepwise Table 如图 7-5 所示。

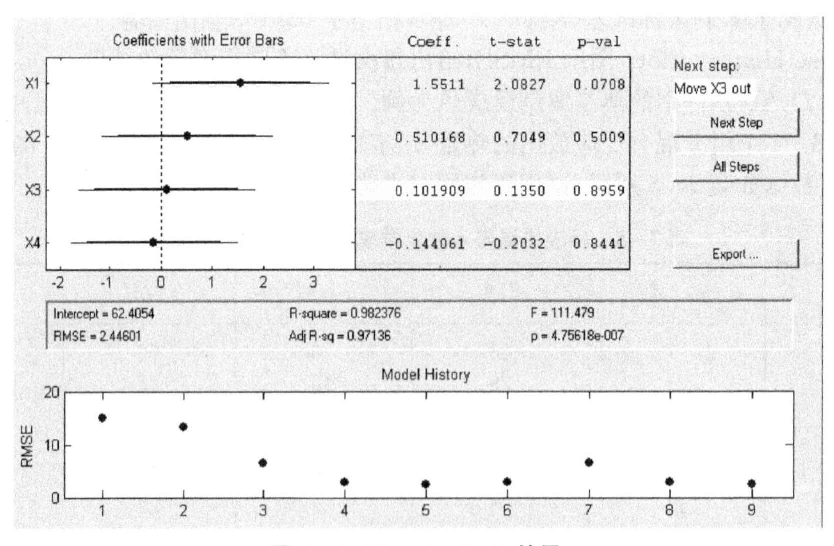

图 7-5　Stepwise Table 结果

可以根据变量移出和移入的提示操作，从而得到最优方程。从各次统计结果可以看出，虽然剩余标准差 s (RMSE)没有太大的变化，但是统计量 F 的值明显增大，因此新的回归模型更好一些。使用前面的回归分析方法可以求出最终的模型为

$$y=103.097+1.440x_1-0.614x_4$$

本章学习要点：

(1) 掌握矩阵的分解方法。

(2) 了解求解方程组的矩阵表示法。

(3) 利用 MATLAB 语句直接解方程组。

(4) 了解多元线性回归及其显著性检验方法。

(5) 了解逐步回归原理。

(6) 应用 MATLAB 计算多元线性回归。

第 8 章　非线性模型的求解

在生命科学中，变量之间关系复杂，多为非线性关系，所建立的机理模型或半机理模型也多为非线性模型。非线性模型的求解依赖于回归分析和非线性方程(方程组)的求解，许多实际问题的参数求解可归结为求解非线性方程 $f(x)=0$ 的问题。

8.1　非线性方程的求解

8.1.1　数值法求解的基本思想

非线性方程中的 $f(x)$是指含有变量的乘积、乘方或变量的三角函数、指数函数等的代数方程或超越方程。如代数方程：

$$x^3-x-1=0$$

超越方程：

$$e^x-x=0$$

求解非线性方程 $f(x)=0$ 是工程技术上经常遇到的重要数学问题，对于 4 次以下的代数方程有公式解法，即解析法；但对于 4 次以上的高次方程就没有公式来求解，而对于超越方程就更没有公式求解了，故非线性方程 $f(x)=0$ 往往不存在根的解析表达式。本节主要介绍求解非线性方程的数值方法的基本思想及 MATLAB 求解语句。

求解方程 $f(x)=0$ 的数值法的基本思想是从某个初始值 x_0 出发，按照某种数值过程模式进行重复，$x_0 \rightarrow x_1 \rightarrow x_2 \rightarrow \cdots \rightarrow x_n$，直至达到规定的精度，并将最后所得结果 x_n 作为方程 $f(x)=0$ 的数值解。显然数值解是满足了精度要求的近似解。为此，数值法必须做三件事：首先在函数 $f(x)$的定义域内寻找初值 x_0；其次建立逐次逼近的数值过程模式；再次则是规定最终近似解的精度。解的精度取决于科学计算的实际要求而与算法无关。各种算法的实质是由数值过程的模式确定的，不同的模式具有不同的计算效果和速度。初值 x_0 则影响计算过程的速度甚至成败。下面将分别讨论初值的估计以及数值求解过程的思路。

8.1.2　初值估计

非线性方程 $f(x)=0$ 在$[a, b]$内有多个根时，必须进行根的隔离，寻找单根区间 $[a_i, b_i]$，$i=1, 2, \cdots, n$。常用的初值估计或根隔离的方法有以下三种：

(1) 物理法。数学方程 $f(x)=0$ 来源于科学计算问题，因此可根据科学问题中的物理概念确定初值。例如，在计算实际气体的压缩因子 $Z=\dfrac{PV}{RT}$ 时，可将理想气体的压缩因子

$Z_0=1$ 作为初值，即 $Z_0=\frac{PV}{RT}=1$。

物理法估计初值简便且确切，并具有明确的物理概念。但在实际应用上有一定的局限性，并不能解决所有初值的估计问题，有许多问题的初值估计尚须借助数学法。

(2) 数学法。数学上实现根隔离的手段主要有两种，一是画图法，二是列表法。但这些方法均有其局限性，无法在计算机上实现。

(3) 计算机法。用以确定初值或根所在区间的常用方法有图解法和逐步扫描法，逐步扫描法适于在计算机上实现。下面先介绍逐步扫描法。

假定非线性方程 $f(x)=0$ 在$[a, b]$内有实根，则可从 $x=a$ 出发，按某个选定的步长 h 一步步地增大 x 的值，每增加一步检查一下这一步两端点上的函数值是否异号，如果是异号，则在这一步必有实根。

例 8-1　设方程

$$f(x)=x^3-x-1=0$$

因为 $f(0)<0$, $f(+\infty)>0$，所以这个方程至少有一个正的实根。我们从 $x=0$ 出发，以 $h=0.5$ 为步长向右进行根的扫描，其结果如表 8-1 所示。由表 8-1 可以看出，在区间$[1.0, 1.5]$上至少有一个实根。

表 8-1　在区间[0, 1.5]内 $f(x)$ 的符号变化情况

x	0	0.5	1.0	1.5	…
$f(x)$的符号	−	−	−	+	

在应用这种方法时，应合理选择步长 h。h 过大会将根漏掉，h 过小则计算步骤过多。显然，在扫描过程中，只要步长选得足够小，就可以直接得到满足一定精度的根的近似值。但这种方法是不可取的。一般来说，根的扫描只要获得一个初始近似值或根的所在区间就足够了，至于根的进一步精确化，可以采用别的方法。

以二分法为例，如果在区间$[a, b]$内有唯一实根，则可用二分法求取足够准确的初值。二分法的基本思想是通过计算隔根区间的中点，逐步将隔根区间缩小，从而得到方程的近似根。设在区间$[a, b]$上有且只有一个实根，则二分法的要点可以描述如下。

(1) 取 $x=\frac{a+b}{2}$；

(2) 若 $f(x)=0$，则 x 即为根，过程结束；

(3) 若 $f(a)f(x)<0$，则 $x\Rightarrow b$，
　　若 $f(b)f(x)<0$，则 $x\Rightarrow a$；

(4) 若 $|a-b|<\varepsilon$，则过程结束，$\frac{a+b}{2}$ 即为根的近似值(显然已满足精度要求)，否则从(1)开始重复执行。

计算机画图法是对函数 $f(x)$作图，MATLAB 的函数作图语句是：fplot，ezplot。格式是：

```
fplot(fun,limits)
ezplot(fun),或 ezplot(fun,[min,max])
```

例如：fplot(@(x)sin(x), [−pi,pi]),%对 sin(x)给定区间作图

fplot(@(x)x.*x+x+1, [−2,3]),%对某二次函数给定区间作图

ezplot('sin(x)', [−pi,pi]),%对 sin(x)给定区间作图

求得初值或找到单根区间后,便可按照规定的数值过程模式实现逐次逼近,使解逐步精确化,解方程的数值过程模式很多。下面以简单迭代法为例,介绍数值求解的基本过程。

8.1.3 简单迭代法

1. 迭代思路

迭代法是求解方程 $f(x)=0$ 的最基本的数值方法,首先将方程 $f(x)=0$ 改写成等价形式：$x=\varphi(x)$，然后将初值 x_0代入上式右端,则求得 $x_1=\varphi(x_0)$，再由 x_1又可求得 $x_2=\varphi(x_1)$，…,从而构造出近似解序列 $x_{n+1}=\varphi(x_n)$，直到满足条件 $|x_{n+1}-x_n|<\varepsilon$，最后就可以得到满足精度要求的解的近似值 x_{n+1}。下面举一个例子来说明这个过程。

例 8-2 已知方程

$$x^3-15x+14=0$$

在区间[−2, 2]上有实根,用简单迭代法求此实根的近似值,精度要求为 10^{-4}。

解：把原方程改写成如下等价形式：

$$x=(x^3+14)/15$$

在此，$\varphi(x)=(x^3+14)/15$。

在区间[−2, 2]上任取一点 x_0,现取 $x_0=0$。然后,根据简单迭代格式

$$x_{n+1}=(x_n^3+14)/15$$

可以计算出近似根的序列如表 8-2 所示。

表 8-2 简单迭代法求解过程

n	x_n	$x_{n+1}=(x_n^3+14)/15$	$\lvert x_{n+1}-x_n\rvert$
0	0	0.933 33	0.933 33
1	0.933 33	0.987 54	0.054 21
2	0.987 54	0.997 54	0.010 00
3	0.997 54	0.999 51	0.001 97
4	0.999 51	0.999 90	0.000 39
5	0.999 90	0.999 98	0.000 08

由表 8-2 可以看出,x_6与 x_5之差的绝对值已经小于 10^{-4},因而取 x_6作为根的近似值已能满足预先给定的精度要求,即取

$$x=x_6=0.999\ 98\approx 1.000\ 0$$

实际上,该方程一个实根的准确值为 $x=1$。

简单迭代法比较简单,容易编制计算机程序,但任何迭代法都有收敛性及收敛快慢的问题,简单迭代法也不例外。

2. 迭代过程的误差与收敛性

上面叙述了简单迭代法的一般过程。用这种迭代法求方程 $f(x)=0$ 的近似值时，首先需要将方程 $f(x)=0$ 改写成便于迭代的等价形式 $x=\varphi(x)$，然后用迭代格式 $x_{n+1}=\varphi(x_n)$ 进行迭代计算。这种迭代过程是否一定可行呢？下面由一个例子来说明这个问题。

例 8-3　已知方程

$$x^2+x-6=0 \tag{8-1}$$

在区间上有一实根，用简单迭代法求此根的近似值，精度要求为 10^{-4}。

首先将方程改写成如下等价形式：

$$x=6-x^2$$

即迭代格式为

$$x_{n+1}=6-x_n^2 \tag{8-2}$$

取初始近似值 $x_0=1$，利用迭代格式可以计算得到如下迭代值序列：

$$x_0=1,\ x_1=5,\ x_2=-19,\ x_3=-355,\ \cdots$$

如果继续计算下去，就会发现，随着 n 的增大，x_n的绝对值越来越大，根本不可能满足给定的精度要求。

由这个例子可以看出，利用简单迭代格式 $x_{n+1}=\varphi(x_n)$ 计算得到的迭代值序列 x_0，x_1，x_2，…，x_n，并不一定收敛于原方程的根。为了说明这个问题，先来看一看迭代过程的几何解释。

求方程 $x=\varphi(x)$[$f(x)=0$ 的等价形式]的根，在几何上可以归结为求直线 $y=x$ 与曲线 $y=\varphi(x)$ 的交点的横坐标 a，如图 8-1 所示。

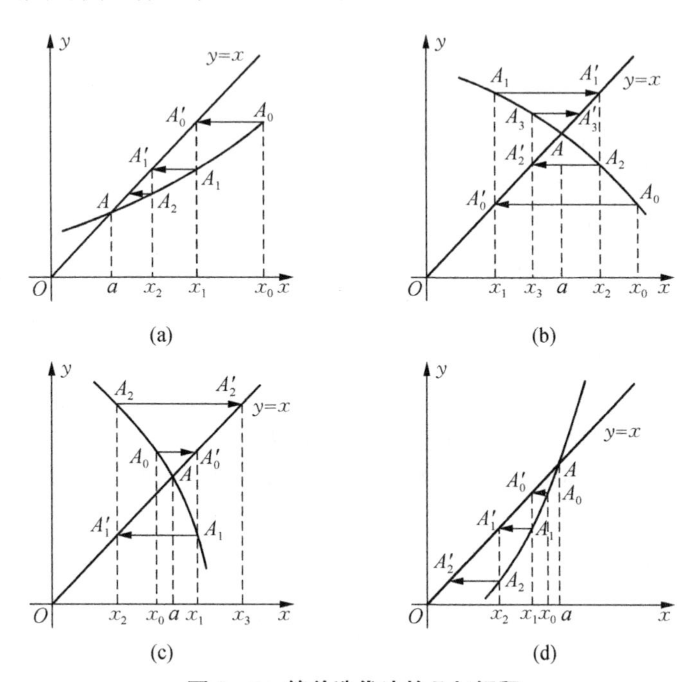

图 8-1　简单迭代法的几何解释

假设初始近似值 x_0是曲线 $y=\varphi(x)$ 上点的横坐标 A_0，$\varphi(x_0)$就是点的纵坐标；同时，水平直线 $y=\varphi(x_0)$ 与直线 $y=x$ 相交于点 A_0'，其横坐标为 $x_1=\varphi(x_0)$，算出 $\varphi(x_1)$ 就得到 $y=\varphi(x)$ 上的点 A_1，它的纵坐标为$[x_1, \varphi(x_1)]$。如此继续下去，就得到点列 A_0，A_1，A_2，…。由图 8-1(a)和(b)看出，点列 A_0，A_1，A_2，… 逐步逼近于 A，即在这两种情形下，迭代过程是收敛的。由图 8-1(c)和(d)看出，点列 A_0，A_1，A_2，… 逐步离开 A，即在这两种情形下，迭代过程是发散的。

由图 8-1 可知，迭代过程的收敛性与曲线的形状有很大的关系，那么究竟在什么情形下迭代过程是收敛的呢?

假设方程 $f(x)=0$ 的根为 $x=a$，即 $f(a)=0$。现在将方程变为等价形式后有

$$a=\varphi(a)$$

再根据简单迭代格式有

$$x_{n+1}=\varphi(x_n)$$

则 $n+1$ 次迭代值 x_{n+1}与根 a 的差为

$$x_{n+1}-a=\varphi(x_n)-\varphi(a)$$

再根据微分中值定理有

$$x_{n+1}-a=\varphi'(\xi)(x_n-a)$$

其中 ξ 在 x_n与 a 之间，由此可以得到

$$\frac{|x_{n+1}-a|}{|x_n-a|}=|q|, \quad [q=\varphi'(\xi)]$$

为了保证第 $n+1$ 次迭代值的误差与第 n 次迭代值的误差小，必须要求

$$|\varphi'(\xi)|<1$$

也就是说，只有当 $|\varphi'(\xi)|=|q|<1$ 时，才会使迭代过程中每一步的迭代值的误差绝对值越来越小，且趋于零，即迭代过程收敛。由以上分析，可以得出以下有关简单迭代法收敛性的结论。

设 $f(x)=0$ 满足以下条件：

(1) $f(x)$在 $[a, b]$上连续；

(2) $f(a)f(b)<0$，$f(x)$在区间$[a, b]$ 的两个端点上的函数值异号，即 $f(a)f(b)<0$；

(3) 方程 $f(x)$的等价形式 $x=\varphi(x)$ 在 $[a, b]$ 上满足 $|\varphi'(x)|\leqslant|q|<1$。

则在区间$[a, b]$上任取一个初值 x_0，用迭代格式 $x_{n+1}=\varphi(x_n)$ 计算得到的根的近似值序列 x_0，$x_1=\varphi(x_0)$，$x_2=\varphi(x_1)$，…，$x_{n+1}=\varphi(x_n)$ 收敛，且收敛于方程 $f(x)=0$ 的根。

上述条件(1)与(2)保证方程在区间$[a, b]$上有实根。

根据上述有关收敛性的结论，对于例 8-3 中的式(8-1)，如果改写成另一种等价形式：

$$x=(6+3x-x^2)/4 \tag{8-3}$$

则可以得到如下迭代格式：

$$x_{n+1}=(6+3x_n-x_n^2)/4$$

可以验证，此时的 $\varphi(x)=(6+3x-x^2)/4$ 满足上述结论中的条件(3)。如果还是取初值

$x_0=1$，则用上述迭代格式进行迭代计算时是收敛的。

因此，在选择合适的非线性方程解法时，必须关注其收敛性及收敛速度。

8.1.4　用 MATLAB 求解非线性方程

1. 直接利用求解函数

MATLAB 的优化工具箱中提供了两个求解非线性方程的函数 fzero 和 fsolve，其求解也是迭代优化的过程，用它们来求解非线性方程的根十分方便。下面就这两个函数的调用做简单介绍。

函数 fzero 的调用格式为

```
b=fzero('F',x,tol,trace)
```

fzero 是寻找单变量函数 $f(x)$的一个零值点。F 是 $f(x)$的名称，x 是初始估计值。返回的值是靠近初始估计值的 $f(x)=0$ 时的横坐标 x 值，搜寻失败返回 NAN。其依据是邻近这一点，函数 $f(x)$ 的值反号。若 x 为二维向量，并符合 $F[(x_1)]$、$F[(x_2)]$ 反号的条件，函数返回值为该区间内的零点。tol 为设置收敛判断的相对误差。trace 不为零时，将显示中间结果。tol、trace 取默认值时输入空矩阵。

例 8-4　求解 $\cos(x)=0$ 在 $x=2$ 附近的解。

解：在 MATLAB 命令窗口内输入

```
fzero(@cos,2)
ans=
      1.5708
```

若想知道求解过程，可以输入

```
>>fzero(@cos,2,optimset('disp','iter'))
```

Func-count	x	f(x)	Procedure
1	2	−0.416147	initial
2	1.94343	−0.364071	search
3	2.05657	−0.466891	search
4	1.92	−0.34215	search
5	2.08	−0.487482	search
6	1.88686	−0.31083	search
7	2.11314	−0.516142	search
8	1.84	−0.265964	search
9	2.16	−0.555699	search
10	1.77373	−0.20154	search
11	2.22627	−0.609538	search
12	1.68	−0.108987	search
13	2.32	−0.681056	search
14	1.54745	0.0233425	search

```
Looking for a zero in the interval [1.5475, 2.32]
    15          1.57305        -0.00225625        interpolation
    16          1.5708          1.85136e-007      interpolation
    17          1.5708         -1.57146e-013      interpolation
    18          1.5708          6.12323e-017      interpolation
    19          1.5708         -6.04901e-016      interpolation
Zero found in the interval: [1.5475, 2.32].
ans=
    1.5708
```

根据不同的计算需要，fslove 函数有多种调用格式可供选用，现以最常见的格式为例：

b=fslove ('F',x0,options)

其中，F 为函数名，x0 为初值矩阵，options 为以向量表示的可选参数值。需要注意的是：如果在某区间有两个以上的根，则使用 fslove 效果较好，而 fzero 只能得到单根。

2. 迭代法求解

MATLAB 没有专门用于非线性方程迭代法求解的函数，因此用迭代法求解时，要事先编写相应迭代法的 M 文件。

8.2 非线性方程组的求解

对于非线性方程组 $\boldsymbol{F}(\boldsymbol{X})=0$ 的迭代法求解，其解法和非线性方程的迭代过程相似，此处 $\boldsymbol{F}(\boldsymbol{X})$和 $\boldsymbol{X}$ 均为向量，构建迭代式：

$$\boldsymbol{X}=\boldsymbol{\Phi}(\boldsymbol{X})$$

$$\boldsymbol{X}^{*}=\boldsymbol{X}^{(k+1)}=\boldsymbol{\Phi}(\boldsymbol{X}^{(k)})$$

其中，$\boldsymbol{X}=[x_1, x_2, \cdots, x_n]'$，迭代收敛的条件是迭代方程 $\boldsymbol{\Phi}(\boldsymbol{X})$ 的雅可比矩阵的范数(即矩阵的空间距离或向量的大小)小于 1。

对于非线性方程的一般表示

$$\boldsymbol{F}(\boldsymbol{X})=(f_1, f_2, \cdots, f_n)'=0$$

其雅可比矩阵为

$$\boldsymbol{J}(\boldsymbol{X})=\begin{bmatrix} \dfrac{\partial f_1}{\partial x_1} & \dfrac{\partial f_1}{\partial x_2} & \cdots & \dfrac{\partial f_1}{\partial x_n} \\ \dfrac{\partial f_2}{\partial x_1} & \dfrac{\partial f_2}{\partial x_2} & \cdots & \dfrac{\partial f_2}{\partial x_n} \\ \vdots & \vdots & & \vdots \\ \dfrac{\partial f_n}{\partial x_1} & \dfrac{\partial f_n}{\partial x_2} & \cdots & \dfrac{\partial f_n}{\partial x_n} \end{bmatrix}$$

在 MATLAB 软件中，求解非线性方程组仍然可使用求解非线性方程的函数 fzero 和 fsolve，调用格式也基本相同，但变量 x 须变成向量 $\boldsymbol{X}$。以 fsolve 为例，具体格式为

```
x=fsolve('fun',x0)
```

或

```
x=fsolve('fun',x0,options)
```

其中，fun 是函数或函数向量；x0 是初值；options 是计算参数设置，详见 MATLAB 的帮助(help)。

牛顿法求解须编写 M 文件，确定其迭代方程和雅可比矩阵。函数 fun 的编写如例 8-5 所示。

例 8-5　求解非线性方程组：

$$f_1=4x_1^2+x_2^2+2x_1x_2-x_2-2=0$$

$$f_2=2x_1^2+x_2^2+3x_1x_2-3=0$$

编写其函数文件，定义 $x=[x_1 \quad x_2]'$

```
fun=[4*x(1)^2+x(2)^2+2*x(1)*x(2)-x(2)-2;
     2*x(1)^2+x(1)^2+3*x(1)*x(2)-3]
```

给定初值 x0，代入 fsolve 即可。

其他求解方法有埃特金迭代法、牛顿法、插值法等，选择合适的方法可以改善求根的收敛性和求根速度，减少迭代次数。

8.3　非线性模型的线性化

在生命科学中，由于过程较复杂，一般实验所涉及的数学模型多为非线性模型。而非线性模型由于模型参数估计的困难，常常转化为线性模型进行求解。从第 7 章可知，多项式的回归就是一种线性化处理。如果非线性方程可以转化为以下回归方程的形式：

$$F_0(x_1, x_2, \cdots, x_n, y)=a_0+a_1F_1(x_1, x_2, \cdots, x_n)+a_2F_2(x_1, x_2, \cdots, x_n)+\cdots +a_kF_k(x_1, x_2, \cdots, x_n)$$

且方程式右边的模型参数 a 可以和 x 的函数相分离，这一类问题均可以化为多元线性回归问题进行处理。

8.3.1　常用函数式的线性化转换

对于非线性方程，可对自变量或因变量进行适当的变量变换，把曲线方程转化为直线方程。通过变换能简便转化为线性方程的非线性模型列于下面。在模型的选择时，可通过标准曲线的形状来选择模型。

常用函数线性化转换式如下。

(1) 双曲线模型：$1/y=b_0+b_1/x$。

线性化模型：$Y=b_0+b_1X$，

其中,$Y=1/y$,$X=1/x$。

(2) 幂函数模型:$y=b_0x^{b_1}$。

线性化模型:$Y=B_0+b_1X$,

其中,$Y=\ln y$, $X=\ln x$, $B_0=\ln b_0$。

(3) 指数函数模型:$y=b_0b_1^x$。

线性化模型:$Y=B_0+B_1X$,

其中,$Y=\ln y$, $X=x$, $B_1=\ln b_1$, $B_0=\ln b_0$。

(4) 自然指数函数模型:$y=b_0\exp(b_1x)$。

线性化模型:$Y=B_0+B_1X$,

其中,$Y=\ln y$, $X=x$, $B_1=b_1$, $B_0=\ln b_0$。

(5) Gauss 指数函数模型:$y=b_0\exp(b_1/x)$。

线性化模型:$Y=B_0+B_1X$,

其中,$Y=\ln y$, $X=1/x$, $B_1=b_1$, $B_0=\ln b_0$。

(6) 对数函数模型:$y=b_0+b_1\ln x$。

线性化模型:$Y=B_0+B_1X$,

其中,$Y=y$, $X=\ln x$, $B_1=b_1$, $B_0=b_0$。

(7) 倒数-对数函数模型:$1/y=b_0+b_1\ln x$。

线性化模型:$Y=B_0+B_1X$,

其中,$Y=1/y$, $X=\ln x$, $B_1=b_1$, $B_0=b_0$。

(8) S 模型:$1/y=b_0+b_1\exp(-x)$。

线性化模型:$Y=B_0+B_1X$,

其中,$Y=1/y$, $X=\exp(-x)$, $B_1=b_1$, $B_0=b_0$。

(9) Logistic 曲线:$y=\dfrac{K}{1+a\mathrm{e}^{-bx}}$。

线性化模型:$Y=B_0+B_1X$,

其中,$Y=\ln[(K-y)/y]$, $X=x$, $B_1=\ln a$, $B_0=-b$。

在生命科学中有许多经典方程可转化为线性求解。如在生物化学中利用凝胶层析测定生物大分子的相对分子质量 M_W 时,相对分子质量的大小和洗脱液的体积具有如下关系:

$$\log M_W=a+bV$$

令 $Y=\log M_W$,则方程可转化为线性方程。

根据不同要求可将同一方程转化为不同的线性方程进行求解。如著名的酶动力学 M-M 方程:$r_s=r_{max}C_s/(K_m+C_s)$,在已知 r_s 和 C_s 的前提下,求取模型参数 K_m 和 r_{max},为满足不同的动力学分析需要,可以将方程转换为以下四种形式。

(1) Lineweaver-Burk 法:方程为 $\dfrac{1}{r_s}=\dfrac{1}{r_{max}}+\dfrac{K_m}{r_{max}}\dfrac{1}{C_s}$;

(2) Hanes-Woolf 法:方程为 $\dfrac{C_s}{r_s}=\dfrac{K_m}{r_{max}}+\dfrac{C_s}{r_{max}}$;

(3) Eadie-Hofstee 法:方程为 $r_s=r_{max}-K_m\dfrac{r_s}{C_s}$;

(4) 积分法，方程为 $\dfrac{\ln(C_{s_0}/C_s)}{C_{s_0}-C_s}=\dfrac{r_{max}}{K_m}\dfrac{t}{C_{s0}-C_s}-\dfrac{1}{K_m}$。

各方程的直线如图 8-2 所示。

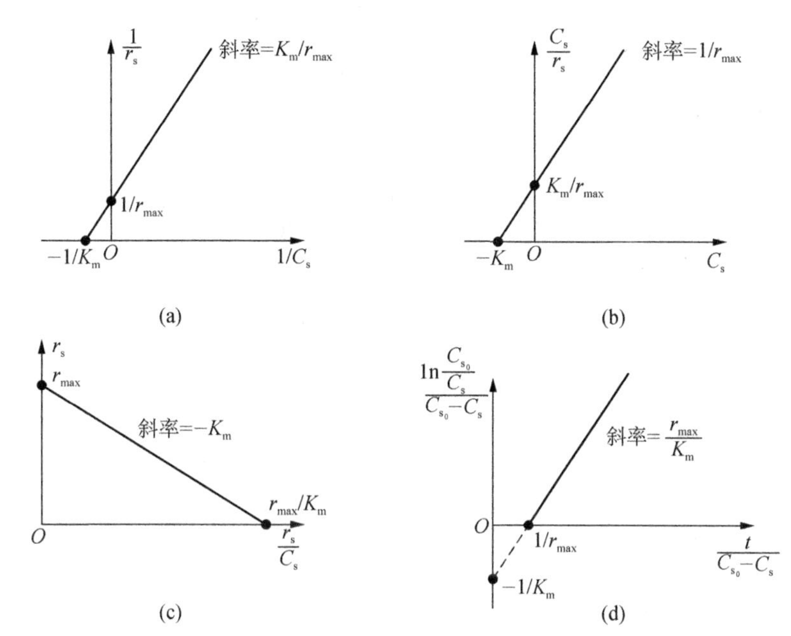

图 8-2　M-M 方程的不同线性化处理

(a) L-B 法；(b) H-W 法；(c) E-H 法；(d) 积分法

8.3.2　多元函数线性化的扩展

多元线性函数的标准形式为

$$y=b_0+b_1x_1+b_2x_2+\cdots+b_mx_m$$

如多项式函数方程：

$$y=b_0+b_1x+b_2x^2+\cdots+b_mx^m$$

标准三角函数：

$$y=a_0+\sum_{i=1}^{k}[a_k\cos(ix)+b_k\sin(ix)]$$

等等，都可以通过变量变换将其转化为多元线性函数的标准化形式。

还有其他各种函数的混合形式，也可通过变换将其转化为标准化形式。如非线性函数

$$y=a\cdot\exp[b_1x_1+b_2x_2^2+b_3(x_1x_2)+b_4(x_1^2x_2)]$$

可以先对方程两边取对数，得

$$\ln y=\ln a+b_1x_1+b_2x_2^2+b_3(x_1x_2)+b_4(x_1^2x_2)$$

然后令 $z=\ln y$，$b_0=\ln a$，$t_1=x_1$，$t_2=x_2^2$，$t_3=x_1x_2$，$t_4=x_1^2x_2$，即得 $z=b_0+b_1t_1+b_2t_2+b_3t_3+b_4t_4$。

采用多元线性回归即可求取各个待定参数,得到模型方程。

但是根据最小二乘法,这里的目标函数是 $Q=\sum_i (z_i-z_{i,\mathrm{cal}})^2=\min$,而不是 $Q=\sum_i (y_i-y_{i,\mathrm{cal}})^2=\min$。

由于这两个目标函数有差异,因此所得到的回归参数也会有差别。不过该数学模型由于经过线性变换,回归过程就变得比较简单。

但是上述的线性化并不是万能的,在有些模型的参数回归时,线性化方法可能会导致收敛较慢,造成迭代次数很多,甚至出现结果发散的极端情况。

总之,一元非线性回归的线性化可以推广为多元非线性回归的线性化形式的情况如下。假设原方程为

$$f(x_1, x_2, \cdots, x_n, y, b_0, b_1, \cdots, b_m)=0$$

经过变换后为

$$\begin{aligned}F_0(x_1, x_2, \cdots, x_n, y)=&a_0+a_1F_1(x_1, x_2, \cdots, x_n)+a_2F_2(x_1, x_2, \cdots, x_n)+\cdots\\&+a_kF_k(x_1, x_2, \cdots, x_n)\end{aligned}$$

只要方程右边的 $F_1, F_2, \cdots, F_k$ 中不包含模型参数,即为线性函数。通过重新定义变量,可以转化为标准线性方程的形式:

$$z=a_0+a_1t_1+a_2t_2+\cdots+a_kt_k$$

8.4 非线性模型的拟合

并非所有的非线性模型均可以进行线性化,这时也可以按最小二乘法的原理对非线性函数进行拟合。非线性函数的拟合经过最小二乘法处理后,所得到的参数求解方程仍然是非线性方程,需要对方程组进行非线性求解。由于非线性方程组求解的常用方法有牛顿法和迭代法,因此非线性拟合的计算方法也主要是牛顿法和迭代法。

非线性函数的拟合过程是:给定 n 组实验测量值 (x_k, y_k), $k=1, 2, \cdots, n$,要求确定非线性函数 $y=f(\boldsymbol{x}, \boldsymbol{b})$ 中的非线性参数 $\boldsymbol{b}$,可使

$$Q=\sum_{k=1}^{n}[y_k-f(x_k, \boldsymbol{b})]^2=\min$$

式中的自变量 $\boldsymbol{x}$ 是一个向量,$\boldsymbol{x}=(x_{1k}, x_{2k}, \cdots, x_{jk})$, $k=1, 2, \cdots, n$;参数 $\boldsymbol{b}$ 也是一个向量,$\boldsymbol{b}=(b_1, b_2, \cdots, b_m)$, $m\leqslant n$。

常用的求解方法中一是基于最小二乘法原理采用高斯-牛顿(Gauss - Newton)法和麦夸特(Marquardt)法对该非线性模型线性化,再求解,过程较为复杂;二是直接进行非线性回归,求解非线性方程。

多变量最小二乘法的残差和一元回归一样定义为实验值与计算值之差:

$$\varepsilon_i=y_i-f(x_i, \boldsymbol{b})$$

非线性模型正确与否、残差的大小不仅与模型参数有关，而且还取决于变量实验值本身的测量误差。当参数完全正确时，残差即等于实验误差。由于非线性模型的变量数值变化范围经常较大，因此，最佳的一种参数估计值不仅应该确保残差最小，而且还应使残差的分布与实验随机误差的分布相当，所以，它的目标函数对多参数变量应该是残差的加权平方和最小，即

$$Q=\sum_{i} q_i \varepsilon_i^2=\min$$

下面以两个变量的非线性拟合为例，介绍求解过程。假设方程为

$$y=f(x_1,\ x_2,\ b_1,\ b_2)$$

要求 $Q=\sum_{k=1}^{n}[y_k-f_k(x_1,\ x_2,\ b_1,\ b_2)]^2=\min$。

对 Q 关于 b_1、b_2 求偏导数，假设得到如下形式的两个方程：

$$\begin{cases} g_1(y,\ x_1,\ x_2,\ b_1,\ b_2)=0 \\ g_2(y,\ x_1,\ x_2,\ b_1,\ b_2)=0 \end{cases}$$

其中，y、x_1、x_2 为已知的经过多次测定的 n 组实验数据，b_1、b_2 为待定的模型参数，那么方程就是普通的以 b_1、b_2 为未知变量的二元非线性方程。如能给 b_1、b_2 提供较好的初值，采用非线性方程求解就能得到收敛的结果。MATLAB 提供了多种用于非线性拟合的函数，后面进行介绍。

例 8－6　以 Monod 细胞生长模型对 SPSC 自絮凝酵母细胞颗粒培养过程进行拟合，其模型方程为 $\mu=\dfrac{\mu_m S}{K_S+S}$，实验数据如表 8－3 所示。

表 8－3　SPSC 自絮凝酵母细胞颗粒培养的实验数据①

序号	1	2	3	4	5	6	7	8	9	10
S/(g/L)	7.80	10.63	17.44	22.10	28.50	32.63	38.63	44.25	52.12	60.75
μ/h^{-1}	0.036 6	0.051 0	0.069 3	0.060 0	0.081 2	0.080 4	0.080 1	0.092 5	0.093 0	0.097 9

该方程为两参数的非线性方程，比较简单，可以按非线性拟合，也可按线性化拟合，可根据不同的目标函数而定。经非线性拟合可得到动力学模型方程为 $\mu=\dfrac{0.134S}{19.23+S}$。

如果考虑产物酒精的抑制作用，选用方程

$$\mu=\frac{\mu_m S}{K_S+S}\left[1-\left(\frac{P}{P_m}\right)^{\alpha}\right]$$

在已知 μ、S、P 的前提下，求解 μ_m、P_m、α，就必须采用非线性拟合估计模型参数。

① 白凤武，靳艳，冯朴荪，等.融合株 SPSC 发酵生产酒精的工艺研究——自絮凝细胞颗粒粒径分布、细胞生长和产物酒精生成动力学[J].生物工程学报，1999，15(4)：455－460.

8.5 非线性回归模型的检验

8.5.1 机理检验

不管是什么模型,其计算结果均应该和实验结果相符合,必须经过实际检验后才能应用。对于非线性模型来说,一般都是机理模型或半机理模型,其模型参数一般具有一定的物理意义,参数的数值大小及其符号均有其含义或变化规律,所以模型的正确与否可以根据实验的规律来分析判断,这称为机理判断。

如计算饱和蒸汽压的安托尼方程: $\ln p_s = A - \dfrac{b}{t+c}$,如果实验数据正确,$\ln p_s \propto \dfrac{1}{t+c}$ 呈线性关系,c 和 t 的数量级相当;如果不是预计的关系,则说明实验数据存在问题。

如计算反应速率常数的模型方程: $k = k(T) \propto \mathrm{e}^{-\frac{\Delta E}{RT}}$,常数和温度成一定的关系,活化能 ΔE 具有一定的变化范围,如常温下蛋白酶的 ΔE 一般为 20~30 kJ/mol。

如参数估计值不符合这些要求,则应对其进行分析和考虑,对模型做进一步的研究。但这些都需要有一定的专业知识来分析,而采用专业知识判断模型不是本课程所要解决的问题。

8.5.2 方差检验

非线性模型也可以采用方差检验,但是非线性模型的方差分析比较困难,因为模型的方差检验方法是从线性回归中推导出来的,如要用于非线性模型,经常要加上一个安全系数再进行比较。安全因子通常是 3~10,根据实际需要而定。

如果 $F = S_R^2/S^2 = \dfrac{Q_R^2/f_R}{Q^2/f}\left(\dfrac{\text{回归平方和方差}}{\text{残差平方和方差}}\right) > (3 \sim 10)F_\alpha(f_R,\ f)$,可以认为模型有效。但是反过来,当 $F_\alpha < (3 \sim 10)F_\alpha(f_R,\ f)$ 时,却不能排除模型的正确性,这只能说明数据的拟合能力较差。特别要注意不能采用相关系数法进行非线性模型的参数之间的检验。

对于已进行了线性化的非线性模型的检验,所检验的量是针对变换后的响应值进行的。尽管原来的非线性模型的残差满足最小二乘法的要求,符合随机误差的规律,这时也要特别注意变换后的线性模型的残差是否还满足最小二乘法的要求,即误差相互独立,而且 $\varepsilon_i \sim N(0,\ \sigma^2)$。

8.5.3 残差分析

模型的方差分析仅仅说明模型的计算值和实验值之间的拟合程度如何,从大范围上说明残差与实验误差是否相当,并不能从根本上了解模型的缺陷。数学模型特别是非线性模型最主要的检验方法是采用残差分析进行检验,从而可以进一步考察模型的优缺点,并修正模型。残差分析的原理是判断实验数据和回归值的残差是不是符合正态分布。如果表明残差不符合正态分布,即可以认为模型不够准确。具体的分析方法有以下 3 种。

1. 残差直方图

在实验数据很多时，可用类似误差的直方图作残差直方图。以直观的形式判断实验数据与回归值的残差分布是不是符合正态分布。残差直方图如图 8-3 所示。

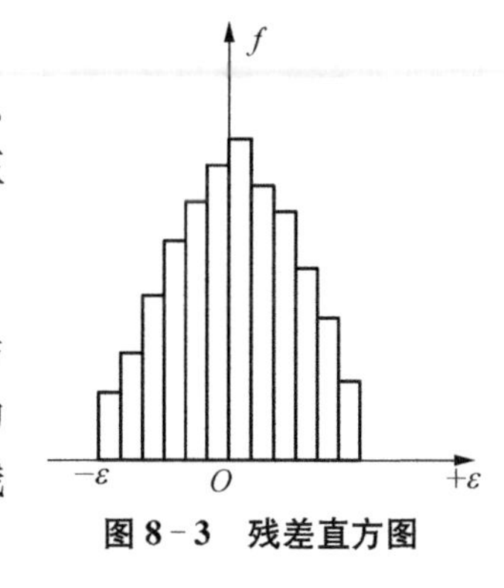

图 8-3　残差直方图

2. 残差—y_i 图，残差—x_i 图

由于残差是由实验中无法控制的因素造成的，实验误差与实验点的位置无关，将计算值和实验值同时作图，分析残差的分布是否具有随机正态分布的特点。否则应该修改模型。残差—y_i 图、残差—x_i 图如图 8-3 所示。

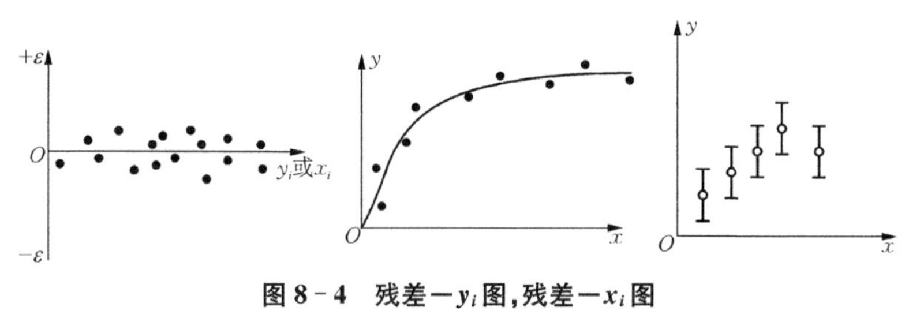

图 8-4　残差—y_i 图，残差—x_i 图

+ε
O
−ε
k_i

图 8-5　参数残差图

3. 参数残差图

将上述因变量的残差定义引申到模型中具体参数的残差，观测某个参数的计算值和实验值之间的残差是否服从随机变量的分布，是否具有随机正态分布的特点。参数残差图如图 8-5 所示。

8.5.4　模型的检验和选择

对于非线性的半机理模型，有时也有许多不同的模型可供选择。即使对于同一个目标函数，可能其中的任何单个模型的处理结果不论采用何种检验，如方差检验、残差检验，都是正确的，但是模型之间的总体方差或残差还是存在区别的。如果对计算结果有所选择或要求，应该对各种可能选择的模型均进行回归分析，从中挑选最令人满意的模型。

如将玉米的生物增长模型用于玉米生长的研究分析，试验测得如表 8-4～表 8-6 所示的样本数据，其中 Y 表示收获的 4 株干玉米的质量均值，T 表示玉米从开花到收获的时间均值。

表 8-4　样本 1 的数据

Y/g	11.44	29.51	69.05	98.79	138.01	162.82
T/d	13.625	19.750	28.625	41.750	49.625	69.625

表 8-5　样本 2 的数据

Y/g	3.52	10.56	41.55	94.55	122.52	130.19
T/d	6.500	14.875	24.625	35.875	49.875	56.875

表 8-6 样本 3 的数据

Y/g	14.26	50.51	60.83	84.78	96.46	97.02	172.41
T/d	17.125	25.625	29.625	39.625	46.375	54.250	62.125

对于以上数据,可以同时选择单分子增长模型

$$dy/dt = k(\alpha - y)$$

其中,y 表示随时间 t 变化的生物质量;α 表示增长的极限;k 是模型常数。对方程积分后,方程可转化为 $y = \alpha(1 - \beta e^{-kt})$。

也可以选择 Logistic 模型,即 $dy/dt = ky(\alpha - y)/\alpha\ (k > 0)$。对方程积分后转化为 $y = \alpha/(1 + \beta e^{-kt})$。

也可以选择 Gompertz 模型,即 $dy/dt = ky\ln(\alpha/y)$。对方程积分后转化为 $y = \alpha\exp(-\beta e^{-kt})$。

对于上述不同样本的情况,为选择最适合的数学模型,不仅要选择总体的适合模型,还要分析不同样本的适合情况,因此具体什么模型适合于什么情况,要根据实际情况具体分析而确定。

8.6 非线性回归在 MATLAB 中的实现

在 MATLAB 的统计工具箱中,利用 nlinfit、nlparci、nlpredci、nlintool 可方便地进行非线性回归,可以得到回归系数、其置信区间及其预测值。

应用语句为

[beta,r,J]=nlinfit(x,y,' function',beta0)

其中 x,y 为列向量;function 为函数 y 的子程序名;beta0 为初值。返回值为模型系数 beta,残差 r,雅可比矩阵 J,这些参数可用于其他语句的计算。回归求解的数学原理是高斯-牛顿法。

利用返回值计算的语句有

betaci=nlparci(beta,r,J);输出回归系数和置信区间(95%)

[ypred,delta]=nlpredci(' function',xinput,beta,r,J);预报 xinput 的 ypred 值和置信区间(95%)

nlintool(x,y,' function',beta0,alpha,' x',' y');得到一个交互式画面,Export区可传输模型参数,包括模型参数、标准差等。

例 8-7 已知水在不同温度下的饱和蒸汽压数据如表 8-7 所示。

表 8-7 水在不同温度下的饱和蒸汽压

t/℃	20	30	40	50	60	70	80	90
P_s/atm	0.023 83	0.043 25	0.075 20	0.125 78	0.203 13	0.317 8	0.482 9	0.714 9

现用 Antoine 方程拟合，求其模型参数，并进行残差检验。方程为

$$\ln P_s = A - B/(T + C)$$

其中，P_s 为饱和蒸汽压(mmHg)；T 为温度(K)。

如以 P_s 的残差平方和最小为目标函数，定义相应函数文件：

```
antoine.m
  function y= antoine (beta,x)
  y=exp(beta(1)-beta(2)./(x+beta(3)));  % 以 beta 对应模型参数 A、B、C
```

用内置函数 nlinfit 对其做非线性拟合，

```
t=[20 30 40 50 60 70 80 90]';
ps=[0.02383 0.04325 0.07520 0.12578 0.20313 0.3178 0.4829 0.7149]';
T=t+273;
ps=ps * 760;
y=ps;
x=T;
beta0=[18.6,4000,-40];
[beta,r,J]=nlinfit(x,y,'antoine',beta0);
A=beta(1)
B=beta(2)
C=beta(3)
plot(T,r,'r*')
```

计算得到：$A = 18.49$，$B = 391\,2$，$C = -42.22$，并输出各温度下的残差图。

8.7　最优化方法及 MATLAB 优化求解

8.7.1　最优化简介

事实上，以上的线性回归和非线性回归中要求实验数据的残差平方和最小也是最优化的一种。所谓最优化，就是设法使需要优化的目标函数取得最优值(最小值或最大值)。在最优化问题中最经典的数学模型可表示为

$$\begin{cases} \min f(x_1,\ x_2,\ \cdots,\ x_n) \\ g_i(x_1,\ x_2,\ \cdots,\ x_n) \geqslant 0 \quad i = 1,\ 2,\ \cdots,\ r \\ h_j(x_1,\ x_2,\ \cdots,\ x_n) = 0 \quad j = 1,\ 2,\ \cdots,\ m \end{cases}$$

如果将函数用向量形式表示，则有

$$\boldsymbol{X} = (x_1,\ x_2,\ \cdots,\ x_n)^{\mathrm{T}},\ \boldsymbol{G} = (g_1,\ g_2,\ \cdots,\ g_r)^{\mathrm{T}},\ \boldsymbol{H} = (h_1,\ h_2,\ \cdots,\ h_m)^{\mathrm{T}}$$

上述数学模型可以简化为

$$\min f(\boldsymbol{X}),\ \boldsymbol{G}(\boldsymbol{X}) \geqslant 0,\ \boldsymbol{H}(\boldsymbol{X}) = 0$$

其中,函数 f 为目标函数,$\boldsymbol{G}$ 和 $\boldsymbol{H}$ 为约束条件。如果目标函数要求为最大值问题,即 $\max f(\boldsymbol{X})$,可以令 $F(\boldsymbol{X})=-f(\boldsymbol{X})$,从而将数学模型转化为经典模型。

最优化问题可根据所讨论的问题中的约束条件进行分类,如果没有出现约束条件,则称为无约束最优化问题;如果问题中有约束条件,则称为约束问题。如果变量 $\boldsymbol{X}$ 与时间变化无关,则称为定常问题,否则称为非定常问题。具体的最优化求解方法有很多,如 Powell 法、牛顿法、Gauss 法、单纯形法、线性规划法、动态规划法等。

一般来说,以上的最优化求解均是采用迭代的方法实现。其基本思想是先选择一个估计值的初值 $\boldsymbol{k}^{(0)}$,则可计算目标函数 $F^{(0)}=F(\boldsymbol{k}^{(0)})$ 的值,然后沿着某一目标函数下降的方向 $\boldsymbol{P}^{(0)}$,将多维最优化问题转化为一维最优化问题。进行一维搜索,找到一个新的 $\boldsymbol{k}^{(1)}$ 值,使 $F^{(1)}<F^{(0)}$,这个 $\boldsymbol{k}^{(1)}$ 值便是极小点 $\boldsymbol{k}^{(*)}$ 的第一次迭代近似值。然后再从 $\boldsymbol{k}^{(1)}$ 出发,沿着目标函数下降的方向 $\boldsymbol{P}^{(1)}$ 继续进行搜索,依次得到 $\boldsymbol{k}^{(2)}$, $\boldsymbol{k}^{(3)}$, …, $\boldsymbol{k}^{(n)}$,使其满足 $F^{(0)}>F^{(1)}>F^{(2)}>\cdots>F^{(n)}$,同时 $\boldsymbol{k}^{(0)}$, $\boldsymbol{k}^{(1)}$, $\boldsymbol{k}^{(2)}$, $\boldsymbol{k}^{(3)}$, …, $\boldsymbol{k}^{(n)}$ 逐步收敛于满足目标函数 F 极小值的 $\boldsymbol{k}^{(*)}$,其迭代公式为 $\boldsymbol{k}^{(n+1)}=\boldsymbol{k}^{(n)}+t\boldsymbol{p}^{(n)}$,迭代的判别依据为

$$F^{(n+1)}-F^{(n)}<\varepsilon$$

或者

$$\frac{F^{(n+1)}-F^{(n)}}{F^{(n+1)}}<\varepsilon$$

在一维搜索中,经常采用黄金分割法对一元函数寻找最优点,原因是其计算过程简单,计算次数较少。

对于生命科学及生物工程的研究和开发,一个重要的标志是除了掌握过程的各个特征参数外,还必须尽最大可能了解所有对过程的进行具有重大影响的因素,建立整个系统的数学模型,用最优化的方法实现过程的最佳运行,求得各个参数的最优化值,对生命过程进行模拟,借助计算机解决生命科学中的复杂问题。

8.7.2 MATLAB 在优化中的应用

MATLAB 除了在数值分析、统计学中的应用外,还能用于最优设计。MATLAB 的优化工具箱能够解决各种不同类型的优化问题,包括以上的典型非线性优化问题,一元线性回归、多元线性回归、多项式回归等最小二乘法问题,以及非线性方程组的求解等。工具箱的常用函数如表 8-8 所示。

表 8-8 MATLAB 优化工具箱的常用函数

类 型	模 型	语 句	M 文件
一元函数最优化	$\min f(x)$	X=fmin('f',x0)	function f=f(x)
无约束极小化	$\min f(x)$	X=fminu('f',x0) X=fmins('f',x0)	function f=f(x) function f=f(x)
约束极小化	$\min f(x)$ $\text{s.t.}\, g(x)\leqslant 0$	X=constr('f',x0)	function [f,g]=f(x)
线性规划	$\min c^{\mathrm{T}}x$ $\text{s.t.}\, Ax\leqslant b$	X=lp(c,A,b)	

(续表)

类 型	模 型	语 句	M 文件
二次规划	$\min x^{T}Hx/2+c^{T}x$ s.t.$Ax\leqslant b$	X=qp(H,c,A,b)	
极大极小问题	$\min(\max f(x))$ s.t.$g(x)\leqslant 0$	X=minimax('f',x0)	function [f,g]=f(x)
线性方程组	$AX=b$	X=A/b	
一元非线性方程	$F(a)=0$	A=fzero('f',a0)	function y=f(x)
非线性方程组	$F(x)=0$	X=fsolve('f',x0)	function y=f(x)
线性最小二乘	$\min \Vert Ax-b \Vert^{2}$	X=A/b	
非线性最小二乘	$\min f^{T}(x)f(x)$	X=leastsq('f',x0) X=lsqcurvefit('f',x0)	function f=f(x) function f=f(x)
非负线性最小二乘	$\min \Vert Ax-b \Vert$ s.t.$x\geqslant 0$	X=nnls(A,b)	
约束线性最小二乘	$\min \Vert Ax-b \Vert$ s.t.$Cx\leqslant d$	X=conls(A,b,C,d)	
非线性最小二乘曲线拟合	$\min \frac{1}{2} \Vert F(x,x_{data})-y_{data} \Vert^{2}$	X= lsqcurvefit('f', x0, xdata, ydata)	function f=f(x, xdata)

下面以非线性最小二乘曲线拟合为例,说明 MATLAB 的求解过程。在模型 $\min \frac{1}{2} \Vert F(\boldsymbol{x}, \boldsymbol{x}_{data})-\boldsymbol{y}_{data} \Vert^{2}$ 中,假设已知的实验数据 $\boldsymbol{x}_{data}$,$\boldsymbol{y}_{data}$均是 n 维向量。两者的关系为

$$\boldsymbol{y}_{data}=F(\boldsymbol{x}, \boldsymbol{x}_{data})$$

其中 $\boldsymbol{x}$ 是待定的模型参数(也是向量)。

试求参数 $\boldsymbol{x}$,使其满足目标函数:

$$\min \frac{1}{2} \Vert F(\boldsymbol{x}, \boldsymbol{x}_{data})-\boldsymbol{y}_{data} \Vert^{2}=\frac{1}{2}\min\left\{\sum_{i=1}^{n}[F(\boldsymbol{x}, \boldsymbol{x}_{data_i})-\boldsymbol{y}_{data_i}]^{2}\right\}$$

函数 lsqcurvefit 求解非线性最小二乘曲线拟合是采用 Levenberg - Marquardt 法或 Gauss - Newton 法,其常用的调用格式为

```
x=lsqcurvefit('f',x0,xdata,ydata)
```

或

```
x=lsqcurvefit('f',x0,xdata,ydata,options)
```

其中,x0 为待定的模型参数向量的初值;xdata 和 ydata 为已知的实验数据;options 为参数控制向量。

例 8-8 设某一药物的成本计算模型为 $y=a+be^{-cx}$,其中 x 为药物产量,已知数据如表 8-9 所示。

表 8-9 药物产量与成本的关系

x/(盒/天)	100	200	300	400	500	600	700	800	900	1 000
y/元	784	751	718	685	658	628	603	580	558	538

以最小二乘法估计模型参数。

首先编写M文件fun1.m,

```
function f=fun1(x,xdata)
f=x(1)+x(2)*exp(-x(3)*xdata);
```

为了调试方便,也可以将数据语句等编写成M文件,取名为youhua.m,

```
xdata=[100,200,300,400,500,600,700,800,900,1000];
```

或者

```
xdata=linspace(100,1000,10);
ydata=[784,751,718,685,658,628,603,580,558,538];
x0=[240,560,0.0005];
x=lsqcurvefit('fun1',x0,xdata,ydata)
y1=fun1(x,xdata)
plot(xdata,ydata,'k+')
hold
plot (xdata,y1,'k-')
e=ydata-fun1(x,xdata)
sum(e.*e)
```

在命令行窗口中输入youhua,即可得到如下结果:

```
x =    235.7914   587.5089   0.0007
y1 =   785.3662   749.8813   716.6876   685.6372   656.5916   629.4214   604.0056
       580.2308   557.9911   537.1873
e =   -1.3662     1.1187     1.3124    -0.6372     1.4084    -1.4214    -1.0056
      -0.2308     0.0089     0.8127
sum =  10.9753
```

MATLAB也可以将回归的结果以图的形式更直观地表示出来,如图8-6所示。

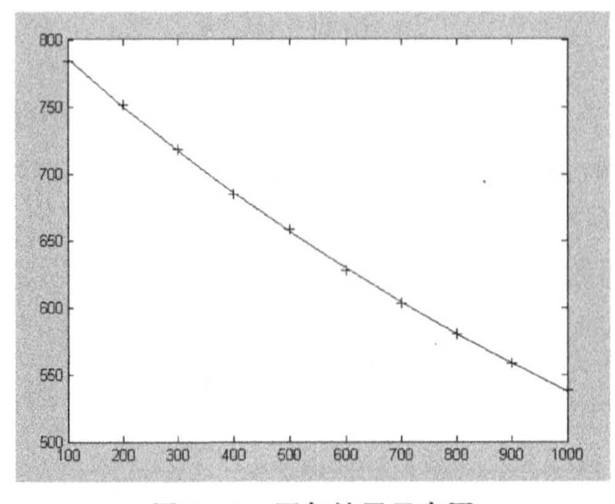

图8-6 回归结果示意图

其他模型的计算过程详见 MATLAB 的说明。

本章学习要点：

（1）了解迭代法求解非线性方程的基本思想。

（2）了解和掌握 fzero 和 fsolve 语句。

（3）了解非线性模型的线性化方法。

（4）应用 MATLAB 计算非线性回归。

（5）了解非线性回归的模型检验，特别是残差检验。

第 9 章　微分方程模型的求解

生命科学中的数学模型许多是以微分方程的形式出现的，如生物反应动力学模型、种群增长模型、药代动力学模型等。由于许多方程具有复杂性，这些模型的求解经常涉及微分和积分的计算、常微分方程的初值问题求解等。下面分别介绍数值微分、数值积分、常微分方程的初值问题等内容。

9.1　数值微分与数值积分

9.1.1　数值微分

在微积分中，函数的导数是通过求极限来定义的。当函数的表达式未知而是以实验数据的表格形式给出时就不可能用定义去求它的导数。但生命科学中有时又需要求列表函数在节点和非节点处的导数值，这就是数值微分所要解决的问题。

1. 用差商近似微商

数值微分是用离散方法近似地计算 $y=f(x)$ 在某点 $x=a$ 的导数值。根据导数定义，可以用差商近似微商(导数)，有

$$f'(a)\approx\frac{f(a+h)-f(a)}{h}\tag{9-1}$$

$$f'(a)\approx\frac{f(a)-f(a-h)}{h}\tag{9-2}$$

其中，$h(>0)$ 为小的增量。式(9-1)和式(9-2)分别称为前差商公式和后差商公式。如果将两式平均：

$$f'(a)\approx\frac{f(a+h)-f(a-h)}{2h}\tag{9-3}$$

则称式(9-3)为中心差商。

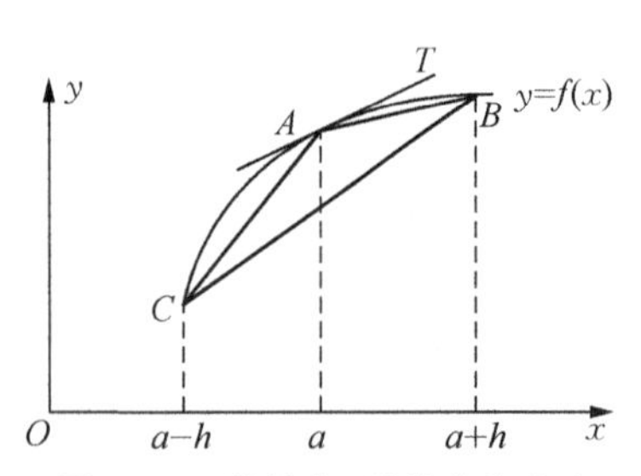

图 9-1　前差商、后差商和中心差商的几何意义

让我们看一下式(9-1)～式(9-3)的几何意义。如图 9-1 所示，$f'(a)$ 是切线 AT 的斜率，而式(9-1)～式(9-3)的右端分别是割线 AB、AC 和 BC 的斜率，显然 BC 的斜率更接近 AT 的斜率，即式(9-3)的精度更高。将 $f(a+h)$ 和 $f(a-h)$ 在点 a 处做泰勒展开后代入式(9-1)～式(9-3)可知，式(9-1)和式(9-2)的误差为 $O(h)$，而式(9-3)的误差为 $O(h^2)$。因此，只要 h 足够小，

微分的计算精度是可以保证的。

将区间$[a, b]$ n等分，步长$h=(b-a)/n$，当函数$y=f(x)$在分点上用离散数值表示为(x_k, y_k)时，函数在分点的导数值可以由中间差商公式(9-3)得到：

$$f'(x_k) \approx \frac{y_{k+1}-y_{k-1}}{2h} \quad k=1, 2, \cdots, n-1 \tag{9-4}$$

但是对于端点x_0和x_n，若用式(9-1)和式(9-2)，则误差为$O(h)$。为了提高精度，可以用二次插值函数(由等间距的3点构建)代替曲线$f(x)$，则

$$f'(x_0)=\frac{-3y_0+4y_1-y_2}{2h} \tag{9-5}$$

$$f'(x_n)=\frac{y_{n-2}-4y_{n-1}+3y_n}{2h} \tag{9-6}$$

式(9-5)和式(9-6)统称为三点公式，其误差为$O(h^2)$。

从以上的分析看，步长h越小，计算结果越精确，但这只是从截断误差角度而言的。若从舍入误差角度看，h很小时，y_{k+1}和y_{k-1}很接近，两者相减会造成有效数字的严重损失，因此h不宜过小。

2. 利用三次样条插值函数求导数

应用三次样条插值函数$S(x)$作为表格函数$f(x)$的近似表达式，不但可使函数值非常接近，而且可使导数值也很接近。因为在一定条件下[如$f(x)$具有连续四阶导数]，当

$$h=\max_{1\leqslant k\leqslant n} h_k$$

趋近于零时，$S(x)$、$S'(x)$、$S''(x)$、$S'''(x)$分别收敛于$f(x)$、$f'(x)$、$f''(x)$、$f'''(x)$，并且有

$$|f(x)-S(x)|=O(h^4), \quad |f'(x)-S'(x)|=O(h^3),$$
$$|f''(x)-S''(x)|=O(h^2), \quad |f'''(x)-S''(x)|=O(h)$$

因此应用三次样条插值函数求数值导数是可靠的。如此，不但可求节点处的导数，而且可求非节点处的导数。这是工程计算中求取数值导数的有效方法。

根据已知节点数据和边界条件，利用MATLAB可以方便地构建相应的三次样条插值函数$S(x)$，从而求出一阶和二阶导数。

3. MATLAB求解数值微分

MATLAB中提供了一个非常粗略计算微分的函数diff，它可以用来计算数组间元素的差分。函数的调用格式如下：

```
diff(x)
```

对于向量x，返回的结果是[x(2)－x(1), x(3)－x(2), …, x(n)－x(n－1)]。

因此，对于给定的数组$[x, y]$，可以用数组的除法diff(y)./diff(x)来求导，当然也可以根据前面介绍的三点公式编写M文件来求导。

对于中间差商，MATLAB没有直接应用语句，可通过编程计算。

对于样条函数求导，MATLAB工具箱里有一个样条工具箱，根据样条工具箱提供的函

数,我们可以很容易地构造样条函数以及对样条函数进行各种操作。下面例 9-1 以例 6-4 的数据为基础求导,说明数值微分相关函数的用法。需进一步了解样条工具箱用法的请参阅 MATLAB 的帮助(help)。

例 9-1 已知某溶液的冷却温度随时间的变化数据如表 9-1 所示。

表 9-1 溶液的冷却温度随时间的变化

t/min	0	1	2	3	4	5
T/℃	92.0	85.3	79.5	74.5	70.2	67.0

试分别计算 $t=1$ min, 2 min, 3 min, 4 min 时及 $t=0.5$ min, 1.5 min, 2.5 min, 3.5 min, 4.5 min时的冷却速率。给定两端点处的一阶导数值 $T'_0=-7.15$, $T'_5=-2.52$。

根据题意,前者是计算节点处的一阶导数,后者则是计算非节点处的一阶导数。可以得到按中点公式和样条函数计算的导数值,样条函数计算的结果如表 9-2 所示。

表 9-2 导数计算结果

t/min	0	1	2	3	4	5
dT/dt	7.15	6.25	5.37	4.68	3.83	2.52
t/min	0.5	1.5	2.5	3.5	4.5	
dT/dt	6.70	5.80	4.99	4.32	3.21	

仍然利用样条工具箱中的 csape 函数构造三次插值样条函数。

pp=csape(x,y,'conds',valconds)

其中,(x,y) 为插值点的序列;pp 为指定条件下以(x,y)为插值点所返回的 pp 形式的三次样条函数。

对样条函数求导可以用函数 fnder 来完成。其调用格式为

fprime=fnder(f,dorder)

函数返回样条函数 f 的第 dorder 阶微分,dorder 的缺省值为 1。

例 9-1 中给出了端点的一阶导数,因此我们可以编写如下的 weifen1.m 文件来构造样条函数,对样条函数求导并输出节点处和非节点处的导数值。

```
weifen1.m
x=[0 1 2 3 4 5];
y=[92 85.3 79.5 74.5 70.2 67];
pp=csape(x,y,'complete',[-7.15,-2.52]);
df=fnder(pp);
df1=ppval(df,x);
df2=ppval(df,[0.5,1.5,2.5,3.5,4.5])
```

运行结果如下:

df1=−7.1500 −6.2451 −5.3697 −4.6761 −3.8260 −2.5200
df2=−6.7012 −5.7963 −4.9886 −4.3245 −3.2135

9.1.2 数值积分

1. 数值积分的基本思想

在实际工程问题中,对于一些只能测定某些数据的表格函数,还经常需要求解这些函数的积分值。在这类积分中,被积函数往往比较复杂,找原函数比较困难,不能用求原函数的方法来解决。但这些问题都可以用数值积分的方法来解决。

例9-2 某一发酵反应器的模型为

$$t=n_{A0}\int_{x_{A0}}^{x_A}\frac{dx_A}{rV}$$

其中,V 为反应器体积,m^3;r 为反应速度,$kmol/(m^3\cdot h)$;n_{A0} 为反应物料中关键组分A的初始物质的量,mol;x_{A0} 和 x_A 分别为初、终转化率;t 为反应时间,h。当反应中投料体积不发生变化时,则

$$t=C_{A0}\int_{x_{A0}}^{x_A}\frac{dx_A}{r}$$

其中,$C_{A0}=n_{A0}/V$,$kmol/m^3$,称为组分A的初始物质的量浓度;反应速度是转化率的函数,这种函数关系可通过动力学实验来求得。当 $r(x_A)$ 关系复杂时,上式就需用数值积分或图解法求解。

实际上,在相当多的科学与工程问题计算中所遇到的定积分

$$\int_a^b f(x)dx=F(x)\Big|_a^b \tag{9-7}$$

常常找不到原函数 $F(x)$,因此无法解析积分,而只能用数值积分的方法求解。

在积分问题式(9-7)中,$f(x)$称为被积函数,$[a,b]$为积分区间,$F(x)$ 为原函数,积分值为 $F(x)|_a^b$。

数值积分就是利用被积函数 $f(x)$ 在给定节点 $x_k(k=0,1,2,n)$ 的函数值 $f(x_k)$的某种线性组合来近似求取式(9-7)的积分值,即

$$\int_a^b f(x)dx\approx\lambda_0f(x_0)+\lambda_1f(x_1)+\cdots+\lambda_nf(x_n)=\sum_{k=0}^{n}\lambda_kf(x_k) \tag{9-8}$$

或者

$$\int_a^b f(x)dx=\sum_{k=0}^{n}\lambda_kf(x_k)+R_n[f] \tag{9-9}$$

式(9-8)或式(9-9)称作数值求积公式,λ_k 为求积系数,$R_n[f]$ 为求积公式的余项。

事实上,利用上述节点构建一个插值多项式,以插值多项式近似代替 $f(x)$函数就可以得到上述类似的数值积分表达式。因

$$f(x)=P_n(x)+R_n(x)$$

则有求积公式:

$$\int_a^b f(x)\mathrm{d}x = \int_a^b P_n(x)\mathrm{d}x + \int_a^b R_n(x)\mathrm{d}x = \sum_{k=0}^{n}\lambda_k f(x_k) + R_n(f) \tag{9-10}$$

求积公式的余项:

$$R_n(f) = \int_a^b R_n(x)\mathrm{d}x$$

显然只要确定了节点数n及节点值$x_k(k=0, 1, 2, n)$,便可求出λ_k,由被积函数求出$f(x_k)$,从而可求出近似积分值,便可估计误差。式(9-10)称为插值型求积公式。

由式(9-10)可知,求积系数与被积函数无关,而只与节点x_k的函数值$f(x_k)$有关,因而数值积分结果与节点$x_k(k=0, 1, 2, n)$的数目及其分布密切相关。节点数目及节点分布不同,数值积分的精度便不同。常用的插值型求积公式有两类:第一类是节点x_k在积分区间$[a, b]$上等距分布,即$h = x_k - x_{k-1} =$常数,称为牛顿-柯特斯求积公式;第二类是节点x_k在积分区间$[a, b]$内按照某种格式非等距分布,即$h = x_k - x_{k-1}$不等于常数,称为高斯求积公式。可以证明,这两类求积公式因节点的选择方法不同,具有不同的误差和代数精度。

2. 牛顿-柯特斯公式

牛顿-柯特斯求积公式是一类等距节点分布的插值型求积公式,简称牛顿-柯特斯公式。下面考虑等距节点的几个简单情形。

1) 基本公式

(1) 梯形公式。

设a、b为插值节点,$n=1$,做线性插值:

$$P_1(x) = \frac{x-b}{a-b}f(a) + \frac{x-a}{b-a}f(b)$$

则

$$\int_a^b f(x)\mathrm{d}x \approx \int_a^b P_1(x)\mathrm{d}x = \frac{b-a}{2}[f(a)+f(b)] \tag{9-11}$$

其余项为

$$\int_a^b f(x)\mathrm{d}x - \int_a^b P_1(x)\mathrm{d}x = -\frac{f''(\xi)}{12}(b-a)^3, \quad \xi \in [a, b]$$

式(9-11)为梯形公式。其几何意义是由梯形面积近似地代替曲线下的面积[见图9-2(a)]。

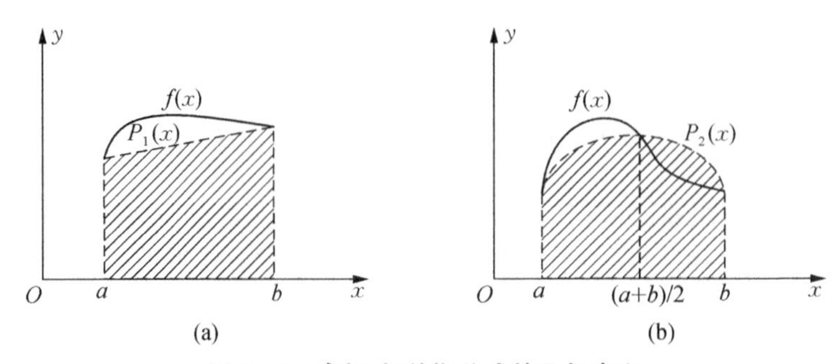

图9-2 牛顿-柯特斯公式的几何意义

(2) 三点公式(辛普森公式)。

设插值节点为a、b、c，其中$c=(a+b)/2$，$n=2$。做二次插值：

$$P_2(x)=\frac{(x-c)(x-b)}{(a-c)(a-b)}f(a)+\frac{(x-a)(x-b)}{(c-a)(c-b)}f(c)+\frac{(x-a)(x-c)}{(b-a)(b-c)}f(b)$$

则

$$\int_a^b f(x)\mathrm{d}x \approx \int_a^b P_2(x)\mathrm{d}x=\frac{b-a}{6}\left[f(a)+4f\left(\frac{a+b}{2}\right)+f(b)\right] \tag{9-12}$$

其余项为

$$\int_a^b f(x)\mathrm{d}x-\int_a^b P_2(x)\mathrm{d}x=-\frac{f^{(4)}(\xi)}{90}\frac{(b-a)^5}{2^5},\quad \xi\in[a,b]$$

式(9-12)即为辛普森公式。其几何意义是由抛物线下面积近似代替曲线下的面积[见图9-2(b)]。类似地可取4个点，$n=3$，$h=(b-a)/3$，做三次插值：

$$\int_a^b f(x)\mathrm{d}x \approx \int_a^b P_3(x)\mathrm{d}x=\frac{b-a}{8}[f(x_0)+3f(x_1)+3f(x_2)+f(x_3)]$$

$$R_n(f)=\int_a^b f(x)\mathrm{d}x-\int_a^b P_3(x)\mathrm{d}x=-\frac{3h^5}{80}f^{(4)}(\xi),\quad \xi\in[a,b]$$

同样$n=4$，$h=(b-a)/4$，

$$\int_a^b f(x)\mathrm{d}x \approx \int_a^b P_4(x)\mathrm{d}x=\frac{b-a}{90}[7f(x_0)+32f(x_1)+12f(x_2)+32f(x_3)+7f(x_4)]$$

$$R_n(f)=\int_a^b f(x)\mathrm{d}x-\int_a^b P_4(x)\mathrm{d}x=-\frac{8h^7}{945}f^{(6)}(\xi),\quad \xi\in[a,b]$$

如此可求得一系列的积分近似值，一般说来，随着n的增加，近似积分的精度提高，但当$n\geqslant 8$后，采用

$$\int_a^b f(x)\mathrm{d}x \approx \int_a^b P_8(x)\mathrm{d}x$$

时计算不稳定，近似积分的精度受到限制，因此在实际计算中，并不采用n较大的求积公式。

例9-3　试用梯形公式和辛普森公式分别计算$I=\int_0^1 \frac{1}{1+x^2}\mathrm{d}x$的近似值。

解：由梯形公式可得

$$I=\int_0^1 \frac{1}{1+x^2}\mathrm{d}x \approx \frac{1-0}{2}\left(\frac{1}{1+0^2}+\frac{1}{1+1^2}\right)=0.75$$

由辛普森公式可得

$$I=\int_0^1 \frac{1}{1+x^2}\mathrm{d}x \approx \frac{1-0}{6}\left(\frac{1}{1+0^2}+4\times\frac{1}{1+0.5^2}+\frac{1}{1+1^2}\right)=0.783$$

而其真值为$\frac{\pi}{4}$，约为0.785 398。

在辛普森公式的基础上可以构建柯特斯公式($n=4, 5$)、龙贝格公式($n=8, 9$)等高精度公式。如对于同样的 9 点,分别采用梯形公式、辛普森公式、柯特斯公式、龙贝格公式计算上题积分,可分别得到

$$T_8=\frac{1}{2}T_4+\frac{1}{8}\left[f\left(\frac{1}{8}\right)+f\left(\frac{3}{8}\right)+f\left(\frac{5}{8}\right)+f\left(\frac{7}{8}\right)\right]=0.784\,75$$

$$S_4=\frac{4}{3}T_8-\frac{1}{3}T_4=0.785\,40$$

$$C_2=\frac{16}{15}S_4-\frac{1}{15}S_2=0.785\,39$$

$$R_1=\frac{64}{63}C_2-\frac{1}{63}C_1=0.785\,39$$

其精确值是 0.785 398,可见辛普森公式、柯特斯公式、龙贝格公式的计算精度较高。

2) 复化公式

在上述基本公式中,由于插值区间较大,且插值节点较少,因而误差较大。为了解决这个问题,可以将插值区间分小,对于每一个小区间用上述基本公式,由此得到的积分公式称为复化公式。

(1) 复化梯形公式。

将插值区间 n 等分,步长 $h=(b-a)/n$,节点坐标为

$$x_k=a+kh\ (k=0, 1, 2, \cdots, n)$$

然后在每一小区间内用梯形公式,即

$$\begin{aligned}\int_a^b f(x)\mathrm{d}x&=\sum_{k=0}^{n-1}\int_{x_k}^{x_{k+1}}f(x)\mathrm{d}x\approx\sum_{k=0}^{n-1}\frac{h}{2}[f(x_k)+f(x_{k+1})]\\&=\frac{h}{2}[f(a)+f(b)]+h\sum_{k=1}^{n-1}f(x_k)=T_n\end{aligned}\tag{9-13}$$

式(9-13)即为复化梯形公式,其几何意义是利用 n 条直线所构成的折线代替曲线 $y=f(x)$ 来求积分。其余项为

$$\int_a^b f(x)\mathrm{d}x-T_n=-\frac{b-a}{12}h^2f''(\xi),\qquad \xi\in[a, b]$$

(2) 复化辛普森公式。

按照同样的方法,在上述小区间内用辛普森公式可以得到

$$\int_a^b f(x)\mathrm{d}x\approx\frac{h}{6}\left[f(a)+f(b)+2\sum_{k=1}^{n-1}f(x_k)+4\sum_{k=0}^{n-1}f\left(x_k+\frac{h}{2}\right)\right]=S_n\tag{9-14}$$

式(9-14)就是复化辛普森公式,其余项为

$$\int_a^b f(x)\mathrm{d}x-S_n=-\frac{b-a}{180}\left(\frac{h}{2}\right)^4f^{(4)}(\xi),\quad \xi\in[a, b]$$

上面讨论了两种特殊而简单的插值求积公式及其相应的复化公式。在插值求积公式

中，用不同次数的插值多项式就可以得到不同阶数的插值求积公式。一般来说，用 n 次插值多项式 $P_n(x)$ 得到的求积公式称为 n 阶牛顿-柯特斯公式，梯形公式与辛普森公式就是一阶与二阶牛顿-柯特斯公式。

仍以例 9-3 为例，如取 $n=4$，则 $h=0.25$，由复化梯形公式可得

$$\begin{aligned}\int_0^1 \frac{1}{1+x^2}\mathrm{d}x &\approx \frac{0.25}{2}\left(\frac{1}{1+0^2}+\frac{1}{1+1^2}\right)+0.25\\&\quad\times\left(\frac{1}{1+0.25^2}+\frac{1}{1+0.5^2}+\frac{1}{1+0.75^2}\right)\\&\approx 0.782\ 79\end{aligned}$$

由复化辛普森公式可得

$$2\sum_{k=1}^{3} f(x_k)=2\left(\frac{1}{1+0.25^2}+\frac{1}{1+0.5^2}+\frac{1}{1+0.75^2}\right)$$

$$4\sum_{k=0}^{3} f\left(x_k+\frac{h}{2}\right)=2\left(\frac{1}{1+(1/8)^2}+\frac{1}{1+(3/8)^2}+\frac{1}{1+(5/8)^2}+\frac{1}{1+(7/8)^2}\right)$$

$$\int_0^1 \frac{1}{1+x^2}\mathrm{d}x \approx \frac{1}{24}\left[f(0)+f(1)+2\sum_{k=1}^{3} f(x_k)+4\sum_{k=0}^{3} f\left(x_k+\frac{1}{8}\right)\right]\approx 0.785\ 398$$

最后要指出，有了牛顿-柯特斯公式并不说明积分问题已经解决，在实际计算中，通常要根据问题的性质与要求采用不同的求积方法，牛顿-柯特斯公式只是一个基础。

3. 变步长梯形求积法

在数值积分中，计算精度是一个很重要的问题，如果误差太大，就没有实际意义。前面所述的复化求积公式，若步长 h 取得太大，则精度难以保证；若步长 h 取得太小，则计算工作量会增加，并且积累误差也会增大。因此，重要的问题是合理地选择步长，使得既满足精度，又不至于引起过多的积累误差与过大的计算工作量。在实际计算时，往往采用变步长的求积法。下面以梯形公式为例来说明这种方法。

第一步：利用梯形公式计算积分，取

$$n=1,\ h=b-a$$

则有

$$T_n=\frac{h}{2}\sum_{k=0}^{n-1}[f(x_k)+f(x_{k+1})]$$

第二步：将求积区间再二等分一次（即由原来的 n 等分变为 $2n$ 等分），利用复化梯形公式，有

$$\begin{aligned}T_{2n}&=\frac{h}{2}\sum_{k=0}^{n-1}\left[\frac{f(x_k)+f(x_{k+0.5})}{2}+\frac{f(x_{k+0.5})+f(x_{k+1})}{2}\right]\\&=\frac{h}{4}\sum_{k=0}^{n-1}[f(x_k)+f(x_{k+1})]+\frac{h}{2}\sum_{k=0}^{n-1} f(x_{k+0.5})\\&=\frac{1}{2}T_n+\frac{h}{2}\sum_{k=0}^{n-1} f(x_{k+0.5})\end{aligned}$$

上式中,$f(x_{k+0.5})$为再二等分一次后新增加的节点函数值,由此可以看出,为了计算二等分后的积分值,只要计算新增加的分点值 $f(x_{k+0.5})$ 就可以了,而原来节点的函数值不必重新计算,因为它已包含在第一项中。

第三步:判断二等分前后两次的积分值之差的绝对值是否小于所规定的误差,若条件

$$|T_{2n}-T_n|<\varepsilon$$

成立,则二等分后的积分值 T_{2n}即为结果;否则做如下处理:

$$h/2\Rightarrow h,\quad 2n\Rightarrow n,\quad T_{2n}\Rightarrow T_n$$

然后重复第二步。

上述方法即为变步长梯形求积法,其数学思想是基于事后误差估计法,通过两次计算结果的误差加以控制。它是以梯形公式为基础,逐步改变步长以达到所要求的精度,此方法的递推公式为

$$T_{2n}=\frac{1}{2}T_n+\frac{h}{2}\sum_{k=0}^{n-1}f(x_{k+0.5})$$

其中,T_n为二等分前的积分值,右端的第二项只涉及二等分时新增加的分点值 $f(x_{k+0.5})$,这就避免了老节点上函数值的重复计算。

仍以例 9-3 为例,说明变步长梯形求积法的计算过程。

当 $n=1$ 时,

$$T_1=\frac{1-0}{2}\times\left(\frac{1}{1+0^2}+\frac{1}{1+1^2}\right)=0.75$$

当 $n=2$ 时,

$$T_2=\frac{1}{2}T_1+\frac{1}{2}\times\frac{1}{1+0.5^2}=0.775$$

当 $n=4$ 时,

$$T_4=\frac{1}{2}T_2+\frac{1}{4}\times\left[\frac{1}{1+(1/4)^2}+\frac{1}{1+(3/4)^2}\right]=0.782\,79$$

通过控制两次计算值的差值,逐次计算,直到获得满意的结果。

4. 应用 MATLAB 计算积分

MATLAB 提供了一些常用的积分函数,利用这些函数可以很方便地进行积分计算。

1) 变步长辛普森法

MATLAB 中的 quad 或 integral 函数采用变步长辛普森法来计算 $I=\int_a^b f(x)\mathrm{d}x$ 的近似值。quad 和 integral 函数的格式一样,都采用自适应算法。可自动选择积分步长使其相邻两次值的绝对或相对误差小于预先给定的允许误差限。调用的函数格式为

```
q=quad('fun',a,b,tol,trace)
```

其中,fun 为包含函数名的字符串;a 为函数 f 的积分下限;b 为函数 f 的积分上限;tol 为积分精度;如果 trace 不为零,则作出积分函数 f 的积分图,否则不作图;q 为函数的积分值。

2) quadgk 函数

MATLAB 中的 quadgk 函数采用的是自适应递推步长,符合 Lobatto 算法,其使用方法、要求、输入参数与 quad 函数相同。

如已知函数: fun=@(x) exp(-x.^2).* log(x).^2;
分别用不同求积函数计算。

```
q1=quad(fun,2,400)        % 误差为 1e-6,2-400 为区间
   q1=     0.002608528532214
q2=integral(fun,2,400)
   q2=     0.002609271335987
q3=quad(fun,2,400,1e-12)
  q3=      0.002609271335980
q4=integral(fun,2,400,'AbsTol',1e-12)
   q4=    0.002609271335987
q5=quadl(fun,2,400)
   q5=   0.002609271335987
```

3) 二重积分 dblquad 函数

dblquad 函数是在矩形区域内求二重积分的函数,其调用格式为

```
q=dblquad(fun,a,b,c,d,tol)
```

其中,fun 是二元被积函数;a,b 是变量 x 的上下限;c,d 是变量 y 的上下限;tol 是积分的精度要求。Integral2 也可以计算二重积分。

4) 对表格函数求积

对已知节点数据的表格函数求积分,不能直接利用 quad 或 integral 等函数。可利用梯形公式及求和函数进行简单计算。格式分别是:

```
sum(x)   %对数组 x 的各元素求和
trapz(y)   %单位步长的梯形公式,y 为数组,步长为 1
trapz(x,y)   %y 对 x 的梯形公式积分,y,x 为数组
        如 x=[2 4 6 9 12 16]; y=[12 16 24 18 16 8];
          trapz(x,y)
      ans=230
```

如需要对已知节点数据准确积分,则要结合插值计算,增加节点,相当于利用复化梯形公式求积。也可结合变步长方法,控制计算精度。或者利用样条插值函数 $S(x)$ 近似代替 $f(x)$ 编写函数子程序,利用 quad、quadgk 等求积。

9.2　常微分方程初值问题的数值解法

已经学习了数值微分、数值积分的计算,下面介绍微分方程或方程组的求解。在生命科

学中经常碰到的问题是对过程的动态分析,即研究过程参数随时间的变化规律,如人口的增长与年龄结构的变化、生物的增长以及种群的繁衍与死亡等。

例9-4 设一生态系统中有甲乙两个群体,种群甲靠丰富的自然资源生长,而种群乙靠捕食甲为生。两者共处组成食饵-捕食者系统。设 $x_1(t)$、$x_2(t)$分别为食饵甲和捕食者乙在时刻 t 时的数量,当甲独立生存时它的相对增长率为 r,捕食者离开食饵后无法生存,设乙独自存在时死亡率为 b,它们之间的关系可以用 Lotka-Volterra 方程来描述。

$$\begin{cases}\dfrac{\mathrm{d}x_1}{\mathrm{d}t}=rx_1-ax_1x_2\\[2ex]\dfrac{\mathrm{d}x_2}{\mathrm{d}t}=-bx_2+cx_1x_2\end{cases}$$

其中,比例系数 a 和 c 分别反映了捕食者掠取食饵的能力和食饵对捕食者的供养能力。显然这是一个常微分方程的问题,而且可以测定 $t=0$ 时的 x_1 和 x_2。

由于微分方程组与高阶微分方程都可以化为一阶微分方程来求解,因此,本节主要以一阶微分方程为基础来讨论数值解法的基本方法。

常微分方程的初值问题一般可表示为

$$\begin{cases}\dfrac{\mathrm{d}y}{\mathrm{d}t}=f(t,\ y) \quad a\leqslant t\leqslant b\\[2ex] y\big|_{t=t_0}=y_0\end{cases} \tag{9-15}$$

要在区间$[a,\ b]$上的若干离散点 $a=t_0<t_1<\cdots<t_n=b$ 处计算求解函数 $y(t)$ 的近似值。

由此可以看出,常微分方程数值解法的基本出发点就是离散化,即将求解区间$[a,\ b]$分成各离散点,然后直接求出各离散点上的解函数 $y(t)$ 的近似值,而不必求出解函数 $y(t)$ 的解析表达式。

在实际计算中,通常取求解区间$[a,\ b]$的等分点作为离散点,即

$$t_i=a+ih \quad (i=0,\ 1,\ \cdots,\ n)$$

其中,$h=(b-a)/n$,h 为步长。

求常微分方程数值解的方法有很多,最常用的是化导数为差商。

在微分方程的初值问题式(9-15)中,如果在点 t_i 处的导数用差商来近似代替,即

$$y'(t_i)\approx\frac{y_{i+1}-y_i}{h} \tag{9-16}$$

则微分方程的初值问题式(9-15)化为

$$\begin{cases}\dfrac{y_{i+1}-y_i}{h}=f(t_i,\ y_i) \quad i=0,\ 1,\ \cdots,\ n-1\\[2ex] y_0=\eta\end{cases} \tag{9-17}$$

由式(9-17)可以得到微分方程式(9-15)的数值解序列$\{y_i\}$的如下关系:

$$\begin{cases}y_0=\eta\\ y_{i+1}=y_i+hf(t_i,\ y_i) \quad i=0,\ 1,\ \cdots,\ n-1\end{cases} \tag{9-18}$$

这是一个递推关系,只要知道了初始 y_0,就可以根据这个递推公式依次求得 y_1, y_2, …, y_n。这个方法就是欧拉方法。

欧拉方法体现了初值问题数值解法的基本思想,其基本思路是应用差商代替导数,使微分方程离散化。采用不同类型的差商,可构成不同类型的差分方程,从而求得的近似解也有所不同。

欧拉公式的几何意义在于用连续折线方程

$$y_{i+1}=y_i+hf(t_i, y_i) \quad (i=0, 1, \cdots, n)$$

近似地表示曲线方程 $y=y(t)$。两个方程的起始点均为(t_0, y_0),当 $n\to\infty$, $h\to 0$ 时,曲线与折线重合,因此欧拉公式可收敛于初值。

以下分析欧拉公式的计算误差。若设第 i 步及其以前步的计算无误差,即 $y_i=y(t_i)$,则第 $i+1$ 步的误差为局部截断误差。为此,将函数 $y(t)$ 在 t_i处做泰勒展开,则有

$$\begin{aligned} y(t_{i+1}) &= y_i+(t_{i+1}-t_i)\left.\frac{\mathrm{d}y}{\mathrm{d}t}\right|_{t_i}+\frac{1}{2}(t_{i+1}-t_i)^2\left.\frac{\mathrm{d}^2 y}{\mathrm{d}t^2}\right|_{t_i}+\cdots \\ &= y_i+hf(t_i, y_i)+\frac{1}{2}h^2 f'(t_i, y_i)+\cdots \end{aligned} \tag{9-19}$$

比较式(9-19)与式(9-18),有

$$y_{i+1}-y(t_{i+1})=-\frac{1}{2}h^2 f'(t_i, y_i)+\cdots=O(h^2) \tag{9-20}$$

可见,欧拉公式的局部截断误差为$O(h^2)$,即步长h 的二阶无穷小量。实际上,除 $y_0=y(t_0)$之外,从 y_1开始便有误差,而且这些误差在以后的各步计算中均会累积。可以证明,欧拉公式的总误差为 $O(h)$,即与步长 h 为同阶无穷小量。于是欧拉公式也称一阶法。

1. 后退欧拉公式

若应用一阶向后均差近似代替任意点 t_{i+1}处的导数,则有

$$\begin{cases} y_0=\eta \\ y_{i+1}=y_i+hf(t_{i+1}, y_{i+1}) \quad i=0, 1, \cdots, n-1 \end{cases} \tag{9-21}$$

式(9-21)为一个隐式公式,根据前一个点上的函数值 y_i还不能直接算出后一个点上的函数值 y_{i+1},因为公式右端第二项包含有未知函数值 y_{i+1}。但式(9-21)实际上为一个非线性方程,用解非线性方程的方法可解出 y_{i+1}。

后退欧拉公式的几何意义是应用另一条折线

$$y_{i+1}=y_i+hf(t_{i+1}, y_{i+1}) \quad (i=0, 1, \cdots, n-1)$$

近似表示曲线方程 $y=y(t)$。

经分析,后退欧拉公式的局部截断误差也为 $O(h^2)$,即

$$y_{i+1}-y(t_{i+1})=\frac{1}{2}h^2 f'(t_i, y_i)+\cdots=O(h^2) \tag{9-22}$$

可以证明其总误差为 $O(h)$,与欧拉公式一样同称为一阶法。

2. 改进的欧拉公式

根据欧拉公式和后退欧拉公式的误差分析可知两者的局部截断误差均为 $O(h^2)$,且主部相同、符号相反。因此式(9-18)和式(9-21)相加有

$$\begin{cases} y_0 = \eta \\ y_{i+1} = y_i + \dfrac{h}{2}[f(t_i, y_i) + f(t_{i+1}, y_{i+1})] \quad i = 0, 1, \cdots, n-1 \end{cases} \tag{9-23}$$

这便是梯形公式,显然,其局部截断误差应为 $O(h^3)$,总误差为 $O(h^2)$,是二阶法。

实际上梯形公式也为隐式公式,必须用迭代法求解。但用迭代法求解的计算工作量很大(因为每计算一点都得用迭代法),所以在实际应用中,计算每一点的 y 值只迭代一次,通常称之为预报与校正的方法。

首先用欧拉公式算出初步的近似值 y_{i+1},称之为预报值,然后用预报值 y_{i+1} 替代梯形公式右端的 y_{i+1} 进行计算,得到校正值 y_{i+1}。这个过程可用下面的两个公式来概括。

预报公式:

$$\bar{y}_{i+1} = y_i + hf(t_i, y_i)$$

校正公式:

$$y_{i+1} = y_i + \frac{h}{2}[f(t_i, y_i) + f(t_{i+1}, \bar{y}_{i+1})]$$

也可以改写成如下形式:

$$\begin{cases} y_{i+1} = y_i + \dfrac{1}{2}(k_1 + k_2) \\ k_1 = hf(x_i, y_i) \\ k_2 = hf(x_n + h, y_n + k_1) \end{cases} \tag{9-24}$$

由于预报-校正公式(9-24)是由欧拉公式预报,然后再用梯形公式来校正,因此,通常也称为改进的欧拉公式。

例 9-5 分别应用欧拉公式和改进的欧拉公式求解下列初值问题:

$$\begin{cases} \dfrac{dy}{dx} = y - \dfrac{2x}{y} \quad x \in [0, 1] \\ y(0) = 1 \end{cases}$$

解:该方程的精确解为

$$y(x) = \sqrt{1+2x}$$

欧拉公式的具体形式为

$$y_{i+1} = y_i + h\left(y_i - \frac{2x_i}{y_i}\right) \quad (i = 0, 1, \cdots, n)$$

改进的欧拉公式的具体形式为

$$\begin{cases} y_{i+1}=y_i+\dfrac{1}{2}(k_1+k_2) \\ k_1=h\left(y_i-\dfrac{2x_i}{y_i}\right) \\ k_2=h\left[y_i+k_1-\dfrac{2(x_n+h)}{y_n+k_1}\right] \end{cases}$$

若取步长 $h=0.1$，计算结果如表 9-3 所示。

表 9-3　欧拉公式和改进欧拉公式的计算结果

n	x_i	y_i		
		欧拉法	改进欧拉法	准确解
0	0	1	1	1
1	0.1	1.1	1.095 909	1.095 445
2	0.2	1.191 818	1.184 097	1.183 216
3	0.3	1.277 438	1.266 201	1.264 911
4	0.4	1.358 213	1.343 360	1.341 641
5	0.5	1.435 133	1.416 402	1.414 214
6	0.6	1.508 966	1.485 956	1.483 240
7	0.7	1.580 338	1.552 514	1.549 193
8	0.8	1.649 783	1.616 475	1.612 452
9	0.9	1.717 779	1.678 166	1.673 320
10	1.0	1.784 771	1.737 867	1.732 051

从表中可看出，改进欧拉公式的精度要明显高于欧拉公式。

3. 龙格-库塔法

1）问题的提出

对于微分方程初值问题

$$\begin{cases} y'=f(t,\ y) \\ y(t_0)=\eta \end{cases}$$

如果已知 $y(t_i)=y_i$，需求 y_{i+1}，则由微分中值定理

$$\frac{y(t_{i+1})-y(t_i)}{h}=y'(t_i+\theta h)\quad (0<\theta<h)$$

可以得到

$$y(t_{i+1})=y(t_i)+hy'(t_i+\theta h)$$

即

$$y_{i+1}=y_i+hf(t_i+\theta h,\ y(t_i+\theta h)) \tag{9-25}$$

其中，$f(t_i+\theta h,\ y(t_i+\theta h))$ 为区间$[t_i,\ t_{i+1}]$上的平均斜率。

由式(9-25)可以看出，只要对区间$[t_i,\ t_{i+1}]$上的平均斜率提供一个算法，就可以得到相应的计算公式。

在欧拉公式中,用点 (t_i, y_i) 处的斜率 $y_i'=f(t_i, y_i)$ 来近似代替 $[t_i, t_{i+1}]$ 上的平均斜率,即

$$y_{i+1} \approx y_i + hf(t_i, y_i)$$

在改进的欧拉公式中,用点 (t_i, y_i) 处的斜率和点 $(t_{i+1}, \bar{y}_{i+1})$ 处的斜率的算术平均值来近似代替区间 $[t_i, t_{i+1}]$ 上的平均斜率。其中,点 $(t_{i+1}, \bar{y}_{i+1})$ 处的斜率是通过点 (t_i, y_i) 处的信息来预报的,即

$$\begin{cases} K_1 = f(t_i, y_i) \\ K_2 = f(t_{i+1}, y_i + hK_1) \\ y_{i+1} = y_i + \dfrac{h}{2}(K_1 + K_2) \end{cases} \tag{9-26}$$

我们知道,欧拉公式每一步的截断误差为 $O(h^2)$,而改进的欧拉公式每一步的截断误差为 $O(h^3)$。可以设想,如果在区间 $[t_i, t_{i+1}]$ 采用三个点的斜率值进行加权平均作为平均斜率的近似值,每一步的截断误差则为 $O(h^4)$,依次类推,采用四个点的斜率值进行加权平均,每一步的截断误差为 $O(h^5)$。这样多预报几个点的斜率值,然后将它们进行线性组合作为平均斜率的近似值,则可能构造出精度更高的计算公式。事实上,这个想法基本上是成立的,这就是龙格-库塔(Runge - Kutta)法。可以推导出四阶龙格-库塔公式,其每一步的截断误差为 $O(h^5)$,其经典形式为

$$\begin{cases} K_1 = f(t_i, y_i) \\ K_2 = f\left(t_i + \dfrac{h}{2}, y_i + \dfrac{h}{2}K_1\right) \\ K_3 = f\left(t_i + \dfrac{h}{2}, y_i + \dfrac{h}{2}K_2\right) \\ K_4 = f(t_i + h, y_i + hK_3) \\ y_{i+1} = y_i + \dfrac{h}{6}(K_1 + 2K_2 + 2K_3 + K_4) \end{cases} \tag{9-27}$$

不同精度的龙格-库塔公式有不同的计算形式,而且同一精度的龙格-库塔公式也有不同的计算形式。

2) 步长的自动选择

在微分方程的数值解中,从每跨一步的截断误差来看,显然是步长越小,其截断误差就越小(要求 $h<1$)。但是,随着步长的减小,在一定的求解区间内所需要走的步数就增加了,而步数的增加,不但会引起计算量的增大,并且会引起舍入误差的大量积累与传播。因此,微分方程的数值解与数值积分一样,也有一个选择步长的问题。

在微分方程数值解中,也采用事后误差估计法,根据龙格-库塔公式算得某一点的函数值与其精确值之差可以用步长 h 与 $h/2$ 计算得到的该点的两个数值之差来估计。根据对结果的精度要求来选择合适的步长。

例 9-6 应用经典龙格-库塔法计算反应器的温度分布。已知在管式反应器内进行液相反应 A=R+S,该反应为吸热反应,所需热量由管外油浴供给,油温为 340℃。实验确定反应温度与转化率的关系为

$$\frac{dt}{dx_A}=-65.0-15.58(t-t_c)/[k(1-x_A)]$$

其中,反应速率常数 $k=1.17\times10^{17}\exp(-44\,500/RT)$,$R=1.987$,反应器壁温 $t_c=340$℃。若反应器入口温度 $t_0=340$℃,入口转化率 $x_{A0}=0$,要求反应器出口转化率为 $x_A=0.90$,试确定不同转化率下反应器的温度。

由题意知,这是个初值问题:

$$\begin{cases}\dfrac{dt}{dx_A}=-65.0-15.58(t-340)/[k(1-x_A)] \qquad x_A\in[0,\ 0.9]\\ k=1.17\times10^{17}\exp[-2.24\times10^4/(t+273.15)]\\ t\mid_{x_A=0}=340\end{cases}$$

令 $y=t$, $x=x_A$,取步长 $h=0.05$,应用龙格-库塔法可求出结果。表 9-4 列出了部分数据。

表 9-4　部分计算结果

x_A	0.1	0.2	0.3	0.4	0.5
t/℃	333.94	329.19	326.26	325.11	325.27
x_A	0.6	0.7	0.8	0.9	
t/℃	326.26	327.85	330.02	333.21	

由数据可知,反应初期反应速率快,油浴供热不足,故温度迅速下降;反应中期反应速率有所减慢,供热速率与热消耗速率基本持平;反应后期,反应速率进一步减慢,供热速率大于热消耗速率,故温度逐渐回升。

9.3　用 MATLAB 求常微分方程的数值解法

9.3.1　采用 ODE 语句求解常微分方程

MATLAB 中专门提供了几个采用龙格-库塔法来求解常微分方程初值问题的函数,它们是: ode23、ode45、ode113、ode23s、ode15s 等。下面我们主要介绍最常用的 ode23 和 ode45 这两个函数。

在 MATLAB 中,与二、三阶龙格-库塔公式相对应的函数是 ode23,ode23 函数的调用格式为

[T,Y]=ode23('F',TSPAN,Y0,options)

其中,F 定义此微分方程的形式 y'=F(t,y),函数 F(t,y)应当返回一个列向量;TSPAN=[T0 TFINAL]表示此微分方程的积分限是从 T0 到 TFINAL,它也可以是一些离散的点,形式为 TSPAN=[T0 T1 … TFINAL];Y0 为初始条件;options 为积分参数,如设置积分的相对误差和绝对误差,它可由函数 odeset 来设置。

在 MATLAB 中,与四、五阶龙格-库塔公式相对应的函数是 ode45,ode45 函数的调用

格式为

$$[T,Y]=ode45('F',TSPAN,Y0,options)$$

其中参数的含义与ode23的相同。

例9-7 在MATLAB中求解例9-6。

首先编写常微分方程的M文件,取名为lk.m。

```
function f=lk(x,y)
f=-65.0-15.58*(y-340)/(1.17e17*exp(-2.24e4/(y+273.15))*(1-x))
```

用改进的欧拉法求解,编写欧拉法函数文件euler1,代入计算。

```
>>[x,y]=euler1('lk',0,0.9,340,18)
x=
    0.0500    0.1000    0.1500    0.2000    0.2500    0.3000    0.3500
    0.4000    0.4500    0.5000    0.5500    0.6000    0.6500    0.7000
    0.7500    0.8000    0.8500    0.9000
y=
    336.8516  333.9442  331.3643  329.1930  327.4864  326.2605  325.4883
    325.1123  325.0621  325.2708  325.6842  326.2636  326.9867  327.8460
    328.8496  330.0250  331.4318  333.2052
```

用二、三阶龙格-库塔法求解:

```
>>[x,y]=ode23('lk',[0:0.05:0.9],340);
>>[x,y]'
ans=
0         0.0500    0.1000    0.1500    0.2000    0.2500    0.3000    0.3500    0.4000
0.4500    0.5000    0.5500    0.6000    0.6500    0.7000    0.7500    0.8000    0.8500
0.9000

340.0000  336.8416  333.9189  331.3204  329.1240  327.3943  326.1403  325.3559
324.9672  324.9235  325.1410  325.5674  326.1636  326.8925  327.7617  328.7539
329.9136  331.2677  333.0046
```

如在MATLAB命令行窗口中输入如下命令:

```
ode23('lk',[0:0.05:0.9],340)
```

则MATLAB还会把计算得出的结果以图形的形式给出(见图9-3)。

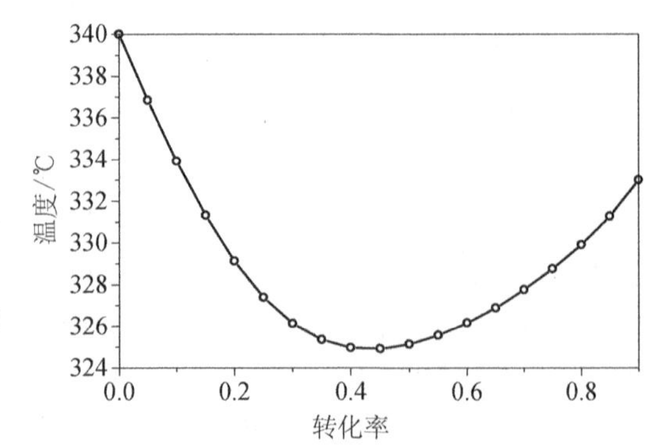

图9-3 液相反应转化率-温度方程的数值解

例9-8 用MATLAB求解例9-4。其中$r=1$, $a=0.1$, $b=0.5$, $c=0.02$, x_1和x_2的初值分别为25和2,t的终值为15。

解:先将例9-4的方程组转化为

$$\frac{dx}{dt}=\begin{bmatrix} r-ax_2 & 0 \\ 0 & -b+cx_1 \end{bmatrix}x$$

编制方程的 M 文件如下：

```
prey.m
function xdot=prey(t,x)
r=1;a=0.1;b=0.5;c=0.02;
xdot=[r-a*x(2) 0;0 -b+c*x(1)]*x;
prey1.m
[t,x]=ode45('prey',[0:0.1:15],[25 2]);
plot(t,x);
gtext('x1(t)')
gtext('x2(t)')
```

在 MATLAB 的命令行窗口输入 prey1，可得如图 9-4 所示的数值解。

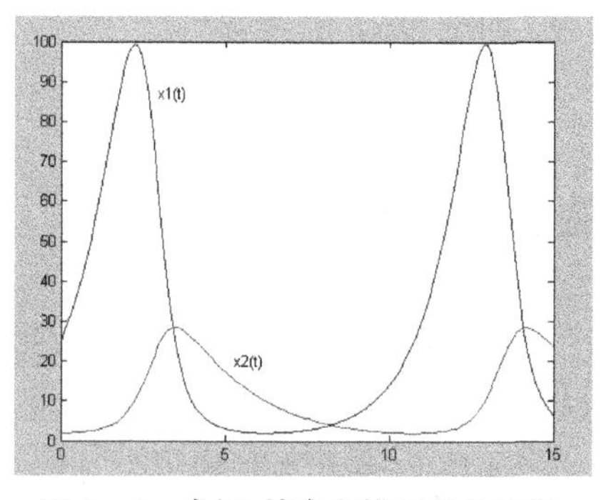

图 9-4 食饵-捕食者模型的数值解

9.3.2 一阶微分方程组与高阶微分方程的求解

对于一阶微分方程组的初值问题，和例 9-7、例 9-8 类似，只要把 ode23 和 ode45 中的 Y 和 F 理解为向量，即把上述问题转化为一阶微分方程。

如微分方程组：

$$\frac{dy}{dt}=z,\ y(0)=1$$

$$\frac{dz}{dt}=3z-2y,\ z(0)=1$$

令 $\boldsymbol{Y}=\begin{bmatrix} y \\ z \end{bmatrix}$，则 $\frac{d\boldsymbol{Y}}{dt}=\begin{bmatrix} dy/dt \\ dz/dt \end{bmatrix}=\begin{bmatrix} 0 & 1 \\ -2 & 3 \end{bmatrix}\begin{bmatrix} y \\ z \end{bmatrix}$，$\boldsymbol{Y}(0)=\begin{bmatrix} 1 \\ 1 \end{bmatrix}$。

即转化为一阶微分方程，可直接采用 ode 语句求解。

对于高阶微分方程的初值问题，可先转化为一阶微分方程组，再转为以向量表示的一阶微分方程，采用 ode 语句求解。

例 9-9 求解 $y''-5y'+6y=0,\ y(0)=1,\ y'(0)=-1$。

令 $z=\frac{dy}{dt}$，则 $\frac{dz}{dt}=y''(t)=5z-6y$。

即转为一阶微分方程组，

再令 $\boldsymbol{Y}=\begin{bmatrix} y \\ z \end{bmatrix}$，则 $\frac{d\boldsymbol{Y}}{dt}=\begin{bmatrix} dy/dt \\ dz/dt \end{bmatrix}=\begin{bmatrix} 0 & 1 \\ -6 & 5 \end{bmatrix}\begin{bmatrix} y \\ z \end{bmatrix}$，$\boldsymbol{Y}(0)=\begin{bmatrix} 1 \\ -1 \end{bmatrix}$。

即转为一阶微分方程的初值问题。

9.4 微分方程模型的参数求解

当函数式以微分方程形式给出时,一般可先对微分方程进行积分,求取微分方程所包含的待定参数的解析解。然后进行非线性回归或将其线性化,转为普通线性方程进行求解。

如对 Logistic 模型

$$\frac{\mathrm{d}N}{\mathrm{d}t}=aN-b\,N^2$$

通过求积,得到解析解:

$$N(t)=\frac{a/b}{1+\exp\left[-a(t-t_0)\right]}$$

转化为三参数的非线性模型。

如猎手-食饵数学模型为

$$\begin{cases}\mathrm{d}x/\mathrm{d}t=ax-bxy\\ \mathrm{d}y/\mathrm{d}t=cxy-dy\end{cases}$$

简化为 $\frac{\mathrm{d}y}{\mathrm{d}x}=\frac{cxy-dy}{ax-bxy}=\frac{y(cx-d)}{x(a-by)}$,分离变量后得到

$$(a/y-b)\mathrm{d}y=(c-d/x)\mathrm{d}x\quad(x>0,\ y>0)$$

两边求积分,即得

$$a\ln y-by=cx-d\ln x+C$$

其中,C 为积分常数。从而将上述模型转化为线性方程,可对 a、b、c、d 等参数进行多元线性回归求解,并可以描述 $x(t)$、$y(t)$ 关于时间的变化曲线。也可以通过非线性回归分析,求取模型参数。

如果微分方程复杂,通过积分形式转化格式困难,这时的处理方法有两种。如方程:

$$\mathrm{d}y/\mathrm{d}x=f(x,\ y,\ \beta)$$

已知实验数据 x_i、y_i($i=0,1,\cdots,n$),根据最小二乘法估计模型参数 β(β 是若干参数组合的向量),仍是按照目标函数 y 的残差平方和 Q 求最小值,即

$$Q=\sum_{i=0}^{n}(y_{i,\mathrm{cal}}-y_{i,\mathrm{exp}})^2$$

(1) 数值法求 y。该方法结合了模型参数的迭代法,计算量大。设初值 β_0,根据已知的 y 初值 y_0,利用 ode 语句求得 $y_{i,\mathrm{cal}}$,并得到 Q_0;建立迭代格式求 β_1,求得新的 $y_{i,\mathrm{cal}}$,并得到 Q_1,比较两次的 Q 值,直到 Q 值满足要求。

(2) 导数光滑模拟。该方法利用插值法求导数的近似值,再进行线性回归或非线性回归求解模型参数,方法简便,但计算精度较低。

仍以猎手-食饵数学模型为例,求解方程组

$$\begin{cases} dx/dt = ax - bxy \\ dy/dt = cxy - dy \end{cases}$$

的模型参数 a、b、c、d。

利用插值型数值求导(如中点公式、样条函数求导),根据实验数据 t_i、x_i、y_i($i=0$, 1, …, n)求取 dx_i/dt,设为 X;求取 dy_i/dt,设为 Y。根据(x_i、y_i、X、Y)进行线性回归或非线性回归,确定回归的目标函数,即可求得各模型参数 a、b、c、d。

还可以将以上两种方法结合,首先通过导数光滑模拟,计算得到模型参数 a、b、c、d,将其作为初值,再利用微分方程的数值解法 ode 等语句求新的 $y_{i,\text{cal}}$,计算残差平方和 Q,分析 Q 的合理性,逐步优化,直到 Q 值满足要求,并得到相应的模型参数。

本章学习要点:

(1) 了解三点求导公式、样条函数求导公式。

(2) 了解数值积分的计算原理。

(3) 运用 MATLAB 的求积语句计算定积分。

(4) 了解欧拉方法的基本思路。

(5) 了解龙格-库塔公式的基本思路。

(6) 熟悉使用 ode23、ode45 求解常微分方程的初值问题。

第 10 章　生命科学中的数学模型建立

近年来生命科学和信息科学发展迅速，其他学科与生命科学的结合和交叉越来越多，数据的采集日益简便，特别是计算机在线采集数据技术迅速发展，因此相关的待处理的数据多种多样，数据量急剧增加。采用数学模型来描述生命过程不同变量或参数之间的关系是必然趋势。

10.1　实验数据处理和数学模型的建立

10.1.1　实验数据的一般处理程序

在生命科学中，虽然大多数参数之间的关系极为复杂，多为非线性关系，但常见的数据处理方法不外乎三种，即图形表示法、数据列表法和数学模型法(或方程表示法)。数据处理过程是把从实际过程中得到的大量实验数据按照一定程序进行分析处理，从中找出参数之间存在的规律。如果是用数学方程或数学模型表示参数之间的关系，就被称为实验数据的建模。

较为简单实用的方法是图形表示法、数据列表法，但仅能反映少数变量之间的关系。在生命科学中，需要处理的参数与数据众多，对于实验数据的进一步研究，采用以上两者还不够，常常需要通过方程来表示实验数据。如表征变量 y 与参数 $x_1, x_2, \cdots, x_m$ 之间的关系，可建立方程：

$$y=f(x_1, x_2, \cdots, x_m)$$

数学模型是采用数学语言描述某个系统特征的模型，它可以定量地描述事物的内在联系和变化规律。数学模型的优点是使用方便，并为计算机的应用提供了基础。通过众多实验数据的分析，求出表示各个变量之间关系的函数公式或方程式，利用该式所求取的结果具有计算上的统一性。数学模型法便于计算实验过程的中间值，克服了图形表示法的主观影响。

10.1.2　数学模型的一般建立过程

对一个生命系统或生物系统进行数学描述、建立数学模型，首先必须了解过程的基本变量，从中选择合适的变量作为过程的特征变量。数学模型的建立过程是：通过实验测定过程的特征变量，研究这些特征变量的关系，得到它们之间的数学关联式，而且数据处理和实验设计常常同时进行。

数学模型的一般建立程序与应用如图 10－1 所示。其中实验异常数据的剔除包括数据的随机误差分析和系统误差分析，如过失误差、仪器故障、人为原因等造成的数据异常，它不会影响数据的进一步处理。模型(函数式)一般以图形表示法为基础,根据散点图的形状对照标准曲线的特征进行选择。

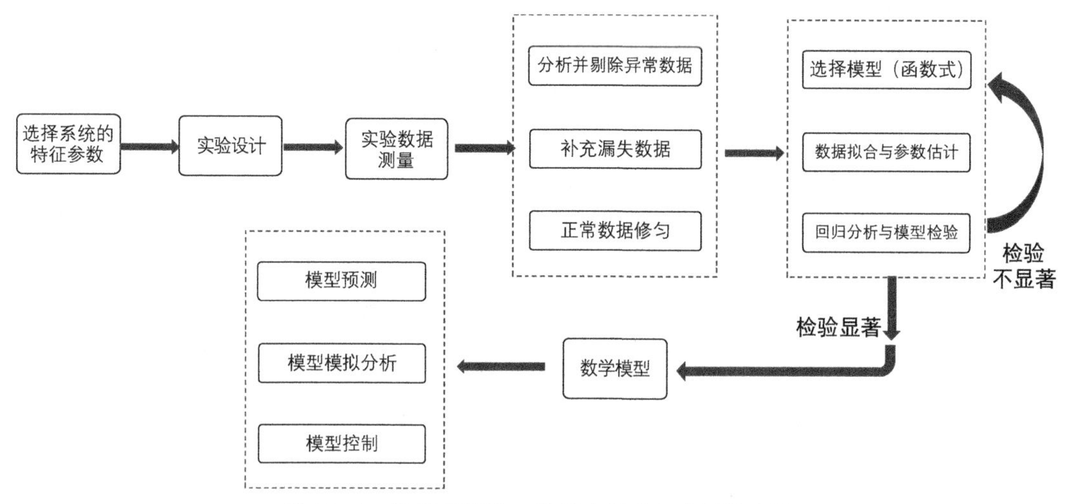

图 10-1　数学模型的一般建立程序与应用示意图

10.2　数学模型的建立方法

一个完整的建立数学模型的工作步骤应包括模型的建立、模型参数的估计和模型的鉴别。

10.2.1　数学模型的建立

模型建立的主要方法是推演或选择。模型的选择是根据过程性质在已有模型中选择一种或数种予以组合。模型的推演是根据过程中物理的、化学的、生物的规律寻求适当的数学公式。

一般而言,要建立一个数学模型,首先应确定模型的对象以及建模的目的,通过实验测定或收集可靠的实验数据。一个体系的数学模型,一般指的是表征该体系的诸变量、参数的数学关系。因此,模型的建立首先应对一个体系用物理的语言加以描述,然后再用数学的语言表达,得出模型函数式。

这种描述通常有两种方法:一种方法是把实际系统中所有因素不加取舍地都考虑在内。但是,对过程各因素的关系详尽地予以描述既不现实,也是不必要的。一方面因为是对过程还不能做到完全了解,特别是生命过程;另一方面因为目前所了解的数学知识和计算手段也有限,因此实际过程相当复杂。另一种方法是将实际系统合理简化,对各种因素取主舍次,简化成能够进行适当的描述,抽象为一个数学模型。只有通过简化,才能将复杂的实际过程和有限的数学手段调和起来。简化是一个重要环节。通过对实验过程物理实质的概括和合理的简化,首先用简明的物理图像加以描绘,然后可以用数学语言表达,得出数学方程的函数关系,即模型函数。所以,只有对生命科学和生物工程的过程机理本质有较深的研究、确切的理解,对其内在的规律性有较完善的资料,才能得到恰如其分的简化图像。

数学的特点是概念的抽象性、过程的逻辑性和结论的确定性。数学模型的特征是“简化”,没有简化就不能成为“模型”,但简化必须合理。所建立数学模型的优劣也取决于对过

程简化的合理性。但是合理性是相对的,一个过程有几种模型,哪一种才最合理,这就要求考虑以下几条原则:

(1) 简化而不丢失真实性,即保留过程的特征;

(2) 简化而能满足应用要求,即模型的实用性要强;

(3) 简化而能适应当前实验条件,以便进行模型鉴别和参数估计;

(4) 简化而能适应现有计算机能力。

然后在上述原则的基础上,全面地、综合地做出合理的判断。

10.2.2 模型参数的估计

模型是指描述一个实际系统的各个参数及变量之间的数学关系,故模型参数的估计是一个重要的问题。首先应合理地选择用以描绘模型的适当参数,即过程的特征参数,然后进行参数估计。模型参数的估计是指在选定模型函数后,如何根据实验数据来求取该函数中所含参数的值。一个模型可能包括若干个模型参数,这些参数除个别可以根据过程机理推导而得之外,大部分通过下面两类方法得到。

一类是可用现阶段的实验技术独立进行测定的参数,包括直接测定和间接测定的参数,如生化反应的反应速度常数、活化能;另一类是难以测定或不能独立测定的参数,如有机相的酶反应系统中有机相和水相的相间交换量,固定化酶的颗粒表面积等,其数值一般要通过模型计算的结果和实验结果相比较,反推而得。

虽然模型参数值的选取视模型的具体情况不同,可采用不同的方法,但是其根本原则是一致的,那就是选取参数值使模型的计算值与实验值尽可能接近。为了定量地表示这种计算值与实验值接近的程度,常定义某种目标函数,如最小二乘法的残差平方和

$$Q=\sum(y_i-u_i)^2=\min$$

目标函数一方面是模型参数的函数;另一方面,它又定量地表征模型计算值与实验值之差。因此,参数估计问题就是寻求一组参数使得目标函数值最小。

按照实验的目的和要求,有时可以选择不同的目标函数进行模型的参数估计。按不同目标函数估计得到的模型参数值也会有区别,但不妨碍模型在不同情况下的应用。

10.2.3 模型的鉴别

按实验过程的机理分析,有时对同一过程可以获得两个或两个以上的模型,表现为若干个可能模型之间的"竞争",因而存在一个如何筛选和鉴别这些模型,最后确定一个适宜的模型的问题。

模型的筛选与鉴别并无严格的区分。一般来说,如果是从众多的模型中用一些简便的,甚至原始的但都是行之有效的方法,淘汰一些明显不合适的模型,选出一个或少数几个最合理、最有效的模型,那么这一评选的过程常称为模型的筛选。模型的鉴别经常是指考察给定模型的本身是否合理,以及它是否能有效地模拟所研究的体系。机理模型是鉴别哪一种机理能更有效地反映该过程的真实情况。而经验模型则是鉴别哪一种经验方程式足够可靠,不致与实验数据偏离过大。总之,筛选主要是比较几个模型的优劣,而鉴别则主要是考察指定的模型与实际体系是否贴切。

模型的筛选和鉴别并无一个机械的步骤可以遵循，常常需要与参数估计结合起来进行。在模型的筛选和参数估计中有时会发现模型的误差太大，以致对于不同模型的取舍把握不大。对于机理模型，误差太大可能是由实验数据准确性太差造成；模型的取舍困难可能是由于实验的数据不足，这时就应通过“实验设计”来进行补充，或者对下步实验安排提出合理的建议和要求。只有实验方法准确，整理数据的方法科学，实验设计合理，才能很好地进行模型的筛选和鉴别。

模型鉴别的方法很多，方差分析、残差分析以及经典的最小二乘法都可以用来有效地进行鉴别。近代的回归系统分析方法和信息论用于模型鉴别和参数的估计已具有重要的意义。

模型来源于实践，而又高于实践；反过来，它又不断接受实践的检验。检验的主要对象是：简化假定的合理性，数学表达式是否准确无误，参数估计是否可靠，参数是否发生变化，以及环境对系统的影响等。模型检验的结果如果不正确，则须对模型的假设做出修改，补充假设，重新建模，直到结果满意为止。

数学模型就是在实践的检验中不断演进完善和发展的。经修正的实验模型则可以用来指导实验操作、生产操作以及用于实验过程和生产过程的电子计算机控制。

10.3　数学模型的选择

10.3.1　数学模型的类型

根据实验中各个参数之间的数学表达关系式的形式，可分为不同函数的模型，如线性模型和非线性模型。而根据自变量的数目，又可分为一元模型和多元模型两种形式。生命科学和生物工程中的模型大多为多元非线性模型。

生命科学及生物工程应用中开发的数学模型通常有其目的，根据其目的的不同，可以得到不同作用和功能的数学模型。

(1) 预测模型。根据整个过程前期数据来预测过程进行的后期情况，若过程发生偏离，就能及时发现问题，并采取一定的措施加以改进和校正，使其顺利进行，如人口预测、传染病预测、生产工艺预测等。

(2) 分析模型。主要供过程分析使用，可用于分析过程特征，反映各个变量之间的关系，如微生物反应工程模型，药效动力学模型等。

(3) 间接测量模型。由于有些过程中的一些参数无法直接获得，可通过数学模型间接获得这些参数，然后供过程研究、分析使用，如细胞沉降速度模型等。

(4) 控制模型。用于对整个过程(如反应过程、分离过程等)的控制，可以通过计算机实现控制，提高劳动生产率，降低劳动强度。数学模型的成功建立是实现计算机控制，并产生经济效益的关键之一。

一般数学模型根据其实验背景，可分为机理模型、经验模型和半机理半经验模型。

机理模型是建立在过程机理的基础上的模型，如表示酶反应动力学的米氏方程：$r = r_{\max}S/(K_S + S)$，催化反应动力学中的阿伦尼乌斯方程：$k = k_0\exp[-\Delta E/(RT)]$。它是从分析生物化学和生物工程中的现象或过程的物理和化学本质的机理出发，利用生命科学和生物工程的基本理论建立的系统的数学描述方程式，这种数学方程式往往相当复杂，但具有明确的物理意义。这种模型的优点是科学性严明,充分利用基础理论研究的成果来探索新的过程、分析其因果关系,而不必要先有真实过程装置,对于从理论上指导科学实验和实际生产有重大意义。其缺点是必须对过程机理有较深入的分析,要求有比较全面的基础数据,而这些往往是实际过程中所缺乏的;而且由于实际过程的影响因素太多,几何结构形状复杂,往往必须做各种简化,这也影响最后结果的准确性。

经验模型是以过程实测的实验数据为基础,而不管过程的本质,或者内部机理无法直接了解,直接对实验数据进行数理统计分析,从而得到各个参数之间的函数关系。如紫外线照射菌体悬浮液,照射时间与菌体的存活率之间的关系为 $-\mathrm{d}N/\mathrm{d}t=kN$,该式仅从实验数据出发进行函数式的推断,得到菌数和灭菌时间的定量关系。研究这种纯经验的模型时,将系统作为“黑箱”进行处理,仅考虑进出系统的参数变化。

经验模型只有在实测范围内才有效,因而不能外推或外推幅度不大,这种模型在放大方面的应用和在控制方面的应用都是有局限的。而机理模型可以外推,且应用广泛,因此,通常在条件许可的范围内,总是尽可能建立机理模型,然后,再有目的地通过“试验”来检验和校正。经验模型的优点是不必对基础理论做大量的研究,所得到的模型较为简单。因为直接从实践中来,故不必担心理论与实际的差距。缺点是知其然而不知其所以然,过程实质被掩盖起来,往往对较复杂的系统抓不住实质问题,从而模型效果较差。同时,因必须先有实际系统(研究对象)才能应用这种方法,故对新的过程开发不适用,除非先建立试验装置。

“混合模型”或半机理半经验模型是通过机理分析建立模型的结构,以实验为依据进行过程建模和参数估计。其中某些参数有一定的物理意义,而某些参数则没有特定的物理意义。如发酵过程中的 Monod 模型,它是通过理论分析,确定参数之间的函数关系,再通过正常操作或试验数据来确定此函数式中各系数的大小,也就是把机理模型法和经验模型法结合起来而得到的一种模型。

因此,数学模型的建立是一个非常复杂的问题。由于生命科学和生物工程中的模型一般较为复杂,具体机理较难确定,故常建立半机理半经验模型和经验模型。

10.3.2 黑箱模型介绍

黑箱模型的推导过程是将整个过程看作一个“黑箱”,仅仅考虑进出黑箱的各个参数之间的关系,而不考虑各参数在黑箱中的变化情况。采用黑箱模型的原因是无法对研究对象做深入的分析,无法对所研究的系统做充分的描述。

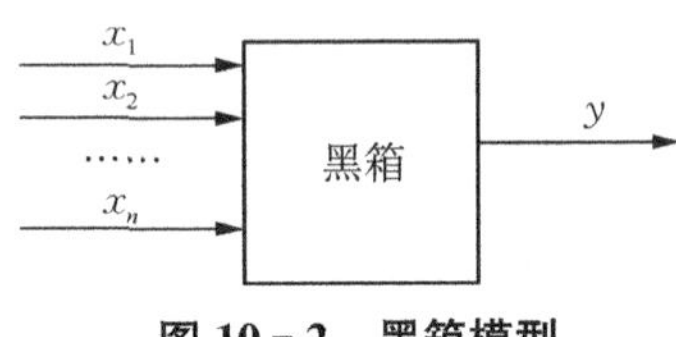

图 10-2 黑箱模型

已知该过程的条件为 $x_1, x_2, \cdots, x_n$(即输入参数),结果为 y(即输出参数),如图 10-2 所示,分析 y 和各参数之间的关系,即得

$$y=f(x_1, x_2, \cdots, x_n)$$

该模型可以是线性模型:

$$y=b_0+b_1f_1(x_1, x_2, \cdots, x_n)+b_2f_2(x_1, x_2, \cdots, x_n)+\cdots$$

也可以是非线性模型:

$$y=f(x_1, x_2, \cdots, x_n, b_1, b_2, \cdots, b_m)$$

其中，b_1，b_2，…，b_m 为模型参数。

通过对过程实验数据的回归分析，从中找出各个自变量和因变量之间的关系。许多多元线性回归方程是基于黑箱模型推导出的。

10.3.3　数学模型的合理选择

根据实验数据的特点选择合适的数学模型，一般可从实验数据的图示开始。根据实验数据变化的曲线形状，可推测数学模型的形式。图 10－3～图 10－7 展示的是一些常见函数的图像。

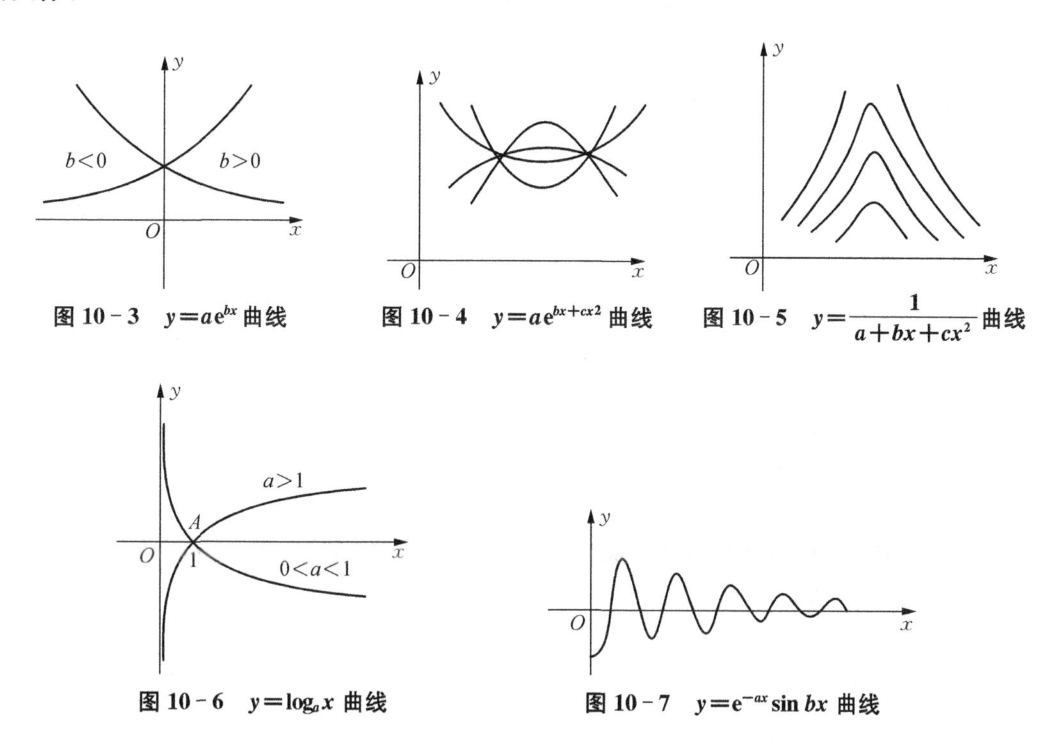

图 10－3　$y=ae^{bx}$ 曲线　　图 10－4　$y=ae^{bx+cx^2}$ 曲线　　图 10－5　$y=\frac{1}{a+bx+cx^2}$ 曲线

图 10－6　$y=\log_a x$ 曲线　　图 10－7　$y=e^{-ax}\sin bx$ 曲线

由于研究数学模型的方法很多，推导模型的出发点不同，或推导模型的目的不同，描述具体某个过程的数学模型也可能有多个，经常同时有几个模型都适用，同一组实验数据可以用不同的函数式进行表示。从众多模型中选出最合适的模型，即是模型的筛选。

最佳函数式的选择主要是针对经验模型、半机理半经验模型，因为机理模型已经基本定型，很少有再选择的机会。所选择的模型应该正确包含过程的重要变量，正确表示各个参数之间的函数关系，要求实验结果和函数表达式最吻合、所偏离的程度最小。在可能的情况下，要求模型尽量简化，模型参数的回归便利，模型的参数能够有一定的物理意义。

10.4　生命科学中的数学模型特征

10.4.1　生命科学中的建模

生命科学中的模型化是对生命科学中出现的过程，包括静态和动态的过程采用数学语言进行定量的描述,从而用于该过程的进一步研究和分析,加深对过程的了解。生命科学现象一般包括许多物理过程和化学过程,其复杂性远远超过了人们的想象,模型和模拟技术为生命科学家解决这种复杂系统和揭示生命系统中的奥秘提供了一种强有力的工具。生物系统中有群体系统、个体系统、组织系统、细胞系统、生态系统和环境系统等,各个系统的影响因子很多。

生命科学建模必须考虑生命现象的特征。首先,生命活动经常以大量重复和周期性循环的形式出现,并受到许多随机因素的干扰,生命现象一般都是随机现象,需要用概率和统计的方法进行研究;其次,生命现象中各个方面都是相互联系和相互制约的,须综合、全面地考虑问题;再次,生命物质的结构和生命活动的方式经常是不连续的,故常需采用离散的数学方法进行研究。

生命科学中建模的困难主要有以下三个方面:

(1) 生命科学中的机理复杂,通过机理建模困难较大,而且模型的实用性也存在问题,通过经验的参数回归得到的模型的应用范围较小。

(2) 生化过程中的检测手段不够完全,特别是生化参数检测困难。除了常用的温度、pH值等,直接反映生化过程状态的变量,如菌体浓度、活性、细胞的呼吸商等尚没有很合适的检测手段。

(3) 由于生命活动的特殊性,许多生命科学过程缺乏强有力的控制手段,而且很多过程是不可逆的。实验的实施还受到社会、伦理等因素的限制,有时候相当困难。

因此,建立一个有效的生命科学数学模型,需要做许多的工作。

生命科学数学模型的一般建立过程和前面类似,其建立过程如下:

生命现象的机理解析→假设或选择数学模型→数学模型和参数的确定(包括系统辨识和模型检验)→数学模型的应用

生命科学中数学模型的功能也和一般的数学模型类似,主要体现在如下几个方面:

(1) 各种情况下功能的预测,如反映生化、生理状态参数之间的数学模型;

(2) 为了解过程的奥秘,间接计算或导出某些参数;

(3) 对生命过程的分析和诊断,如计算机专家诊断系统的开发;

(4) 对生命过程的控制等,包括分子水平上的控制、细胞水平上的控制、工程水平上的控制三个部分。

10.4.2 生命科学中的数学模型类型

由于生命现象和生物系统的复杂性,生物系统绝大部分是非线性系统,到目前为止,总体上数学模型还停留在比较初级的阶段。生命现象的机理描述,特别是定量表达非常困难,建立相关生命过程的机理模型不太容易,因此生物系统的模型多为经验模型或半机理半经验模型,模型的表示形式为非线性方程的形式。

进行生物系统、生态系统建模的主要困难是对所研究的体系或系统的特征变量的确定和对有关重要变量、参数的辨识。在生命系统中,含有为数众多的变量和参数,系统本身又带有非线性的特点。为了突出问题,说明生命现象或生命过程的特征,必须对过程进行简化,将复杂的模型分解,保留其过程的特征变量,从而得到一个简单又不失真实的模型。例如，通过对生命过程的线性化处理和减少变量的个数等常用方法，得到一个实用的模型。而且复杂系统的数学模型经常可以分解为多个简单的模型。许多时候，模型是以微分方程、非线性方程、矩阵的形式出现，而且方程的求解经常需要借助计算机数值方法。

简单的数据模型包括静态过程的描述和物性数据的计算。如生命科学中常用的物性参数计算，参数有系统的温度、压力、物质的体积、溶质的溶解度、氧化还原电位、物质含量，以及各组分的其他物理、化学参数等。

对一个生命科学中的过程进行全面的模型化，主要从五个方面考虑，即物质平衡、能量平衡、动量平衡、过程的动力学和其他一些生物特性，如生物体的生理特性、遗传特性等，在实际过程中可能会包含其他的工程问题。在此基础上对各参数做综合的分析和数据的回归，了解参数之间的相关性。从考虑建立数学模型的角度看，有分子角度、细胞角度、工程角度，以及它们的交叉组合形式。

在生命科学和生物工程中，数学模型涉及各个领域，如生物学、医学、农业、食品、环境、资源等，其中生化工程、生态系统中的数学模型最为常见，它们也是应用数学模型最普遍的领域。如生化反应动力学模型、来自生态学中的群体和个体系统模型、统计生态学模型、药物动力学模型及生态图形变化模型等。所研究的数学模型，为生化过程的自动化控制、过程的优化、过程的模拟、生态平衡的研究做出了很大的贡献。生命科学数学模型的基本建立方法可以适用于不同的和生命相关的过程，如离子交换、双水相萃取、吸附分离、凝胶分离、细胞沉淀等生化分离过程，发酵模型、酶反应模型等生物反应过程，以及生物种群的变迁和分布等。当然，随着生物技术的发展，人们对控制系统提出了更高的要求，单凭经验或经典的试验数据来控制生产已不能满足需要。而最优化自动控制过程的基本问题是必须对过程进行数学模拟，提出合适的数学模型，如ANN(人工神经网络)模型、卡尔曼滤波模型的应用。

随着基因组学、蛋白质组学、代谢组学的发展与数据的大量积累，以及生物信息技术的研究与应用日益扩大，如研究基因与蛋白质的变异规律，分子生物学中的模型发展比较迅速，如数学遗传学模型反映基因的频率变化，遗传因子和后代关系，对生物进化的效应或影响；群体遗传学模型反映基因的突变、迁移、选择等；现代遗传学常以数学模型形式讨论遗传参数及其选择调控，如遗传率、重复率、育种率、表型相关、遗传相关、环境相关等。数学模型的应用使人们对于个体和群体的遗传结构问题有了更深的了解。随着生物信息学的发展，在分子生物学中的建模将会越来越广泛。

本章学习要点：

(1) 了解数学模型的建立过程。

(2) 了解数学模型的简化。

(3) 了解数学模型的选择。

(4) 了解数学模型的分类。

第 11 章　生命科学中常见的数学模型

本章主要介绍生命科学中的几种常见数学模型，通过这些数学模型的建立过程，了解生命科学的建模规律。

11.1　生物传递模型

生命科学中传递过程模型主要有生化传递模型、生化分离工程模型、生物物质的扩散模型等，它们都可以从系统的物料衡算、能量衡算、动量衡算出发进行推导。它们所涉及的目标是生命系统，其中微生物、细胞是重要的研究对象。如生化传递模型中有人体中铁元素的传输数学模型，它研究铁元素通过食用后在人体内的消化吸收过程，了解铁元素在人体的肝、脾、血浆、骨髓、血红细胞中的分布，以及从人体中的排放等。生化分离工程模型中有人工肾的数学模型。人工肾是一种渗透器，可代替肾脏在人体血液循环中滤除人体产生的废物。血液从人体中流出并流入渗透器，而被清洗后的血液则反方向流出渗透器。生物物质的扩散模型中有血液传递模型、心血管系统模型等。

下面以典型的生物物质在细胞内外的扩散模型为例，介绍数学建模过程。

例 11 - 1　建立溶液分子通过细胞膜的扩散模型。细胞悬浮在浓度为 c_0 的液体中，为建立模型，假设细胞的体积不变，液体的浓度不变，并假设溶液在细胞内均匀分布，浓度随时间变化，$c = c(t)$。

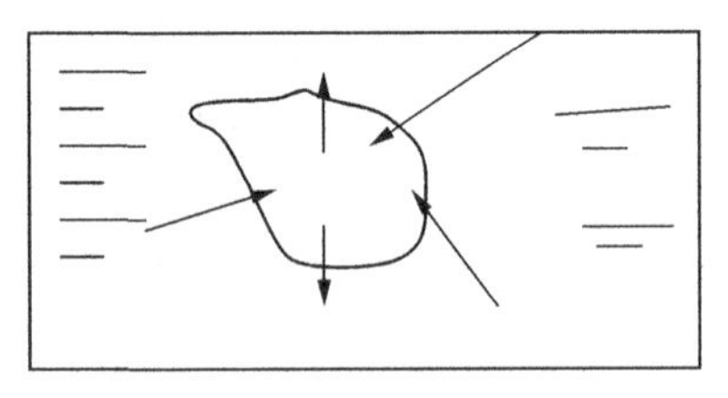

图 11 - 1　细胞内外溶液的分子流动

由于细胞内外的溶液浓度不同，溶液分子将通过细胞膜由细胞外的溶液扩散进入细胞，同时细胞内也有部分分子流入溶液，其分子流动如图 11 - 1 所示。

以细胞为研究对象，如果 c_0 高于 $c(t)$，则分子的净流动是从溶液流入细胞；反之，分子的净流动是从细胞流入溶液。设细胞内溶液的质量为 $m = m(t)$，A 为细胞膜的面积，V 为细胞的体积，则有

$$m(t) = Vc(t)$$

其净流率为 $\mathrm{d}m/\mathrm{d}t$。根据 Fick 扩散定律，则得传递方程：

$$\mathrm{d}m/\mathrm{d}t = kA(c_0 - c)$$

其中，k 为正常数，取决于细胞膜的结构和厚度，也可称为膜的渗透率。

将传递方程转化为浓度的表示形式：

$$dc/dt = \frac{kA}{V}(c_0 - c)$$

可以求得

$$c = K\exp\left(-\frac{kA}{V}t\right) + c_0$$

其中，K 为积分常数，可以用初始条件确定。当 $t \to \infty$ 时，$c(t)$ 的极限值为 c_0。

以上可得到最基本的生物物质扩散模型。如果将扩散模型应用于生物物质的离心分离过程，则可以得到离心分离模型。

高速离心机是生物学上最常用的实验工具之一，它能够通过对生化溶液施加一个强大的离心力场，从而使溶液中的各个组分得以分离。用高速离心机确定大分子的相对分子质量和扩散常数，或利用大分子的相对分子质量不同来进行分离是实验室常用的方法。它的数学模型为

$$j = -D\frac{\partial c}{\partial r} + cu$$

其中，j 为溶质流密度。等式右边第一项代表扩散流密度，第二项代表对流或沉降密度。式中的浓度 c 是径向位置 r 和时间 t 的函数，u 是溶质分子的速度，即

$$u = dr/dt$$

将扩散模型用于其他系统的示例如例 11－2 所示。

例 11－2　定量描述土地生物处理有机污染物过程的综合数学模型。数学模型假定为球体扩散模型。在土壤系统中，土壤颗粒可被概括为多孔性球形颗粒，具有内部孔隙和外部孔隙，内外孔隙中都含有水，这些水分别称为颗粒内部水相和外部水溶液。在初始状态下，有机污染物可以存在于土壤颗粒内部或外部的水溶液中，微生物则均匀分布于外部水溶液而不能进入颗粒内部，有机污染物的生物降解过程只能发生于土壤颗粒外部的水溶液中，系统内温度相同并保持恒定。有机污染物在上述土壤系统中进行生物降解过程的物料平衡方程如下：

$$(1-\theta)\rho\frac{\partial S_R}{\partial t} + (1-\theta)\rho\frac{\partial S_I}{\partial t} + \theta\frac{\partial C_P}{\partial t} = \frac{1}{r^2}\frac{\partial}{\partial r}\left[\theta D_P r^2\frac{\partial C_P}{\partial r}\right]$$

其中，S_R 为污染物可逆吸附于土壤颗粒内部固定相的浓度，mg/kg；S_I 为污染物屏蔽于土壤颗粒内部固定相的质量浓度，mg/kg；C_P 为污染物在土壤颗粒内孔隙水相的浓度，mg/L；ρ 为土壤介质的密度，kg/L；θ 为土壤颗粒内的孔隙率；D_P 为污染物在土壤颗粒内孔隙水相的扩散系数，cm^2/s；t 为时间，s；r 为沿土壤颗粒半径方向的极距，mm。结合用线性吸附等温线表示的可逆吸附和解吸过程，用假一级反应动力学方程表示不可逆土壤屏蔽反应过程，用 Monod 方程表示生物降解过程，较好地建立了数学模型，解决了上述问题①。

11.2　生物种群的指数增长模型

生物种群的变化是一个随时间变化的连续过程，如图 11－2 所示，所采集的数据经常由

① 刘凌，崔广柏.土地生物处理有机污染物过程模拟研究[J].环境科学学报，2001，21(1)：18－23.

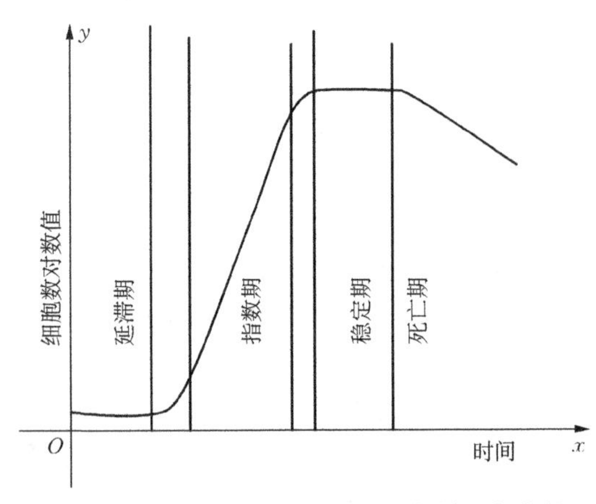

图 11-2 分批培养条件下微生物的生长曲线

一系列离散的数据组成。建立数学模型时，一般需对数据进行连续可微处理，从而得到一个或一系列微分方程，结合种群变化的特征，了解种群变化的过程。

例 11-3 建立微生物细胞指数增长模型。细胞数目 N 作为一个随时间变化的连续变量，典型的变化过程是指数增长。根据指数变化特征，其变化关系为 $\frac{dN}{dt}=kN$，或可表示为 $N=ce^{kt}=N_0e^{kt}$，这是一个典型的指数增长模型。模型中只考虑宏观的细胞数目变化，不考虑细胞个体的影响。

对于许多具体的情况，该模型有一些形式上的变化。如在一个给定的培养基内，细菌或其他微生物不可能无限制地一直增长下去，经常出现营养缺乏的情况，此时微生物的群体生长模型为

$$\frac{dN}{dt}=kN-\beta N^2 \quad k>0,\beta>0$$

由于等式右面的后一项是负值，故 N 不会无限制增长。

常用的微生物生长模型为 Monod 模型，Monod 于 1950 年提出的 k 的经典数学式为

$$k(c)=k_m\frac{c}{K+c}$$

还有其他许多修正的微生物生长模型，如 Novick(1955 年)模型：

$$\frac{dN}{dt}=kN-qN$$

Teisier 模型：

$$\mu=\mu_{max}S/(K_S+S)-K_{l,s}(S-S_c)$$

它们之间的区别是所考虑的过程特性不同，提出问题的出发点不同，从而方程的形式不同，模型参数的数目不同。

例 11-4 生物种群模型也适用于人口增长过程，如表 11-1 所示。

表 11-1 近 300 年来的世界人口增长数据

时间/年	1650	1750	1820	1900	1925	1950	1960	1974	1982	1987	1999
人口数/亿	5	8	10	17	20	25	30	40	45	55	60

假定模型为

$$\frac{dN(t)}{dt}=rN(t)$$

其中，$r=b-d$，b 为出生率，d 为死亡率，r 为模型参数。人口增长模型曲线如图 11-3 所

示。该式即为 Malthus 人口增长模型。

通过回归模型参数，发现中早期的数据拟合较好，可对人口发展趋势进行粗略的预测。后期的数据偏离总体模型较为严重，这可能是由于近 20 年来世界各国医疗条件的改善，大规模战争的减少导致死亡率下降的缘故。

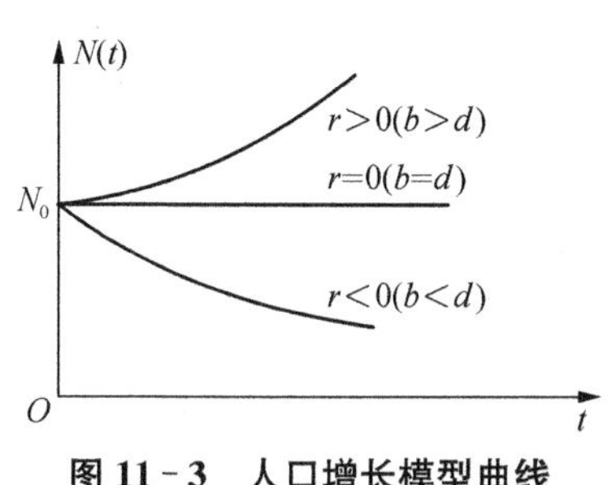

图 11 - 3　人口增长模型曲线

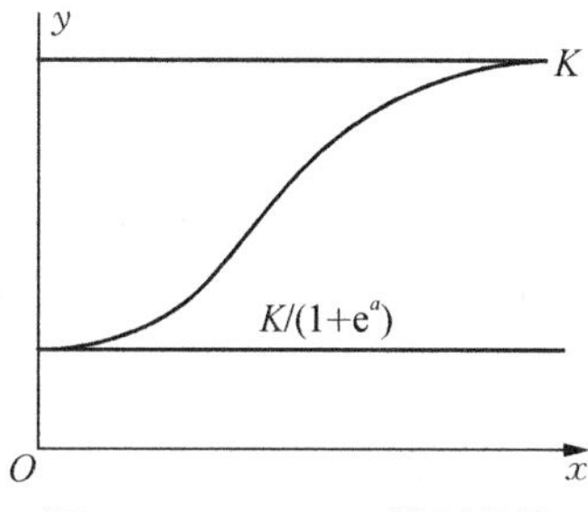

图 11 - 4　Logistic 模型曲线

在生命科学中，S 形生态曲线也是一种典型曲线，反映 S 形曲线的模型也有很多，其中 Logistic 模型是应用较广的一种(见图 11 - 4)。

在生物学特别是生态学中，Logistic 分布是一具有实用价值的连续型分布。该分布可应用于虫害的调查、实验、预测，以及疾病的实验和治疗工作等。如生物群体的 Logistic 增生曲线、昆虫化蛹率、死亡率等都属于这类分布。在生态学上，S 形生态曲线都可以广泛使用 Logistic 曲线。Logistic 曲线方程为

$$N=\frac{K}{1+e^{a-bt}}$$

或

$$\ln\frac{K-N}{N}=a-bt$$

其中，K 是在 t 相当大时 N 所能达到的最大值。Logistic 曲线的特征是开始时增长缓慢，而在以后一个阶段内增长迅速，达到某个限度后，增长又缓慢下来，总体呈 S 形。

利用 Logistic 模型可以成功拟合中国近 60 年(1959—2018 年)人口的增长数据，通过残差分析和正态性检验得出 Logistic 模型拟合结果可靠，如图 11 - 5 所示。

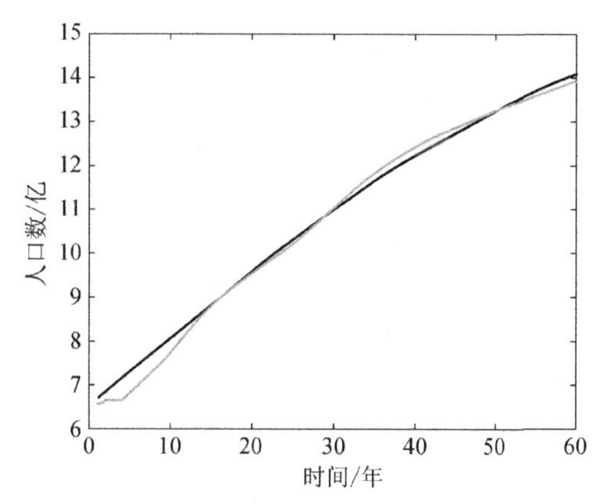

图 11 - 5　中国近 60 年(1959—2018 年)人口的增长数据拟合(光滑线为拟合线，折线为实际数据)

应用实例又如草履虫在一种营养液中的培养增长过程，不同培养天数下草履虫的数目如表 11 - 2 所示。

表 11 - 2　不同培养天数下草履虫的数目

t/d	0	1	2	3	4	5	6	7	8
草履虫数目 N/只	2	20	135	320	374	378	380	381	381

再如家畜的生长数据基本符合 Logistic 曲线，如测得某种肉鸡食用饲料后的生长数据如表 11 - 3 所示。

表 11-3　肉鸡食用饲料后的生长数据

食用周数	2	4	6	8	10	12	14
肉鸡重量/kg	0.30	0.86	1.73	2.20	2.47	2.67	2.80

Logistic 模型还有 4 参数的形式，被广泛用于分析药物剂量的效果，方程形式为

$$y = a + (b - a)/[1 + 10^{(m-x)c}]$$

11.3　生物种群相互作用模型

在自然界中，生物种群之间相互依存、相互制约，它们的相互作用有共生、竞争、寄生、掠食等形式，或兼而有之，非常复杂。

下面介绍猎手-食饵系统的经典生长数学模型的建立过程。设时刻 t 时食饵的数目为 $x = x(t)$，猎手的数目为 $y = y(t)$，假定$x(t)$和 $y(t)$都是时间的可微函数。考虑 Δt 时间间隔中两者数目的变化：

食饵数目的变化=食饵的自然增长数目－食饵受到猎手损害的数目

猎手数目的变化=由于捕食使猎手增长的数目－猎手的自然损害数目

以微分形式表示，即为

$$\mathrm{d}x/\mathrm{d}t = \text{食饵的自然增长率} - \text{食饵的损害率}$$

$$\mathrm{d}y/\mathrm{d}t = \text{猎手的出生率} - \text{猎手的死亡率}$$

由于食饵的自然增长率与 x 成比例，假定为 ax $(a > 0)$。食饵的损害率则依赖于 $x(t)$ 和 $y(t)$，并与 $x(t)$和 $y(t)$成比例，即假定为 bxy $(b > 0)$。而猎手的出生率依赖于食物的供给和其本身群体的数量，其出生率与 $x(t)$和 $y(t)$成比例，可假定为 cxy $(c > 0)$。猎手的死亡率则与本身数量成比例，假定为 dx $(d > 0)$。

根据以上的简化假设，微分方程为

$$\begin{cases} \mathrm{d}x/\mathrm{d}t = ax - bxy \\ \mathrm{d}y/\mathrm{d}t = cxy - dy \end{cases}$$

该方程在确定部分参数后，可采用计算机利用数值方法求解。如原生生物中的草履虫以酵母菌为食饵，两者之间的关系即是一个典型的例子，如图 11-6 所示，可以知道两个群体数目在整个过程中做周期性变化。

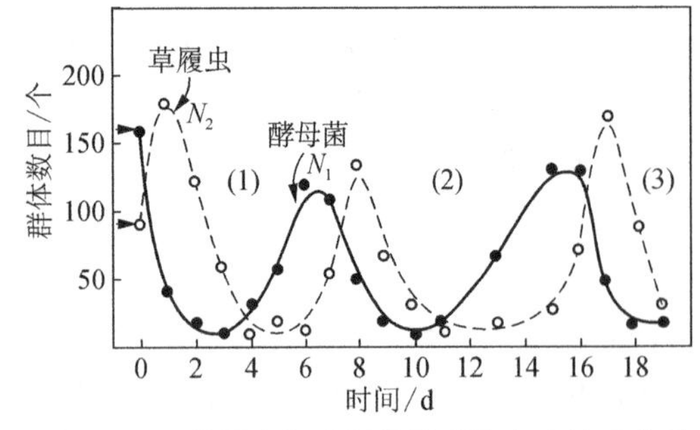

图 11-6　草履虫与酵母菌的群体密度波动曲线

设某一系统的简单数学模型为

$$\begin{cases} \mathrm{d}x/\mathrm{d}t = x + y \\ \mathrm{d}y/\mathrm{d}t = -x + y \end{cases}$$

假定初值：$x(0)=y(0)=1\,000$，通过求解常微分方程的初值问题，即可确定 x 和 y 的变化趋势，以及食饵何时被消灭。

对于其他两个相互作用的群体系统，如群体关系为宿主和寄生虫，它们之间的关系也可以表示为类似的公式，如

$$\begin{cases} \dfrac{\mathrm{d}x}{\mathrm{d}t}=\beta x-\alpha xy \\ \dfrac{\mathrm{d}y}{\mathrm{d}t}=-\delta y+f\alpha xy \end{cases}$$

其中，α 是一个正常数；αxy 是表示死亡率的量；f 是常数，$0<f\leqslant 1$。

同理，可以得到其他相互作用的数学模型，包括共栖(commensalism)模型、共生(mutualism)模型、竞争(competition)模型等，根据它们各自的特点，模型均可表示为微分方程的形式：

$$\begin{cases} \dfrac{\mathrm{d}x}{\mathrm{d}t}=xf(x,\ y) \\ \dfrac{\mathrm{d}y}{\mathrm{d}t}=yg(x,\ y) \end{cases}$$

以此可以类推至 n 种种群系统的相互作用关系，其表示形式为

$$\begin{gathered} \mathrm{d}x_1/\mathrm{d}t=x_1f_1(x_1,\ x_2,\ \cdots,\ x_n) \\ \mathrm{d}x_2/\mathrm{d}t=x_2f_2(x_1,\ x_2,\ \cdots,\ x_n) \\ \vdots \\ \mathrm{d}x_n/\mathrm{d}t=x_nf_n(x_1,\ x_2,\ \cdots,\ x_n) \end{gathered}$$

11.4　传染病模型

传染病是一种能够在人与人之间或人与动物之间相互传播并广泛流行的疾病，病原体多种多样，大部分是微生物，小部分为寄生虫，传染病一直伴随着人类发展的历史。2003 年 SARS 病毒传播记忆犹新，而 2019 年新型冠状病毒(Covid-19)的传播对全球产生了深远影响，传染病模型的研究也得到了广泛关注。

传染病模型建立时，一般把传染病流行范围内的人群分成如下几类。

(1) S 类，易感者(susceptible)，指未得病者，但缺乏免疫能力，与感染者接触后容易受到感染。

(2) I 类，感病者(infectious)，指染上传染病的人，可以传播给 S 类成员，将其变为 E 类或 I 类成员。

(3) R 类，康复者(recovered)，指被隔离或因病愈而具有免疫力的人。若免疫期有限，R 类成员可以重新变为 S 类。

(4) E 类，暴露者(exposed)，指接触过感染者，但暂无能力传染给其他人的人。对潜伏期长的传染病适用。

传染病模型是根据实际的传染情况，围绕其中几类人群的特点，建立的相关数学模型。

其中1927年Kermack与McKendrick在研究流行于伦敦的黑死病时提出的SIR模型得到普遍认可,应用广泛。几种主要模型如下。

1. SI模型

SI模型是最简单的传染病模型,仅将人群分为S类和I类,建立如下微分方程:

$$\frac{dS}{dt}=-\beta SI,\ \frac{dI}{dt}=\beta SI$$

其中,β为单位时间内的传染率;S为考察地区S类人数;I为考察地区I类人数。假设在疾病传播期内,所考察地区的总人数$S(t)+I(t)=K$保持不变,则可得到Logistic模型:

$$\frac{dI}{dt}=\gamma I(1-I/K)$$

其中,指数增长率$\gamma=\beta K$,正比于总人数K和传染率β。这个模型尽管简单,但根据Logistic模型的特点,可以得出两个结论:

(1) 当传染率β一定时,地区内的总人数K越多,γ越大,传染病暴发的速度越快,说明了对传染病患者隔离的重要性;

(2) 在$I=K/2$时,患者数目I增加得最快,应设法延缓。

2. SIR模型

SI模型只考虑了传染病暴发和传播的过程。SIR模型进一步考虑了患者的康复过程,该模型简单且实用,是其他复杂传染病模型的基础。模型的微分方程为

$$\frac{dS}{dt}=-\beta SI,\ \frac{dI}{dt}=\beta SI-\gamma I,\ \frac{dR}{dt}=\gamma I$$

或者增加自然死亡率,改写为

$$\frac{dI}{dt}=\beta SI-\gamma I-dI$$

$$N=S+I+R$$

其中,β为单位时间内的传染率;γ表示单位时间内从染病者中的移出率;d表示自然死亡率。

SIR模型的建立基于以下4个假设:

(1) 不考虑人口的出生、死亡、流动等种群动力因素,人口始终保持一个常数,即$N(t)\equiv K$。

(2) 一个患者一旦与易感者接触就必然具有一定的传染力。假设t时刻单位时间内,一个患者能传染的易感者数目与此环境内易感者总数$S(t)$成正比,比例系数为β。

(3) 在某个时刻t,单位时间内从染病者中移出的人数与患者数量成正比,比例系数为γ,单位时间内移出者的数量为$\gamma I(t)$。

(4) 患者康复后就获得了永久免疫,因而可以移出系统。对于致死性的传染病,死亡的患者也可以归入R类。因此SIR模型只有两个独立的动力学变量I和S。

给定$t=0$时刻的初值(条件)S_0和I_0,就可求解微分方程,得到不同t下的S、I和R。随着S从S0开始单调递减,染病人数I在$S=\gamma/\beta$时达到峰值,随后一直回落,直到

减为零。

3. SIRS 模型

如果所研究的传染病为非致死性的，但康复后获得的免疫不能终身保持，则康复者 R 可能再次变为易感者 S。此时有

$$\frac{dS}{dt}=-\beta SI+\alpha R,\ \frac{dI}{dt}=\beta SI-\gamma I,\ \frac{dR}{dt}=\gamma I-\alpha R$$

仍假设总人数 $S(t)+I(t)+R(t)=N$ 为常数。参数 α 决定康复者获得免疫的平均保持时间。系统有两个不动点 $S=N(I=R=0)$ 或 $S=\gamma/\beta(I/R=\alpha/\gamma)$。前者表示疾病从研究地区消除，而后者则是处于流行状态。消除流行病的参数条件是 $\gamma>\beta N$。若做不到消除，则要尽量减小 α 而增加 γ，使更多人保持对该疾病的免疫力。

4. SEIR 模型

如果所研究的传染病有一定的潜伏期，与患者接触过的健康人并不会马上患病，而是成为病原体的携带者，则归入 E 类，如新型冠状病毒传播中存在许多无症状感染者。此时方程为

$$\frac{dS}{dt}=-\beta SI,\ \frac{dE}{dt}=\beta SI-(\alpha+\gamma_1)E$$

$$\frac{dI}{dt}=\alpha E-\gamma_2 I,\ \frac{dR}{dt}=\gamma_1 E+\gamma_2 I$$

其中，γ_1 为潜伏期康复率；γ_2 为患者康复率；α 为潜伏期发展为患者的速率。

仍假设 $S(t)+E(t)+I(t)+R(t)=$ 常数，病死者可归入 R 类。与 SIR 模型相比，SEIR 模型进一步考虑了与患者接触过的人中仅一部分具有传染性的因素，使疾病的传播周期更长。疾病最终的未影响人数 S_∞ 和影响人数 R_∞ 可通过数值计算模拟得到。

传染病模型的基本方程是微分方程组，能反映传染病动力学特性。基于上述的方程形式，还有许多修正的方程，其建立是根据种群生长的特性、疾病的发生及在种群内的传播、发展规律，以及与之有关的社会等因素。通过对模型动力学特征的定性、定量分析和数值模拟计算，可以分析疾病的发展过程、揭示流行规律、预测变化趋势、分析疾病流行的原因。

如崔景安等利用修正的 SEIR 模型预估了广州、武汉的新型冠状病毒传播的峰值、最终规模、达峰时间等，其中广州市的数据拟合如图 11－7 所示。

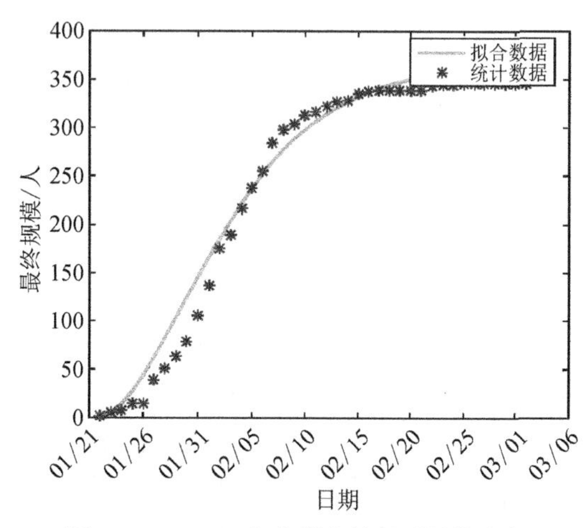

图 11－7　2020 年广州市的新型冠状病毒感染人数拟合结果①

① 崔景安，吕金隆，郭松柏，等. 新发传染病动力学模型——应用于 2019 新冠肺炎传播分析[J]. 应用数学学报，2020，43(2)：147－155.

11.5 生态数学模型

生态数学模型的应用极为广泛,如大气中污染物质的分布模型、物种的分布模型、森林的开发管理模型、病虫害综合防治模型、生态毒理学模型,特别是生态系统中的预测模型和针对问题的解决模型。研究生态数学模型所采用的数学方法由微分方程、积分微分方程、概率论与数理统计到生物控制论、随机过程论、最优化原理等。模型形式有统计学模型、动力学模型、数学规划模型等。生态学研究的定量化、模型化是现代生态学研究的发展趋势。

在生态系统模型的构建中,通过对生态环境信息的综合分析,可对生态系统特性诸如整体性、稳定性、敏感性、多样性,以及系统优化、系统控制做定量分析,但应遵循以下基本原则:

(1) 明确所构建的生态系统模型的目标。

(2) 在明确目标的基础上对生态系统成分进行识别。搞清楚组成生态系统的各类变量及其变化水平,还要了解哪些变量为"可控制变量",可用于对过程的调节和预测。

(3) 处理好各个变量随时间变化的问题。生态模型多为动态模型,要确定对系统变化有决定意义的时间。

(4) 了解所建立的生态系统模型的适用范围,并且估计模型在应用中的有效程度。

(5) 对所构建的生态系统模型进行认真的检验。

常用的生态分布模型有二项分布、泊松(Poisson)分布等,如例 11-5 所示。

例 11-5 对常见的在单个甘蓝植物里的甘蓝蝴蝶(或称为粉蝶)的卵分布情况建立一个数学模型。其实验数据可以用概率上的负二项分布加以描述,即每棵植物里卵的个数 H 符合下面的概率函数:

$$P(H=h)=\begin{pmatrix} h+k-1 \\ h \end{pmatrix} p^{k}(i-p)^{h} \quad (h=0,\ 1,\ 2,\ \cdots)$$

其中,$k>0$, $0<p<1$。

而对于生物学研究中的小概率事件,可以用泊松分布来描述,特别是当二项分布的 $p<0.1$, $np<5$ 时,可以用泊松分布近似。

泊松分布的概率函数为 $P(x)=\dfrac{e^{-\lambda}\lambda^{x}}{x!}$,它的数学期望和方差为 $\mu=\lambda$, $\sigma^{2}=\lambda$。

样品中的细菌数分布一般符合泊松分布。对某样品进行病菌的检测,将样品中各个小格区域的细菌数目加以计数,按细菌数的多少记录小格子数,得到的数据如表11-4所示。

表 11-4 不同细菌数对应的格子数

细菌数	0	1	2	3	4	5	6	7	8	9	总计
格子数	5	19	26	26	21	13	5	1	1	1	118

计算时采用细菌平均数作为数学期望 λ 的估计值。

其他的应用实例如在物种分布上研究某区域昆虫群落分布的情况;在医学上用回归方程研究老年人的健康状况及疾病分布情况,研究不同民族的人体特征数据;在环境保护上研究废水的生物处理模型;在生物资源上研究海洋鱼类的数量周期性变化等。

学者全为民等研究了通过使用数学模型来模拟湖泊富营养化的发生,预测湖泊对不同管理措施的响应,以便找出合理的治理措施。他们总结了湖泊富营养化模型的三个发展阶段:① 单限制因子模型,如磷模型;② 多限制因子模型,如浮游植物初级生产力估测模型;③ 生态-动力学模型,目前的主流模型。随着人们对湖泊生态系统认识的提高和计算机技术的发展,生态与水动力耦合模型、面向对象模型和神经网络模型等具有良好的发展前景[①]。

具体的如营养盐模型,由于湖水中总磷、总氮的浓度受湖外负荷的很大支配,并呈明显的正相关关系;湖水中总磷浓度与藻类生物量的代表性参数叶绿素 a 之间存在明显的正相关关系;湖水中总磷的年平均浓度与透明度之间存在明显的负相关关系。基于湖水总磷浓度与各水质参数之间存在的相关关系,Vollenweider 于 1975 年提出了湖水中总磷浓度的模型方程,以后经过多次计算验证,此模型被称为简单的沉积模型,方程为

$$V\frac{\mathrm{d}p}{\mathrm{d}t}=W-QP-v_{\mathrm{a}}Ap$$

其中,V 为湖泊容量,m^3;p 为总磷浓度,$\mathrm{mg/m}^3$;t 为时间,a;W 为磷年负荷量,mg/a;Q 为湖水流出量,m^3/a;v_{a} 为沉积速率,m/a;A 为湖泊表面积,m^2。

在生态学的生长模型中物种与其形态参数、外界条件之间的关系可采用统计学方法研究,如树木的生长状况与其高度、直径、树叶大小、光合作用强度等之间的关系;甘薯的生长中薯块质量与呼吸强度之间的关系,根据数据特点建立线性回归模型或二次回归模型。又如莫小阳[②]研究了野生鳖体重和养殖鳖体重与其形态指标之间存在的多元线性关系,分析了鳖体重与背甲长、背甲宽、腹甲长、眼间距、体高等 13 个形态参数之间的关系,分别得到了线性回归方程。

11.6　药物动力学模型

药物动力学在药物研究中的应用范围很广,20 世纪 50 年代,由于药理学家认识到药物对机体的作用是由机体对药物的作用所支配,所以药理学的基本概念被一分为二。经典的药理学被界定为药效学——研究药物对机体的作用。另外增加的内容——机体对药物的作用被称为药物动力学,一般泛指的药物动力学包括药效动力学和药物动力学。药理效应只有当药物或其生物代谢产物到达身体的适当作用部位,并维持足够的浓度才能获得。药物浓度在疗效中起决定作用,所以剂量-浓度-效应关系研究模式广为使用。从这一模式可看出剂量是影响浓度的主要因素之一,而且是可控因素。而另一主要影响因素是药物在体内的过程,即药物在体内的吸收(absorption)、分布(distribution)、代谢(metabolism)和排泄(elimination),即通常所说的 ADME 过程。这些都是药物动力学的研究内容。

药物在人体血液中浓度分布规律的研究是药物学的重要课题之一。这对于研究给药过程和药物的生物利用度有重要意义,有助于了解不同给药方式的差异、药物安全性能等,如

① 全为民,严力蛟,虞左明,等.湖泊富营养化模型研究进展[J].生物多样性,2001,9(2):168-175.
② 莫小阳,沈猷慧,周工健,等.鳖的形态学统计分析[J].生命科学研究,2000,4(2):115-119.

口服、静脉注射、肌肉注射等。

以药物吸收过程的动力学为例,人体内注射药物后,其在血液中的浓度 y 和注射时间 t 呈以下关系:

$$dy/dt = -ky$$

式中的常数 k 可由实验确定。该方程对于许多药物,特别是青霉素等药物注射非常适用。该方程的性状是指数衰减过程。而多次注射药物后,人体血液中浓度为各次浓度的累加(见图 11-8),从而可以根据该模型分析药物的注射用量。

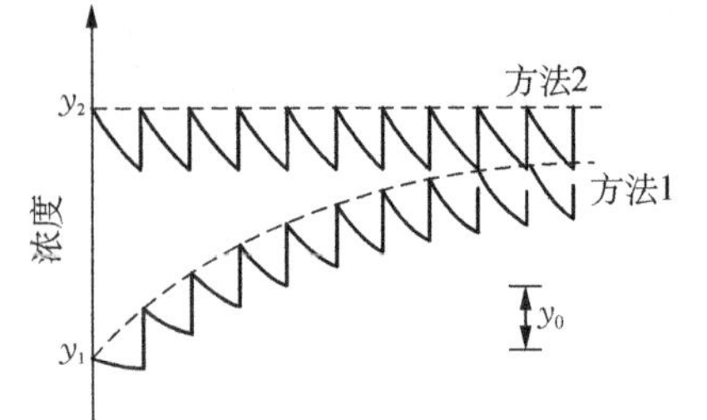

图 11-8 不同注射方法的药物浓度变化

大多数药物在体内的吸收和分布符合上述方程。但也有不符合的情况,如适合采用马尔可夫(Markov)方程描述的药物吸收过程。近年来,测定生物体内药物及代谢物的高灵敏高特异性的方法在不断发展,使药物动力学的研究得以广泛深入。药物动力学研究揭示:① 药物进入体内符合一定的数学动力学模型,且存在明显的个体差异;② 药物在体内的动力学过程受到患者生理和病理等因素的影响;③ 药物的体液浓度与疗效和毒性有一定的关联性。临床上最直观地判断药物使用是否合理的指标是药理效应,因此对药效动力学的研究也愈来愈引起人们的重视。药效动力学主要是研究药物在作用部位的浓度与其在体内产生效应间的平衡关系,揭示药物的时间、浓度效应关系的特征。临床药效学的应用使合理用药从临床药物动力学发展到药物动力学与药效学的结合模型,将药物治疗学提高到一个更高的水平。

由于能在人体重复定量而有意义的药效学指标不多,使药物动力学的研究遇到一些困难,但国内外仍用适当的数学模型成功地模拟描述了许多药物在体内的浓度与药效之间的关系。如抗心律失常药物奎尼丁和普鲁卡因胺,β 受体阻断剂贝凡洛尔,钙通道阻滞剂硝苯地平,H2 受体阻断剂法莫替丁等。

以药效动力学的模型为例说明数学模型在药学上的应用,具体的药效学模型有以下几种①。

1) 线性模型

$$E = SC + E_0$$

其中,E 为效应;S 为直线的斜率;C 为药物浓度;E_0 表示 $C=0$ 时的效应,称为基线效应。该模型的特点是比较简单。其主要缺点是对大部分药物来讲,浓度与药效间关系的线性仅存在于中间范围,而在高或低浓度时,尚不能准确预测药效。

2) 对数线性模型

$$E = S\lg C + I$$

其中,I 是任意常数,无物理意义。该模型在非线性回归方法推广以前,曾被广泛地用于描述体内 20%～80%药物浓度时,浓度对数与效应之间所呈现的线性关系。但该模型不能预

① 刘皋林,张正行,安登魁.数学模型在药效动力学研究中的应用[J].药学进展,2000,24(2):77-81.

测浓度为零时的基线效应,缺乏确定最大效应的能力。

3) E_{max}模型

$$E=\frac{E_{max}C}{EC_{50}+C}$$

E_{max}模型(HILL 方程)为效应与浓度关系的米氏方程式,得自简单的药物受体相互作用模型。其中,E_{max}是药物所能产生的最大效应;EC_{50}是产生 50% E_{max}时的药物浓度。该模型可预测一种药物所能达到的 E_{max},显示了与临床常见效应相一致的结果,即大量增加的药物浓度仅引起效应的小量增加。另外,它可预测无药物存在时的临床表现,即药物的无效应。这两个性质是以往最广泛采用的对数线性模型所缺乏的。

4) 抑制性 E_{max}模型

$$E=E_0-\frac{E_{max}C}{IC_{50}+C}$$

其中,E_0 是不给药时出现的效应;IC_{50}是产生 50%最大抑制效应时所需的浓度。当药物呈抑制作用需转换数据时,可使用此模型,它的形状与 E_{max}模型相反,斜率为负值。

5) S 形 E_{max}模型

$$E=\frac{E_{max}C^S}{EC_{50}+C^S}$$

该方程又称为 Hill 经验公式或 Wagner 公式。其中,S 是影响曲线斜率、决定曲线陡峭程度的参数,它可以没有药理意义,也可以是非整数。当 $S=1$ 时,得到通常的双曲线 E_{max}模型;当 $S>1$ 时,方程为 S 形曲线,曲线中间部分的斜率格外大,并可能达到更接近实际的最大效应值;当 $S<1$ 时,则中间部分的斜率较小,为平缓型曲线。S 形 E_{max}模型对于描述浓度效应关系的最大优点是,当药物浓度逐渐增高时,效应逐渐接近最大值,即能够预测最大效应;同时在整个浓度范围内呈连续性。S 形曲线也符合在整个浓度范围内采集的实际生物数据,浓度为零时可以预测零效应。

对于不同的给药过程,药物动力学还有许多数学模型,如药物经皮吸收数学模型,它可以较好地反映药物渗透系数与药物结构的关系。在药物释放研究中,常常采用 Logistic 模型或改进的 Logistic 模型进行描述。研究药物效应和浓度的关系时,可采用药物效应室模型等。

11.7　群体遗传学模型

在遗传学上,人们经常研究数量性状,即在世代遗传中呈连续性变异的性状的规律性。其主要研究生物个体之间数量上和程度上的差异,而不是质量上和种类上的差异。数量性状的遗传基础是微效多基因学说(poly-genes),它认为数量性状受许多彼此独立的基因共同作用,每个基因的表现效果微小,但其遗传方式符合孟德尔遗传规律。

常用的研究方法有统计学方法和数学模型方法。数量遗传学包括统计遗传学和群体遗传学两部分,统计遗传学主要研究数量性状的遗传和变异,研究各遗传参数之间的关系及其估算方法,采用的方法都是概率和统计学的基本方法。在统计遗传学中利用检验方法进行生物样本的频率检验,如检验某群体遗传是否符合 3∶1 的孟德尔遗传规律,还可以进行样本参数的统计分析。群体遗传学则研究群体内基因的传递规律,阐述生物进化的机制、遗传多态现象的维持。

利用计算机则可进行群体遗传的计算和遗传过程的模拟,如下面通过计算说明复等位基因的遗传平衡。设在群体中的一个基因座上 n 个复等位基因 A_1, A_2, …, A_n 的频率分别为 p_1, p_2, …, p_n,在达到遗传平衡时,等位基因频率与基因型频率的关系可表示为如下的数学形式:

$$\left[\sum_{i=1}^{n} p_i(A_i)\right]^2 = \sum_{i=1}^{n} p_i^2(A_iA_i) + 2\sum_{i=1}^{n-1}\left[\sum_{j=i+1}^{n} p_ip_j(A_iA_j)\right]$$

又如例 11-6,考虑选择对遗传基因频率的影响。

例 11-6 群体遗传实例。假设某性状是由一对等位基因($A-a$)所决定的,并且 AA、Aa、aa 的基因型频率分别为 U、T、S,并进一步假定:

(1) 上述频率对于雌雄两性都是相同的,雌雄个体的交配是随机的;

(2) 无迁移、突变、遗传变化的发生。

如果选择对隐性纯合体不利,设 aa 的适合度为 W,则选择后的子代 a 基因频率为

$$q = \frac{0.5T + WS}{U + T + WS}$$

设 $p = 1 - q$,其后代各个基因频率为

$$U = p^2,\ T = 2pq,\ S = q^2$$

若过程重复 G 次,则表示经过了 G 代的选择,从而可以求得各世代的 AA、Aa、aa 的基因频率以及 p、q 的值。

现有一起始群体,其遗传组成为

基因型	AA	Aa	aa
频率	0.1	0.2	0.7

若选择对 aa 不利,aa 的适合度为 0.8,试给出该群体在 30 代内基因型及基因频率的变化情况。

可以得到 30 代后基因频率变化为

基因型	AA	Aa	aa
频率	0.636 1	0.322 9	0.041 0

特别是可用计算机模拟遗传漂变对群体基因频率的影响过程。如果采用常规的生物实验方法,一般要经过几十代甚至几百代才能得到某个实验结果,有时由于实验条件的限制根本无法进行实验。而采用计算机根据其遗传漂变的数学特征进行模拟,则过程非常简便,可大大提高研究的效率。

其原理是利用计算机所提供的随机函数模拟自然界中的各种随机现象,结合生物规律,产生模拟数据,模拟生命科学中的随机现象。所谓的随机函数的数值介于 0~1 之间,每次产生的随机数均匀分布,但是各不相同。

在群体很小时，等位基因频率会发生随机波动的现象，即产生遗传漂变。这种波动会导致某基因座的基因固定（即基因频率为 1）或丢失（即基因频率为 0）。遗传漂变来源于两个随机过程的发生，即亲代个体基因型的确定和子代基因型的确定。因此可以用计算机随机函数来表示遗传漂变现象。

学者张立岭建立了基因频率动态特征的随机过程模型。生物群体在进化过程中，大群体是指足以使随机漂变效应微弱到忽略不计的孟德尔群体。计算机模拟实验表明，当没有选择压力时，大小为 10^6 的群体可以忽略随机漂变；如果有选择压力，则"大群体"的含量还可以进一步缩小。家畜群体除个别品种外，都不算太大，即使群体大小在 10^6 量级以上的品种也不算大群体。由于其在实验上是小群体，特别是在雌雄数量不等的情况下进行繁殖，所以，无论是与人工选择或自然选择有关的基因，还是与这些选择无关的基因，都广泛存在着基因频率的随机遗传漂变现象。此外，群体大小的不稳定和选择强度的起伏不定、环境因素的偶然变化等，也会导致或加剧随机遗传漂变的效应。张立岭采用了多种模型，包括离散状态的马尔可夫链和连续状态的马尔可夫过程、扩散方程 Kolmogolov 的前向方程和后向方程、Wright - Fisher 模型，研究了基因频率动态特征的随机过程模型，并用模型所得到的结果分析和推断群体遗传特征的成因和预测群体中某些位点上等位基因的变化趋势①。

11.8　生命科学的其他典型数学模型

11.8.1　生物反应动力学模型

酶促反应动力学是生物化学中最常见的数学模型，它研究酶促反应的速度，以及影响此速度的各种因素，其中米氏方程（Michaelis - Menten 方程）反映的是底物浓度对酶促反应速度的影响。米氏方程的推导过程如下，假定反应为

$$\mathrm{E}+\mathrm{S}\underset{k_2}{\overset{k_1}{\longrightarrow}}\mathrm{ES}\xrightarrow{k_3}\mathrm{P}+\mathrm{E}$$

ES 的形成速度为

$$\frac{\mathrm{d}[\mathrm{ES}]}{\mathrm{d}t}=k_1([\mathrm{E}]-[\mathrm{ES}])\times[\mathrm{S}]$$

根据[ES]的动态平衡，

$$k_1([\mathrm{E}]-[\mathrm{ES}])\times[\mathrm{S}]=k_2[\mathrm{ES}]+k_3[\mathrm{ES}]$$

令
$$K_\mathrm{m}=\frac{k_2+k_3}{k_1}=\frac{([\mathrm{E}]-[\mathrm{ES}])\times[\mathrm{S}]}{[\mathrm{ES}]}$$

则产物生成速度为

$$v=k_3[\mathrm{ES}]=k_3\frac{[\mathrm{E}][\mathrm{S}]}{K_\mathrm{m}+[\mathrm{S}]}$$

---

① 张立岭.基因频率动态特征的随机过程模型[J].内蒙古农业大学学报(自然科学版)，2001，22(3)：1 - 7.

酶反应中的其他动力学方程基本上都是米氏方程的修正式,如底物抑制模型、产物抑制模型、多底物模型等。

11.8.2 神经传导模型

神经传导模型中最著名的模型是 Hodgkin－Huxley 方程,它将电物理学观点和数学方法相结合研究神经学中的神经生理过程,该电神经生理数学模型能成功地拟合实验数据,得到了实验的验证。它将神经细胞的兴奋过程以电流的传播形式来表示,因为细胞兴奋过程和脉冲电流较为相似,表现为一个一个的间断性起伏。方程的最终形式为偏微分方程。模型的建立根据电流平衡的原则和电学的特性。

其他信息传导过程可以根据过程特点建立特定的方程。简单的信息传递可抓住过程的某个特点,简化过程而建立模型,如动物的嗅觉信息传递过程模型。

例 11－7 信息素是由动物释放的一类“气味”化学物质,借助扩散作用在空气中散布,用于动物个体之间的信息传递,其传递过程可以定量,如蚂蚁对其警戒物质的觉察过程的定量研究。Bossert 和 Wilson(1963 年)将蚂蚁和警戒物质放在一根管子的两端,测定了蚂蚁的位置及其觉察到警戒物质的时间,数据如表 11－5 所示。

表 11－5 蚂蚁位置与觉察到物质的时间

试验号	距离/cm	时间/s	试验号	距离/cm	时间/s
1	18	60	3	14	60
	20.5	90		18	100
2	15	58	4	16	81
	18	91		20.5	160
	20.5	180			

根据信息素的扩散传导特点,可以推导出蚂蚁与警戒物质的距离和其觉察到警戒物质的时间之间的关系为

$$\log t = \log \bar{t} - \frac{1}{2D}\frac{x^2}{t}$$

其中,D 为扩散系数;$\bar{t}$ 为模型参数。可以求得 D 约为 0.4 cm^2/s。

11.8.3 乘法原理

对于基因的配对,由于 DNA、RNA 和产物的多样性,可用乘法原理简单说明它们的随机匹配。

乘法原理: 假定某事可以以 n_1 种方式出现,而不管此事以何种形式发展,另一种事可以 n_2 种方式出现,那么出现两者的方式总数为 n_1n_2,即

$$N = 第一种方式数 \times 第二种方式数$$

将乘法原理用于说明细胞或人的减数分裂,就可以帮助我们理解生物体的众多选择可能性,生物体之间的千差万别,生物界的多姿多彩。

总之,生命科学中的数学模型还有许多许多,可分别应用于各种不同的情况,如 DNA 模

型(DNA 匹配、DNA 与蛋白质氨基酸的表达)，生物大分子结构模型(蛋白质结构模型、药物结构模型)以及其他生命科学中的计算机图形学等。而随着生命科学的研究和探索的深入，新的数学模型又等待着人们去研究和探讨。

本章学习要点:

(1) 了解生命科学中数学模型的发展，不断扩充知识面。

(2) 学习在实践中发现和提出问题、搜集资料、组建模型、解决问题。

(3) 学习数学模型的综合、归纳、抽象和化简。

(4) 学习使用 MATLAB 软件求解和处理不同的数学模型。

第 12 章　生命科学实验设计

科学研究和实验工作总是要投入大量的人力、物力，特别是对基于实验研究的生命科学而言，科研人员希望以尽量少的投入完成研究目标。现代科学技术的实验研究不仅需要及时更新实验仪器和设备，还需不断提高科研人员的技术素质。这对研究者进行实验研究的规划，提出了更高的要求和新的挑战。实验设计作为一门独立的学科，向科研工作者展示了用科学方法来进行科学实验的思想和方法。

12.1　实验设计概述

所谓实验设计，就是在实验过程实施之前，实验者对实验过程所进行的一系列的选择、组织和决策，对实验过程的优化设计。实验设计的基本宗旨是最大限度地提高实验效率、减少实验次数和最大限度地提高实验精度。随着生命科学研究的深入和研究范围的拓宽，生命科学的研究手段越来越多，研究所用仪器越来越精密，需测试的数据也越来越多，有关的研究和开发的竞争越来越激烈。生命科学的实验人员迫切需要改进工作方法，进行科学的实验设计，提高科研效率，以便以较少的代价获得满意的效果。

12.1.1　实验设计的性质和价值

一项优秀的实验设计，能够以最少的实验工作量取得所需的数据或资料，获得最有用的信息。因此，必须满足以下三点：① 必须正确地列出实验目的，明确通过实验要解决的问题；② 必须在兼顾所希望的各项实验内容下，选择最少的实验内容或实验项目；③ 必须正确选择实验的数据模型和正确处理数据，明了历次实验各参数的数量、变化关系及相互之间关系。实验设计的统计理论所论述的就是这种包括在一组实验观测值中各项数据的数目及其相互关系的一般模型。利用数学理论获得一个实验方案所提供资料的定量结果，然后用它与不同的方案进行对比，以评价它们对任一给定项目的适用性，从定量角度说明实验设计的合理性。通过这类研究，加上运用它们所取得的实验经验，实验设计已经发展成为一门涉及各种类型实验工作的学科，用来指导科技人员从中选择出适合于特定项目的设计。

实验设计不仅可以指导实验过程，还可以减少实验误差，提高实验的精确度。统计学的作用是提供各项判据，使研究人员可据以判断所建议的某项设计的效率，并为他们提供一些经过理论和实践证明了的、对处理某些类型的问题特别有效的某种标准设计模型。用统计方法设计实验的一个附带好处是，迫使研究人员在运用统计方法时必须预先考虑他们在寻求哪些目标，考虑哪些实验参数，以及必须采用哪些步骤去探索这些目标，确定这些参数。

此外，还迫使他们考虑所有可能产生的、不同来源的误差大小。这种先期的考虑本身就具有重大价值，因为这样往往能够引导研究人员认识到并从而回避实验过程中可能出现的难点和失误。反过来讲，如果不这样设计，这些实验难点或失误可能在研究工作的后期出现，由此将产生严重的后果。

通过一些实验设计，可以缩小在实验中人力所不能控制的偶然性误差，避免各种系统误差对实验的干扰。

12.1.2　实验数据的设计

生物学的试验要求实验目的明确，实验条件具有代表性，实验结果具有可靠性，而且结果应有重复性。按照要求，传统的实验过程是按照实验目的安排实验因子和实验条件并一次性完成实验任务，然后对实验数据进行分析和整理。该过程比较注重对实验数据的数量和正确性的追求，而较少考虑实验点的安排和布置。其特点是数据的产生和数据处理是分阶段的，实验安排是主观的、先验的。

实验设计是一门近代发展起来的新兴交叉学科，是以数学模型为基础，了解变量选择的范围，确定实验点位置的一种方法。它把实验安排在最有效的范围内，因为不同的实验点位置在总体设计上的作用是不相同的，不同的实验点所提供的实验信息是不一样的。实验设计已不再局限于被动地处理实验数据，而是主动地选择实验方法和实验过程。

根据实验设计的过程，常用的科学实验数据设计一般可分为正交实验设计和序贯实验设计，其他较为简单的有对比设计（包括单因素方差分析和双因素方差分析）、随机区组设计、拉丁方设计等。

传统的实验过程结合实验点的正交安排和特定的数据处理方式，即为正交实验设计。而序贯实验设计是运用已有的资料进行实验设计，确定必要的试验和进一步试验的次数。这种利用一系列先前部分获得的资料，设计其后的工作，称为对一个问题的序贯分析。其最简单的形式是，先做一次小规模实验，取得关于误差或效果的一般资料，然后再利用这些资料去设计整个实验。如果系统地运用序贯分析，其优越性更为显著。

本章将对对比设计、序贯实验设计做简单介绍，主要介绍正交实验设计、一次回归正交设计和响应面实验设计。

12.2　单因素设计和双因素设计

12.2.1　单因素设计试验

单因素设计试验（single-factor experiment）是指整个试验中只比较一个试验因素的不同水平的试验，研究该因素对试验结果有无显著影响。单因素试验方案由该试验因素的所有水平构成，这是最基本、最简单的试验方案。例如在培养基中添加 4 种剂量的某抗生素，进行抑菌试验，就是一个有 4 个水平的单因素试验，添加某抗生素的 4 种剂量，即为该因素的 4 个水平，其中各个水平的试验可多次重复。

m 个水平，各 r 次重复实验的单因素试验数据如表 12 - 1 所示。

表 12-1 单因素试验数据表

次数	水平			
	A_1	A_2	…	A_m
1	x_{11}	x_{21}	…	x_{m1}
2	x_{12}	x_{22}	…	x_{m2}
⋮	⋮	⋮		⋮
r	x_{1r}	x_{2r}	…	x_{mr}

方差分析：$n=mr$；列平均：$\bar{x}_{i\cdot}=\frac{1}{r}\sum_{j=1}^{r}x_{ij}$；总平均：$\bar{x}=\sum_{i=1}^{m}\sum_{j=1}^{r}x_{ij}$。

总离差平方和：$S_T=\sum_{i=1}^{m}\sum_{j=1}^{r}(x_{ij}-\bar{x})^2=\sum_{i=1}^{m}\sum_{j=1}^{r}x_{ij}^2-\frac{1}{n}\bar{x}^2$。

组内平方和(误差平方和)：$S_E=\sum_{i=1}^{m}\sum_{j=1}^{r}(x_{ij}-\bar{x}_{i\cdot})^2=S_T-S_A$，是随机因素的影响。

组间平方和(因素平方和)：$S_A=r\sum_{i=1}^{m}(\bar{x}_{i\cdot}-\bar{x})^2$，是水平差异的影响。

构造方差表如表 12-2 所示。

表 12-2 单因素试验方差表

方差来源	平方和	自由度	均方	比值	显著性
因素 A 的影响(组间)	S_A	$m-1$	$V_A=S_A/(m-1)$	$F=V_A/V_E$	$F>F_\alpha$ 显著
误差 E 的影响(组内)	S_E	$n-m$	$V_E=S_E/(n-m)$		
总和	S_T	$n-1$			

例 12-1 考察某酶反应温度对产物合成产率的影响(见表 12-3)。

表 12-3 温度对合成产率的影响

序号	温度/℃			
	28	30	32	37
1	45	51	54	54
2	42	50	55	58
3	46	48	52	57
4	44	52	50	60
5	43	51	48	58

采用 MATLAB 单因素方差分析语句：anova1，可直接计算得到方差表。

格式：p=anova1(X)，比较各列均值，输出零假设存在下的概率。

输入 X=[45 42 46 44 43；51 50 48 52 51；54 55 52 50 48；54 58 57 60 58]'；

```
anova1(X)
ans =
  3.5397e-007
```

该概率远远小于 0.05，故影响显著。

结果还输出方差表、箱形图两个图表，显示对应的方差计算结果和各列均值差异(见图 12-1、图 12-2)。

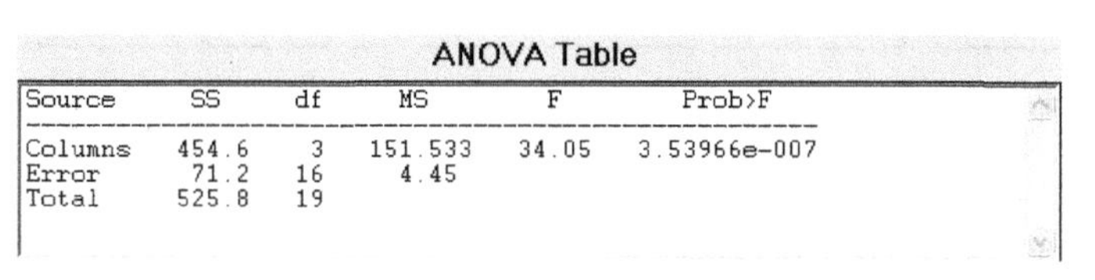

ANOVA Table

Source	SS	df	MS	F	Prob>F
Columns	454.6	3	151.533	34.05	3.53966e-007
Error	71.2	16	4.45		
Total	525.8	19			

图 12-1　单因素试验方差计算结果

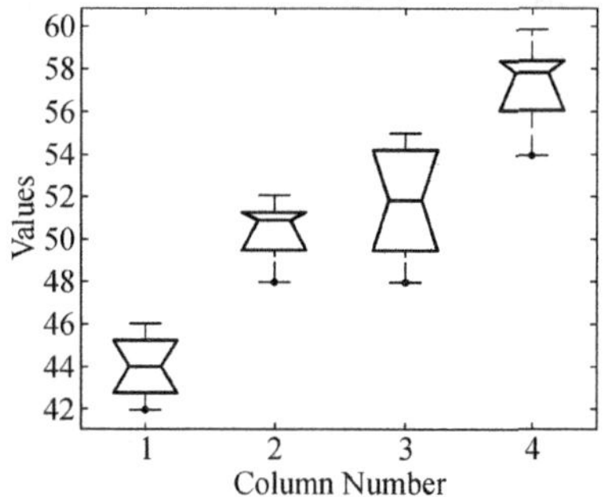

图 12-2　ANOVA1 的箱形图

12.2.2　双因素设计试验

在实际科研工作中，常常同时研究两个因素对实验结果的影响，如反应温度和反应时间对结果的影响，需要对两个因素做方差分析，了解各因素对实验结果的显著程度。其方差分析过程和单因素方差分析相似。

设计 A、B 两个因素，因素 A 取 a 个水平，因素 B 取 b 个水平，进行 $n=ab$ 次实验。

双因素试验数据设计如表 12-4 所示。

表 12-4　双因素试验数据设计

因　素	B_1	B_2	…	B_b
A_1	x_{11}	x_{12}	…	x_{1b}
A_2	x_{21}	x_{22}	…	x_{2b}
⋮	⋮	⋮		⋮
A_a	x_{a1}	x_{a2}	…	x_{ab}

方差分析：$n=ab$；行平均：$\bar{x}_{i\cdot}=\frac{1}{b}\sum_{j=1}^{b}x_{ij}$；列平均：$\bar{x}_{\cdot j}=\frac{1}{a}\sum_{i=1}^{a}x_{ij}$；总平均：$\bar{x}=\sum_{i=1}^{a}\sum_{j=1}^{b}x_{ij}$。

总离差平方和：$S_T=\sum_{i=1}^{a}\sum_{j=1}^{b}(x_{ij}-\bar{x})^2=\sum_{i=1}^{a}\sum_{j=1}^{b}x_{ij}^2-\frac{1}{n}\bar{x}^2$。

组间平方和(A 因素平方和)：$S_A=b\sum_{i=1}^{a}(\bar{x}_{i\cdot}-\bar{x})^2$，是 A 水平差异的影响。

组间平方和(B 因素平方和)：$S_B=a\sum_{j=1}^{b}(\bar{x}_{\cdot j}-\bar{x})^2$，是 B 水平差异的影响。

误差平方和：$S_E=\sum_{i=1}^{a}\sum_{j=1}^{b}(x_{ij}-\bar{x}_{i\cdot}-\bar{x}_{\cdot j}+\bar{x})^2=S_T-S_A-S_B$，是随机因素的影响。

构造方差表如表 12-5 所示。

表 12-5　双因素试验方差表

方差来源	平方和	自由度	均　方	比　值	显著性
因素A的影响	S_A	$a-1$	$V_A=S_A/(a-1)$	$F=V_A/V_E$	$F>F_\alpha$
因素B的影响	S_B	$b-1$	$V_B=S_B/(b-1)$	$F=V_B/V_E$	显著
误差E的影响	S_E	$(a-1)(b-1)$	$V_E=S_E/(a-1)(b-1)$		
总和	S_T	$n-1$			

例 12-2　研究4种瘦肉精分析方法(A)的差异，选取5种不同污染猪肉样本(B)，数据如表12-6所示。

表 12-6　不同样本的瘦肉精含量分析　　(单位：μg/kg)

方　法	样　本				
	B_1	B_2	B_3	B_4	B_5
A_1	0.07	0.45	0.11	0.16	0.84
A_2	0.10	0.37	0.14	0.12	0.90
A_3	0.13	0.42	0.05	0.13	0.94
A_4	0.13	0.43	0.08	0.08	0.88

采用MATLAB双因素方差分析语句：anova2。

格式：p=anova2(X,reps)，比较各行、各列数据的均值，reps参数表示各观测值标号(重复试验的次数，这里取1，可以省略)。

输入 X=[0.07 0.45 0.11 0.16 0.84；0.10 0.37 0.14 0.12 0.90；0.13 0.42 0.05 0.13 0.94；0.13 0.43 0.08 0.08 0.88]；

```
  anova2(X)
 ans =
   0.0000      0.9541
```

该概率显示不同猪肉样本影响显著，不同分析方法无显著差异。

结果还输出方差表，显示对应的方差计算结果和各列均值差异(见图12-3)。

ANOVA Table

Source	SS	df	MS	F	Prob>F
Columns	1.87593	4	0.46898	305.36	0
Rows	0.00049	3	0.00016	0.11	0.9541
Error	0.01843	12	0.00154		
Total	1.89486	19			

图 12-3　双因素试验方差计算结果

对于双因素试验，每个试验可重复进行，这时即为双因素重复试验方差分析。在方差分析时将增加一个交互项，称为交互效应(interaction)，分别有相应的平方和、自由度、均方差、F值的计算公式。以下仍以瘦肉精分析方法为例。

例 12-3　研究4种瘦肉精分析方法(A)的差异，选取3种不同污染猪肉样本(B)，做2次重复，数据如表12-7所示。

表 12-7　不同样本的瘦肉精含量分析　(单位：μg/kg)

方法	样本		
	B_1	B_2	B_5
A_1	0.12 0.11	0.45 0.48	0.84 0.87
A_2	0.10 0.12	0.37 0.35	0.90 0.88
A_3	0.13 0.11	0.42 0.44	0.94 0.92
A_4	0.16 0.10	0.45 0.41	0.91 0.85

采用 MATLAB 双因素方差分析语句：anova2。

格式：p=anova2(X,reps)，这里 reps=2。

```
输入 X2=[0.12  0.45  0.84; 0.11  0.48  0.87; 0.10  0.37  0.90;
0.12  0.35  0.88; 0.13  0.42  0.94; 0.11  0.44  0.92;
0.16  0.45  0.91; 0.10  0.41  0.85];
anova2 (X2, 2)
ans=
    0.0000    0.0694    0.0207
```

结果表明猪肉样本影响显著，而 4 种瘦肉精分析方法影响不够显著，两个因素之间存在一定的交互，可能和不同方法对不同浓度瘦肉精的检测精度有关。

得到的方差表如图 12-4 所示。

ANOVA 表

来源	SS	df	MS	F	p 值(F)
列	2.4079	2	1.20395	2205.71	0
行	0.00501	3	0.00167	3.06	0.0694
交互效应	0.0129	6	0.00215	3.94	0.0207
误差	0.00655	12	0.00055		
合计	2.43236	23			

图 12-4　双因素重复试验的方差计算结果

从图 12-4 中可以看出，交互效应的自由度为列自由度和行自由度的乘积。

在实际应用中，一个试验结果(试验指标)往往受多个因素的影响。不仅这些因素会影响试验结果，而且这些因素的不同水平的搭配也会影响试验结果。这时需要进行多因素试验。多因素试验是指在同一试验中同时研究两个以上试验因素的试验。多因素试验方案由该试验的所有试验因素的水平组合构成，分为完全方案和不完全方案两类。多因素的分析研究用正交试验法比较方便，下节将进行详细介绍。

统计学上把多因素不同水平搭配对试验指标的影响称为交互作用。在多因素的方差分析中，也把交互作用当成一个新因素来处理。

12.2.3　主成分分析

在实际课题中，为了全面分析问题，往往提出很多与此有关的变量(或因素)，每个变量都在不同程度上反映这个课题的某些信息。但若因素很多，并且因素之间可能存在一定的相关性，则分析会很复杂。为简化分析，经常需要确定影响结果的主要因素。

主因素分析也称为主成分分析(principal component analysis, PCA),是一种将多个变量通过线性变换以选出较少的重要变量的多元统计分析方法,常用于生物复杂系统中的归类分析。主成分分析首先是由皮尔森(Pearson, 1901 年)对非随机变量引入的,之后霍特林(Hotelling, 1933 年)将此方法推广到随机向量的情形。信息的大小通常用离差平方和/或方差来衡量。

主成分分析是通过降维技术把多个变量化为少数几个主成分(即综合变量)的统计分析方法,对于原先提出的所有变量,建立尽可能少的新的综合变量,使得这些新变量是两两不相关的,而且这些新变量在反映课题的信息方面尽可能保持原有的信息。在通常情况下,前几个主成分的方差之和将超过初始数据方差总和的 80%。

MATLAB 也有主成分分析的相关语句 princomp,具体使用方法可参见 MATLAB 的帮助(help)。

12.2.4 MATLAB 中的试验设计

MATLAB 统计工具箱中提供了一些不同情况下的试验设计语句,主要是全因素试验和不完全因素试验,来确定不同因素及其水平的组合。下面介绍两种全因素试验。

1. ff2n:二级(水平)全因素试验

如 3 因素 2 水平试验,ff2n(3)。

```
ans =
     0     0     0
     0     0     1
     0     1     0
     0     1     1
     1     0     0
     1     0     1
     1     1     0
     1     1     1
```

2. fullfact:混合水平全因素试验

如 1 因素 4 水平、1 因素 3 水平全因素试验,fullfact([4,3])。

```
ans =
     1     1
     2     1
     3     1
     4     1
     1     2
     2     2
     3     2
     4     2
     1     3
```

2	3
3	3
4	3

12.3　正交实验设计

12.3.1　正交实验设计的原理

正交实验设计的特点是在等概率的条件下，比较各个变量对要求的实验值的影响。通过特定的极差分析和方差分析将各个变量的变化对要求的实验值的误差影响进行比较，来确定各个变量的作用是否显著，以及各个变量的合适的变化范围。由于正交设计是在等概率的条件下安排实验点，不需要固定其他变量即可改变某个变量进行一组实验，它可以大大减少实验的次数。

正交实验设计是在拉丁方和正交拉丁方设计的基础上发展而来的。N 阶拉丁方是 $n\times n$ 的方阵，它最初是应用在农业研究中的一种均匀、随机化试验，例如研究 3 个品种的小麦(A、B、C)在不同区域的产量的试验(见图 12-5)，考虑到土壤的差异，按不同走向划分试验区域。它要求列随机、行随机、处理随机。

东→

	1	2	3
1	A	B	C
2	B	C	A
南↓ 3	C	A	B

图 12-5　3 个小麦品种的拉丁方试验

如三阶拉丁方和四阶拉丁方分别为

三阶拉丁方

A	B	C
B	C	A
C	A	B

四阶拉丁方

A	B	C	D
B	A	D	C
C	D	A	B
D	C	B	A

拉丁方中的每个符号在列或行中只出现一次。拉丁方设计是随机化完全区组设计的推广。拉丁方设计的统计模型是

$$x_{ij}(k)=\mu+\alpha_i+\beta_j+\tau_k+\varepsilon_{ij}(k)\quad i,\ j,\ k=1,\ 2,\ \cdots,\ m$$

其中，$\sum\alpha_i=\sum\beta_j=\sum\tau_k=0$，$\varepsilon_{ij}(k)\sim N(0,\ \sigma^2)$，$\alpha_i$、$\beta_j$、$\tau_k$ 分别是第 i 行、第 j 列及第 k 个处理的效应。

拉丁方设计由于其特殊的行列安排，可以大大减少实验次数。如对于三阶拉丁方按 3 个因子计划，只要试验 9 次，假设各个因子需要考虑 3 个水平，则需要 27 次。

把两个彼此独立的拉丁方叠合起来，称为正交拉丁方。如两拉丁方分别为

A	B	C
B	C	A
C	A	B

α	β	γ
γ	α	β
β	γ	α

新的正交拉丁方为

Aα	Bβ	Cγ
Bγ	Cα	Aβ
Cβ	Aγ	Bα

将正交拉丁方列成表格和数字形式，即可得到正交表，从而可以解决多因子试验问题。

事实上，对于同时实验的方案，全面实验是实验设计中最为简单的一种，它可以清楚地把实验规律剖析明白。但是当影响实验的因素较多时，各个因素和其水平相组合，实验次数非常庞大。如三因子二水平需要实验 $2^3=8$ 次，五因子三水平需要实验 $3^5=243$ 次，而十因子三水平需要实验 $3^{10}=59\,049$ 次，因此许多时候，实现这样的实验方案是不可能的，也是不现实的。正交实验设计是利用正交表安排多因素实验，并进行实验结果分析的科学方法。它从众多的实验中挑选出一部分具有代表性的、分散的实验条件去作业，使其实验结果具有均衡分散、整齐有序的特点。正交实验对全体因素来说是部分实验，但是对于因素中的任何两个来说是全面实验。正交实验设计既克服了全面实验的实验次数过多的缺点，又能保持充分了解实验规律的特点。正交实验设计是生命科学中科学实验的一种有力工具。

常用的正交表的形式如表 12-8 所示，以 $L_8(2^7)$ 表为例说明正交表的特点。L 表示正交表；8 表示实验号，即所需的实验次数；7 表示因子或因素的数目，即用该正交表安排实验，最多可考察 7 个因子；2 表示被考察的因子要求的实验水平为 2。按照正交实验设计，七因子二水平，只需要实验 8 次，相比全面试验要实验 128 次；四因子三水平，按正交表只需要实验 9 次，相比全面试验要实验 81 次。正交实验设计可以大大减少达到同样实验目的的实验次数。

表 12-8　常用的正交表

(1) $L_4(2^3)$

试验号	列　号		
	1	2	3
1	1	1	1
2	2	1	2
3	1	2	2
4	2	2	1

(2) $L_8(2^7)$

试验号	列　号						
	1	2	3	4	5	6	7
1	1	1	1	2	2	1	2
2	2	1	2	2	1	1	1
3	1	2	2	2	2	2	1
4	2	2	1	2	1	2	2
5	1	1	2	1	1	2	2
6	2	1	1	1	2	2	1
7	1	2	1	1	1	1	1
8	2	2	2	1	2	1	2

还有一种混合水平的正交表，由两组不同的影响因子及实验水平组成，可以用于多因子及不同水平的实验。如 $L_{18}(6^1 \times 3^6)$ 表示实验次数为 18 次，实验由 1 个 6 水平的因子和 6 个 3 水平的因子组成。

具体的正交表选用，要根据因子的个数和要考察的交互作用因子的个数而定。特别是多因子有交互作用的正交实验设计要复杂得多，其中最突出的要求是必须按照一定的规则安排各因子在正交表上的列位顺序。其具体的正交实验步骤与无正交交互作用的正交实验没有明显的不同。但是在有交互作用的正交实验设计中，必须遵守一因子占据一列的原则，如果由于列数不够因子分配，宁可选用规模较大的正交表，也不允许因子共列的现象，否则必然会产生数据混杂。如试验中有 4 个主要因子 A、B、C、D，其中因子之间可能存在交互作用，选择 $L_8(2^7)$ 安排试验，可以得到如表 12－9 所示的设计。

表 12－9　实验表头设计

设　计	A	B	A×B C×D	C	A×C B×D	A×D B×C	D
列　号	1	2	3	4	5	6	7

通过分析后，不仅可以了解哪个因子起主要作用，还可以了解哪些因子之间存在相互作用。

12.3.2　正交实验设计的步骤

利用正交表设计实验方案的过程可用例 12－4 进行说明。

例 12－4　某生化实验室用生物合成的方法试制生物体磷脂代谢的前体——胞二磷胆碱(CDP－C)，它是治疗大脑损伤引起的意识障碍的生化药物。因为以前的工艺流程的产物转化率较低，故希望通过正交试验得到满意的发酵条件，提高产物的转化率。

利用正交表设计实验方案的步骤如下。

(1) 挑选合适的影响因素和各个因素的水平。根据以往的实验，以及将生物反应理论上的分析研究作为参考，从可能影响产物转化率的各个因素中找到了酵母量、pH 值、磷酸缓冲液浓度、葡萄糖浓度、磷酰胆碱浓度、反应液体积、甲苯用量等 7 个因素为主要影响因素，并在每个因素上选了两个水平。将因素水平列入因素水平表，如表 12－10 所示。

表 12－10　因素水平表

水平	因　素						
	A：酵母量 /(mg/mL)	B：pH 值	C：磷酸缓冲液浓度 /(μmol/mL)	D：葡萄糖浓度 /(μmol/mL)	E：磷酰胆碱浓度 /(μmol/mL)	F：反应液体积 /mL	G：甲苯用量 /%
1	200	8.0	300	600	50	20	0
2	400	7.5	200	800	80	10	2

(2) 选正交表。根据上面制订的因素水平表和正交表的意义，选择一个合适的正交表。由于本试验的实验因素为 7 个，实验水平为 2 个，可以选择的正交表有 $L_8(2^7)$、$L_{12}(2^{11})$、$L_{16}(2^{15})$等。但是，对于一般实验条件的筛选，以 $L_8(2^7)$ 较为理想、简洁。

(3) 填正交表。把实验方案中的各个因素和水平按照顺序填入实验正交表,如表12-11所示。

表12-11 实验正交表

试验号	因素							转化率/%
	A:酵母量/(mg/mL)	B:pH值	C:磷酸缓冲液浓度/(μmol/mL)	D:葡萄糖浓度/(μmol/mL)	E:磷酰胆碱浓度/(μmol/mL)	F:反应液体积/mL	G:甲苯用量/%	
1	1(200)	1(8.0)	1(300)	2(800)	2(80)	1(20)	2(20)	11
2	2(400)	1	2(200)	2	1(50)	1	1(0)	40
3	1	2(7.5)	2	2	2	2(10)	1	56
4	2	2	1	2	1	2	2	33
5	1	1	2	1(600)	1	2	2	19
6	2	1	1	1	2	2	1	60
7	1	2	1	1	1	1	1	41
8	2	2	2	1	2	1	2	13
K_1=水平1之和	127	130	145	133	133	105	198	总和=273
K_2=水平2之和	146	143	128	140	140	168	75	
极差$R=\|K_1-K_2\|$	19	13	17	7	7	63	123	

注:表中( )内数字为各因子所取的水平。

(4) 进行实验。严格按照正交表进行实验,并把实验结果填入表内。

(5) 结果分析。对实验结果进行分析,计算各个因子的极差,如表12-11所示。极差R用来衡量各个因子在实验中所起作用的大小,R越大表示该因子的不同水平对实验结果的影响越大。本例的影响因子的重要程度按极差大小排列,即为G→F→A→C→B→D, E。水平的影响程度则为G, 1→F, 2→A, 2→C, 1→B, 2→D, 2和E, 2。根据以上的信息,可以得到实验的较佳条件,并在该条件下进行验证。一般来说,这个实验条件是较为理想的。但是这个实验条件并不能说是最佳条件,因为正交试验时挑选的因子水平不一定是最理想的。因此,在实验要求比较高的情况下,可以在所得到的正交实验条件基础上,做进一步的实验设计,从而得到更好的实验结果。

仍以上述例子为例,说明在确定了主要影响的因子和水平后,以上述实验条件为基础,再进行第二次的正交设计。首先认为G(甲苯用量)可能是最佳用量,不做变化,并固定其他几个变化不显著的因子和水平,从各个因素中取F、A、C等3个因子,即酵母量、pH值、反应液体积等3个因素,再补上一个从实验中新产生的可能影响结果较大的因子,即反应时间。然后在每个因素上选3个水平,各个水平是以上面挑选的水平为基础进行设定的。选用正交表$L_9(3^4)$,将因子水平列入因子水平表,并进行方案的实施(见表12-12)。

表 12－12　第二次正交实验和结果

试 验 号	因　素				
	A：pH 值	B：反应时间/h	C：酵母量/(mg/mL)	F：反应液体积/mL	转化率/%
1	1(8.0)	1(24)	3(500)	2(8)	79
2	2(7.5)	1	1(300)	1(10)	68
3	3(7.0)	1	2(400)	3(6)	59
4	1	2(18)	2	1	73
5	2	2	3	3	68
6	3	2	1	2	55
7	1	3(12)	1	3	18
8	2	3	2	2	47
9	3	3	3	1	64
K_1＝水平 1 之和	170	206	141	205	总和＝531
K_2＝水平 2 之和	183	196	179	181	
K_3＝水平 3 之和	178	129	211	145	
极差 $R=\|max-min\|$	13	77	70	60	

从以上的实验结果可以看到，第二次的转化率基本上好于第一次，而且最高的转化率达到 79%。与第一次的实验结果分析一样，可得到主要的影响因子和影响水平，并为进一步的实验创造条件。如有需要，可以进行再一次的实验设计。

以上所介绍的是正交实验设计的直观(极差)分析法，这种方法比较简单，通过极差比较即可得到较为满意的结果。但是直观分析法不能估计试验过程中以及试验结果测定中必然存在的误差大小，即它无法区分某个因子各水平所对应的试验结果之间的差异究竟是由因子水平不同引起的，还是由试验的误差所引起的。它无法确定分析的精度。为了解决直观分析法的这个缺陷，经常在正交实验设计中采用方差分析法。该方法通过比较各因子作用所产生的方差与纯系随机因素作用的方差(随机误差)是否一致来判断因子对试验结果有没有显著影响，于是可将因子水平(或交互作用)的变化所引起的试验结果之间的差异与试验误差所引起的结果波动区分开来。如果因子水平的变化所引起的试验结果的变动与试验误差相差不大，则说明这个因子水平的变化没有引起试验结果的足够变动，影响不明显；反之，如果因子水平的变化所引起的试验结果的变动超过试验误差的范围，则说明这个因子水平的变化影响显著。

仍以上面的正交实验为例(见表 12－13)进行分析。

表 12－13　方差分析正交实验

试验号	因　素				
	A：pH 值	B：反应时间/h	C：酵母量/(mg/mL)	F：反应液体积/mL	转化率/%
1	1(8.0)	1(24)	3(500)	2(8)	79
2	2(7.5)	1	1(300)	1(10)	68
3	3(7.0)	1	2(400)	3(6)	59

（续表）

试验号	因素				
	A：pH 值	B：反应时间/h	C：酵母量/(mg/mL)	F：反应液体积/mL	转化率/%
4	1	2(18)	2	1	73
5	2	2	3	3	68
6	3	2	1	2	55
7	1	3(12)	1	3	18
8	2	3	2	2	47
9	3	3	3	1	64
K_1=水平 1 之和	170	206	141	205	总和=531
K_2=水平 2 之和	183	196	179	181	
K_3=水平 3 之和	178	129	211	145	

根据 9 次的转化率数据，计算得到 K_1、K_2、K_3，再计算得到各因素的平方和，结合各因素的自由度，计算得到均方差和 F 值。具体的计算可采用 MATLAB 的 anovan 语句。

格式：p=anovan(y,group)

[p,tbl]=anovan(___)

[p,tbl,stats]=anovan(___)

输入：

```
x=[79 68 59 73 68 55 18 47 64];
group={['pH1';'pH2';'pH3';'pH1';'pH2';'pH3';'pH1';'pH2';'pH3'];
['rt1';'rt1';'rt1';'rt2';'rt2';'rt2';'rt3';'rt3';'rt3'];
['en3';'en1';'en2';'en2';'en3';'en1';'en1';'en2';'en3'];
['vm2';'vm1';'vm3';'vm1';'vm3';'vm2';'vm3';'vm2';'vm1']};
anovan(x',group)
```

得到如图 12－6 所示的方差分析表。

```
方差分析
Source   Sum Sq.  d.f.  Mean Sq.   F     Prob>F
-----------------------------------------------
X1        28.67    2     14.333    Inf   NaN
X2      1168.67    2    584.333    Inf   NaN
X3       818.67    2    409.333    Inf   NaN
X4       608       2    304        Inf   NaN
Error      0       0      0
Total   2624       8
```

图 12－6　正交试验的方差分析表

虽然上述的各个因子都是选择出来的有显著影响的因子，但由于上述的方差分析存在误差平方和太小的问题，而且误差平方和的自由度为 0，这样使检验计算显得没有必要。造成这种现象的原因是在该试验的正交表设计中，没有安排空白误差列。因此在方差分析时，正交表的设计应尽可能选用容量大一些的表，安排一些空白列，供误差平方和计算使用。因为空白列不安排因子，故其偏差平方和中不包含因子水平的变化，而仅仅反映实验误差的大小。空白列的平方和的计算与各因子平方和相同。

解决这个问题的另一方法是多次进行重复实验，也可以将某个平方和很小的因子与误差平方和合并，以提高实验误差的平方和及其自由度，从而提高假设检验的灵敏度。如果无法安排空白列，也可以根据以往的经验，粗略估计误差的方差大小，供 F 检验使用。

在上述例子中，将 A 因子的偏差平方和与误差平方和合并作为新的误差平方和，计算得到

$$S'_e = S_A + S_e = 28.667$$

计算各个因子的 F 值和总的 F 值并进行检验，从而得到试验的方差分析表（见表 12－14）（取 $\alpha=0.05$）。

表 12－14 方差分析表

方差来源	平方和	自由度	方 差	F	显著性
A	28.667	2	14.334		
B	1 168.667	2	584.334	40.77	显著
C	878.667	2	439.334	30.65	显著
F	608	2	304	21.21	显著
误差	0.001	0			
新误差	28.668	2	14.334		
总和	2 624	8	328	22.88	显著

从表 12－14 可知，各个因子的影响顺序为 B＞C＞F＞A，其结果与极差法一样。而方差分析还能定量了解每个因子对结果的影响程度。

在 anovan 用于有交互作用的正交实验时，应把交互因子作为一个独立的因素进行数据的输入和处理，然后根据结果判断其影响的显著性。

12.4 回归正交设计与响应面设计

回归正交实验设计与正交实验设计类似，是在等概率的条件下，比较各个变量对要求的实验值的影响。其特点是将回归分析和正交实验设计有机地结合起来，进行科学的实验设计、合理的实验安排和方便的数据处理。它是用回归分析的方法，将各个变量的变化对要求的实验值的误差影响进行比较，并加以检验来确定各个变量的作用是否显著。根据变量对实验结果的影响情况，可以分为线性和非线性的影响关系，按照回归模型自变量的幂次数，回归正交设计可以分为一次回归正交设计和二次回归正交设计。

12.4.1 一次回归正交设计

1. 一次回归正交设计的模型

一次回归正交设计可以处理模型：

$$y = b_0 + b_1x_1 + b_2x_2 + \cdots + b_mx_m$$

包括可以转化为上述方程的模型，以及自变量之间存在交互作用的模型。交互效应反映了变量之间的互相联系，例如含有 3 个自变量的交互作用的一次回归正交设计模型为

$$y = b_0 + b_1x_1 + b_2x_2 + b_3x_3 + b_4x_1x_2 + b_5x_1x_3 + b_6x_2x_3 + b_7x_1x_2x_3$$

其中，x_1x_2、x_1x_3、x_2x_3 三项分别为自变量 x_1、x_2、x_3 之间的交互项，$x_1x_2x_3$ 为自变量 x_1、

x_2 和 x_3 之间的高次交互项。在一般情况下，变量的高次交互效应项可以忽略。如令 x_1x_2、x_1x_3、x_2x_3、$x_1x_2x_3$ 为新的变量，该模型即可转化为标准公式，转变为典型的一次回归正交设计模型。

由此类推，可以得到一次回归方程所处理的数学模型通式为

$$y = b_0 + \sum_i b_i x_i + \sum_{i<k} b_{ik} x_i x_k + \cdots + b_{12\cdots m} x_1 x_2 \cdots x_m$$
$$i = 1, 2, \cdots, m; \ k = 1, 2, \cdots, m$$

2. 一次回归正交设计的实验思想

如果将一次回归的数学模型改写为

$$y_i = u_i + \varepsilon_i = b_0 + b_1 x_{1i} + b_2 x_{2i} + \cdots + b_m x_{mi} + \varepsilon_i \quad i = 1, 2, \cdots, n$$

其中，y_i 为实验值，按正交设计进行了 n 次实验，其结果为 $y_1, y_2, \cdots, y_n$。于是得到模型的结构矩阵：

$$\boldsymbol{X} = \begin{bmatrix} 1 & x_{11} & x_{21} & \cdots & x_{m1} \\ 1 & x_{12} & x_{22} & \cdots & x_{m2} \\ \vdots & \vdots & \vdots & & \vdots \\ 1 & x_{1n} & x_{2n} & \cdots & x_{mn} \end{bmatrix}$$

用矩阵形式表示，方程为

$$\boldsymbol{Y} = \boldsymbol{X}\boldsymbol{b} + \boldsymbol{E}$$

其中，

$$\boldsymbol{Y} = [y_1 \quad y_2 \quad \cdots \quad y_n]^{\mathrm{T}}$$
$$\boldsymbol{b} = [b_0 \quad b_1 \quad \cdots \quad b_m]^{\mathrm{T}}$$
$$\boldsymbol{E} = [\varepsilon_1 \quad \varepsilon_2 \quad \cdots \quad \varepsilon_n]^{\mathrm{T}}$$

由于该实验是按正交表要求所设计的，数据具有正交性质，如 4×4 的系数矩阵为

$$\boldsymbol{X} = \begin{bmatrix} 1 & 1 & 1 & 1 \\ 1 & 1 & -1 & -1 \\ 1 & -1 & 1 & -1 \\ 1 & -1 & -1 & 1 \end{bmatrix}, \quad \text{计算可得到 } \boldsymbol{X}^{\mathrm{T}}\boldsymbol{X} = \begin{bmatrix} 4 & 0 & 0 & 0 \\ 0 & 4 & 0 & 0 \\ 0 & 0 & 4 & 0 \\ 0 & 0 & 0 & 4 \end{bmatrix}$$

故得系数矩阵：

$$\boldsymbol{A} = \boldsymbol{X}^{\mathrm{T}}\boldsymbol{X} = \begin{bmatrix} n & 0 & 0 & \cdots & 0 \\ 0 & \sum_{i=1}^{n} x_{1i}^2 & 0 & \cdots & 0 \\ 0 & 0 & \sum_{i=1}^{n} x_{2i}^2 & \cdots & 0 \\ \vdots & \vdots & \vdots & & \vdots \\ 0 & 0 & 0 & \cdots & \sum_{i=1}^{n} x_{mi}^2 \end{bmatrix} = \begin{bmatrix} n & 0 & 0 & \cdots & 0 \\ 0 & n & 0 & \cdots & 0 \\ 0 & 0 & n & \cdots & 0 \\ \vdots & \vdots & \vdots & & \vdots \\ 0 & 0 & 0 & \cdots & n \end{bmatrix}$$

相关矩阵：

$$\boldsymbol{C}=\boldsymbol{A}^{-1}=\begin{bmatrix}1/n & 0 & 0 & \cdots & 0\\ 0 & 1/n & 0 & \cdots & 0\\ 0 & 0 & 1/n & \cdots & 0\\ \vdots & \vdots & \vdots & & \vdots\\ 0 & 0 & 0 & \cdots & 1/n\end{bmatrix}$$

以及常数项矩阵：

$$\boldsymbol{B}=\boldsymbol{X}^{\mathrm{T}}\boldsymbol{Y}=\begin{bmatrix}1 & 1 & \cdots & 1\\ x_{11} & x_{12} & \cdots & x_{1n}\\ x_{21} & x_{22} & \cdots & x_{2n}\\ \vdots & \vdots & & \vdots\\ x_{m1} & x_{m2} & \cdots & x_{mn}\end{bmatrix}\begin{bmatrix}y_1\\ y_2\\ y_3\\ \vdots\\ y_n\end{bmatrix}=\begin{bmatrix}\sum_{i=1}^{n}y_i\\ \sum_{i=1}^{n}x_{1i}y_i\\ \sum_{i=1}^{n}x_{2i}y_i\\ \vdots\\ \sum_{i=1}^{n}x_{mi}y_i\end{bmatrix}=\begin{bmatrix}B_0\\ B_1\\ B_2\\ \vdots\\ B_m\end{bmatrix}$$

模型参数 $\boldsymbol{b}$ 的最小二乘估计值：

$$\boldsymbol{b}=(\boldsymbol{X}^{\mathrm{T}}\boldsymbol{X})^{-1}\boldsymbol{B}$$

$$b_0=B_0/n=\frac{1}{n}\sum_{i=1}^{n}y_i$$

$$b_j=B_j/n=\frac{1}{n}\sum_{i=1}^{n}x_{ji}y_i$$

$$i=1,\ 2,\ \cdots,\ n;\ j=1,\ 2,\ \cdots,\ m$$

得到回归方程 $y=b_0+b_1x_{1i}+b_2x_{2i}+\cdots+b_mx_{mi}$。

可见在正交回归设计中，系数矩阵 $\boldsymbol{A}$ 为对角阵，于是系数矩阵 $\boldsymbol{A}$ 及其逆矩阵 $\boldsymbol{C}$ 的计算大大简化，并消除了回归系数的相关性。回归系数的方差检验也大大简化，在剔除不显著变量后，新回归系数不需要重新进行估计，因为对于多元线性回归，其新老系数之间的关系为 $b_j^*=b_j-\frac{c_{lj}}{c_{ll}}b_l(l\neq j)$，而 $c_{lj}=0\ (l\neq j)$。

显然，所得到的回归系数满足最小二乘法要求：

$$Q=\sum_{i=1}^{n}\varepsilon_i^2=\sum_{i=1}^{n}(y_i-u_i)^2$$

$$Q=\sum_{i=1}^{n}\varepsilon_i^2=\sum_{i=1}^{n}(y_i-b_0-b_1x_{1i}-b_2x_{2i}-\cdots-b_mx_{mi})^2=\min$$

3. 一次回归正交实验的设计步骤

回归正交设计首先要选择合适的回归正交表，一次回归正交设计只需要进行二水平的全因子实验,和普通的正交表类似,若有 p 个因子,则应进行 2^p 个试验。在具体的选用上也和普通的正交表一样。这种正交表和其对应的普通的正交表的唯一区别是,以[1]和[−1]代替普通正交表中的[1]和[2],以表中的数字代入系数矩阵,该矩阵具有正交性(见表 12-15)。

表 12-15 回归正交设计表

(1) $L_4(2^3)$

试验号	x_1	x_2	x_1x_2
1	1	1	1
2	1	−1	−1
3	−1	1	−1
4	−1	−1	1

(2) $L_8(2^7)$

试验号	x_1	x_2	x_3	x_1x_2	x_1x_3	x_2x_3	$x_1x_2x_3$
1	1	1	1	1	1	1	1
2	1	1	−1	1	−1	−1	−1
3	1	−1	1	−1	1	−1	−1
4	1	−1	−1	−1	−1	1	1
5	−1	1	1	−1	−1	1	−1
6	−1	1	−1	−1	1	−1	1
7	−1	−1	1	1	−1	−1	1
8	−1	−1	−1	1	1	1	−1

具体的正交表选用要根据因子的个数和要考察的交互作用因子的个数而定。为了简化回归分析的计算,符合正交表中的特性,首先须将影响实验结果 y 的因素 z_1, z_2, …, z_m 进行转换。根据实验过程要求确定每个因子 z_i 的变化范围,实验结果 y 在这些因子的变化范围内呈线性关系。实验水平可以取每个因子 z_i 变化范围的两个端点值,令 z_{1i} 和 z_{2i} 分别表示因子 z_i 变化范围的上界和下界,分别定义 z_{1i} 和 z_{2i} 为因子 z_i 的下水平和上水平,并令它们的算术平均值:

$$z_{0i}=\frac{z_{1i}+z_{2i}}{2}$$

为因子 z_i 的零水平,即为上下水平差的二分之一;而因子 z_i 的变化区间为

$$\Delta_i=\frac{z_{2i}-z_{1i}}{2}$$

对各个因子的数值进行线性变化,令 $x_i=\frac{z_i-z_{0i}}{\Delta_i}$,由于与数值的一一对应关系,分别用变量 x_i 代替 z_i。从上述公式可知,当 z_i 在区间(z_{1i}, z_{2i})变化时,x_i 的变化区间为(−1, 1),符合正交表中的取值,使回归系数 b 不受 z 的单位和取值的影响,而直接反映了因子对 y 的作用大小。

对于给定的实验条件和获得的实验结果，一次回归正交设计的计算表如表 12 - 16 所示。根据方差分析表模型，回归系数和各个系数的偏回归平方和也可以很方便地求得。

表 12 - 16　一次回归正交设计计算表

试验号	x_0	x_1	x_2	…	x_m	y
1	1	x_{11}	x_{12}	…	x_{1m}	y_1
2	1	x_{21}	x_{22}	…	x_{2m}	y_2
⋮	⋮	⋮	⋮		⋮	⋮
N	1	x_{N1}	x_{N2}	…	x_{Nm}	y_m
B_i	$\sum y_i$	$\sum x_{i1}y_i$	$\sum x_{i2}y_i$	…	$\sum x_{im}y_i$	$\sum y_i^2$
$b_i=B_i/N$	B_0/N	B_1/N	B_2/N	…	B_m/N	
$Q_i=b_iB_i$	Q_0	Q_1	Q_2	…	Q_m	

$$Q_{\sum}=\sum y_i^2-B_0^2/N$$

$$Q=Q_{\sum}-(Q_1+\cdots+Q_m)$$

其方差分析如表 12 - 17 所示。

表 12 - 17　方 差 分 析 表

来源	平 方 和	自由度	均 方 和	F
x_1	$Q_1=B_1^2/N$	1	Q_1	Q_1/S^2
x_2	$Q_2=B_2^2/N$	1	Q_2	Q_2/S^2
⋮	⋮	⋮	⋮	⋮
x_m	$Q_m=B_m^2/N$	1	Q_m	Q_m/S^2
回归	$Q_R=Q_1+Q_2+\cdots+Q_m$	m	Q_R/m	$Q_R/(mS^2)$
剩余	$Q=Q_{\sum}-Q_R$	$N-m-1$	$S^2=Q/(N-m-1)$	
总计	$Q_{\sum}=\sum y_i^2-B_0^2/N$	$N-1$		

在一次回归正交设计回归方程的回归过程中，除了方程的总体 F 检验外，利用求得的偏回归平方和可以很容易地对偏回归平方和进行 F 检验。因子的方差检验公式为

$$F_{pi}=\frac{Q_i}{Q/(n-m-1)}$$

若 $F_{pi}>F_{\alpha,(1,n-m-1)}$，则说明在给定的显著性水平下，该因子对 y 的影响是显著的；反之，应该剔除该影响因子。

经过了方差检验，这仅仅是考察了实验变量范围内的两个端点处的拟合情况。如果回归方程在变量范围内的两个端点处实验值和计算值符合较好，还不能说在整个范围内实验值和计算值符合。因此，还需要在变量的中间水平进行若干次重复实验，这称为零水平的重复实验检验，即为一次回归正交设计的线性检验。

在零水平上进行重复实验，即在进行 n 次重复实验后，得到其实验结果的平均值，$\bar{y}_0=$

$\sum y_{0i}/n$。由回归方程得到，在各因子的零水平下，理论上 $y_0=b_0$，因此可以通过检验 y_0，b_0(由 m 组数据求得)之间是否存在显著性差异，作为回归方程的线性检验。如进行 t 检验，记 $Q_0=\sum(y_{0i}-\bar{y}_0)^2$，其自由度为 $f_0=n-1$，则要求满足：

$$t=\frac{|b_0-\bar{y}_0|\sqrt{f_Q+f_0}}{\sqrt{Q+Q_0}\sqrt{1/n+1/m}}<t_\varepsilon(f_Q+f_0)$$

例 12-5 中生菌素高产菌株U-7的摇瓶培养条件正交回归试验结果分析如表12-18所示①，表中 Z_0 为常数项，Z_1 为摇床转速，Z_2 为培养基装量，Z_3 为培养时间，Z_4 为培养温度。

表 12-18 正交回归试验结果分析

试验号	Z_0	Z_1/(r/min)	Z_2/(mL/500 mL)	Z_1Z_2	Z_3/h	Z_1Z_3	Z_2Z_3	Z_4/℃	效价校正值/(×100 μg/mL)
1	1	1(140)	1(60)	1	1(60)	1	1	1(27)	41.0
2	1	1	1	1	−1	−1	−1	−1(33)	37.0
3	1	1	−1(120)	−1	1	1	−1	−1	8.5
4	1	1	−1	−1	−1(84)	−1	1	1	25.0
5	1	−1(200)	1	−1	1	−1	1	−1	51.0
6	1	−1	1	−1	−1	1	−1	1	61.0
7	1	−1	−1	1	1	−1	−1	1	38.0
8	1	−1	−1	1	−1	1	1	−1	35.0
9		0(170)	0(90)		0(72)			0(30)	17.5
B_i	296.5	−73.0	83.5	5.5	−19.5	−5.5	−7.5	33.5	
d_i	8	8	8	8	8	8	8	8	
b_i	37.1	−9.1	10.4	0.7	−2.4	−0.7	0.9	4.2	
Q_i		666.1	871.5	3.8	47.5	3.8	7.0	140.3	

注：表中(　)内数字为因子所取水平。

从表12-18中可见最佳摇瓶培养条件的研究结果，通过各因素的 F 检验，4因素对最终产素量的影响大小依次为

培养基装量>摇床转速>培养温度>培养时间

它们之间的交互关系可以忽略不计。

通过计算，得出其回归方程式为

$$Y=37.1-9.1Z_1+10.4Z_2-2.4Z_3+4.2Z_4$$

方程可以通过零水平检验来证明。还可根据极差分析确定其最佳培养条件：摇床转速为200 r/min，装量为60 mL/500 mL，培养时间为84 h，培养温度为27℃。

① 朱昌雄，宋培国，蒋细良，等.中生菌素高产菌株发酵条件的研究[J].中国生物防治，1997，13(3)：20-23.

12.4.2　二次回归正交设计

1. 二次回归正交设计的数学模型

当变量 y 与自变量 x_1，x_2，…，x_m 之间的函数关系在所研究的实验范围内为非线性函数关系时，该关系可用二次回归方程近似地描述。如最简单的含两个自变量的二次回归模型可写为

$$y = b_0 + b_1 x_1 + b_2 x_2 + b_{11} x_1^2 + b_{22} x_2^2 + b_{12} x_1 x_2$$

其中，$x_1 x_2$ 为自变量 x_1 和 x_2 之间的交互项；前几项为 x_1 和 x_2 的线性项，以及 x_1 和 x_2 的平方项。

由此类推，可以得到二次回归正交设计所处理的数学模型通式为

$$y = b_0 + \sum_i b_i x_i + \sum_i b_{ii} x_i^2 + \sum_{i<k} b_{ik} x_i x_k + \cdots + b_{12\cdots m} x_1 x_2 \cdots x_m$$

$$i = 1,\ 2,\ \cdots,\ m;\ k = 1,\ 2,\ \cdots,\ m$$

如忽略高阶交互项，则模型为

$$y = b_0 + \sum_i b_i x_i + \sum_i b_{ii} x_i^2 + \sum_{i<k} b_{ik} x_i x_k$$

该模型共有 $q = 1 + C_m^1 + C_m^1 + C_m^2 = C_{m+2}^2$ 个参数，而根据回归过程原理，要求取模型参数，实验次数应至少大于 q。

二次回归正交实验设计的结构矩阵如附录 6 中的设计表所示，和一次回归正交实验设计一样，可以证明二次回归设计的正交性。

2. 二次回归正交设计的步骤

二次回归正交设计的步骤和一次回归正交设计基本一致。首先对各个变量进行线性变换，设某实验过程中有 m 个影响因子 z_1，z_2，…，z_m，其中第 i 个因子的上界、下界分别为 z_{1i} 和 z_{2i}（$i = 1,\ 2,\ \cdots,\ m$），即分别定义 z_{1i} 和 z_{2i} 为因子 z_i 的下水平和上水平。

先确定各个因子的零水平和变化区间：

$$z_{0i} = \frac{z_{1i} + z_{2i}}{2},\ \Delta_i = \frac{z_{2i} - z_{1i}}{2}$$

对各个因子的数值进行线性变化，令 $x_i = \dfrac{z_i - z_{0i}}{\Delta_i}$，则原变量 z 和 x 的编码量（见附录 6）具有一一对应关系。

然后根据实验要求，选取二次回归正交设计表，编制实验计划。根据二次回归正交设计计算表和二次回归方差分析表对模型参数进行计算，为计算二次回归方程的系数，每个变量所取的水平应大于等于 3，于是得到二次回归正交设计的非线性模型。

回归正交设计虽然具有实验次数少、计算方便、回归系数之间没有相关性等优点，但是它也有设计上的缺点，如回归正交设计所得到的条件一般不是实验的最优条件，只是较好的条件。因为二次回归的预测值的方差依赖于实验点在因子空间的位置，由于误差的干扰，实验人员无法根据预测值直接寻找最佳条件。为满足设计的最优化等更高要求，可以采用回归的旋转设计、回归的 D-最优设计、响应面分析等，目前应用较广的是响应面分析法。

二次回归设计还可利用 MATLAB、SAS、PSREG、Design - Expert 等软件进行处理。

12.4.3 二次回归的 MATLAB 应用

对于 MATLAB 的二次回归模型:

$$y = b_0 + \sum_i b_i x_i + \sum_i b_{ii} x_i^2 + \sum_{i<k} b_{ik} x_i x_k$$

上式右端从前到后,分别为常数项、线性项、平方项、交互项。

二次回归交互式语句为

```
rstool(x,y)
rstool(x,y,'model')
rstool(x,y,'model',alpha,'xname','yname')
```

其中,x,y 为列向量,含 95%置信区间,源自线性。

model 选项包含以下内容。

'linear':表示模型含常数项、线性项;

'interaction':表示模型含常数项、线性项、交叉项;

'quadratic':表示在 interaction 的基础上增加平方项;

'purequadratic':表示模型含常数项、线性项、平方项。

rstool 的用法和非线性回归 nlintool 相似,在 rstool 画面的 Export 区的参数选项中可得到各种计算结果:beta、rmse、residuals。

例 12-6 红铃虫的产卵数与温度有关,现得到的数据如表 12-19 所示。

表 12-19 红铃虫的产卵数与温度的数据

温度/℃	21	23	25	27	29	32	35
产卵数	7	11	21	24	66	115	325

试求其回归函数。

解:设温度为 x,产卵数为 y,则

```
x=[21 23 25 27 29 32 35]'; y=[7 11 21 24 66 115 325]'; rstool(x,y)
```

得到如图 12-7 所示的拟合图。

从 Export 区可得到拟合函数的系数值、均方差和残差。在 linear 下拉式列表框中可选择 Quadratic 等选项。

如对于线性拟合(linear):

beta=−463.73 19.87;

rmse=62.959

因此,回归方程:y=463.731 1+19.870 4x。

对于二次回归(full quadratic):

beta =1482.1 −123.06 2.553;

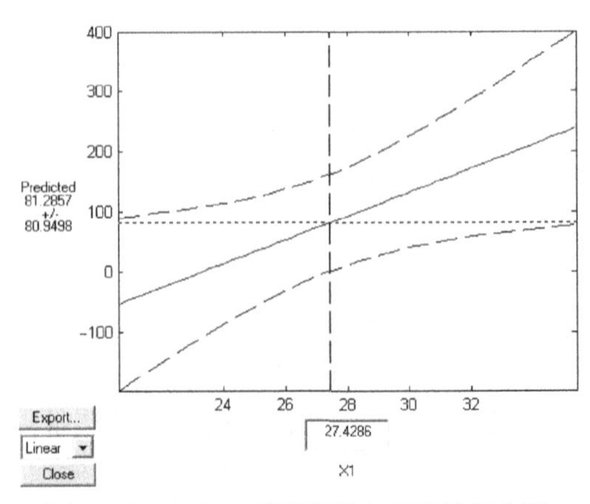

图 12-7 红铃虫的产卵数与温度的拟合图

rmse= 28.227

因此,得到的二次回归方程：$y=1\ 482.1-123.06x+2.553x^2$。

二次回归相比线性回归,可以显著减小回归的标准误差,从原来的 62.959 减小到 28.227,相应的拟合残差也显著减小,故该拟合比线性拟合更好。

12.4.4　响应面设计法

响应面设计法(response surface methodology, RSM) 是基于二次回归模型的一种实验设计及优化方法,其试验点的安排类似于二次回归正交设计,也是特殊设定的。该方法是利用合理的试验设计并通过试验得到一定数据,采用多元二次回归方程来拟合因素与响应值 y 之间的函数关系,通过对回归方程的分析来寻求最优工艺参数,解决多变量问题的一种统计方法(又称回归设计)。

响应面设计法的使用有一定的条件要求：① 确信或怀疑因素对目标变量 y 存在非线性影响;② 影响因素个数为 2～7 个,一般不超过 4 个;③ 所有因素均为计量值(无因次)数据;试验区域已接近最优区域;④ 基于 2 水平的全因子正交试验。

因该方法的影响因素一般不超过 4 个,并需确定合理的试验范围,因此需要对因素进行预筛。采用的试验方法有 PB(Plackett - Burman)试验设计。PB 试验设计主要通过对每个因子取两水平来进行试验分析,通过比较各个因子两水平的差异与整体的差异来确定因子的显著性,从而达到筛选重要因子的目的,为下一步优化研究打下基础,避免在后期的优化试验中由于因子数太多或部分因子不显著而浪费试验资源,但是筛选试验设计不能区分主效应与交互作用的影响。

一次 PB 试验设计可以考虑许多因子,对于 N 次试验至多可研究$(N-1)$个因素,如表 12 - 20 所示,$N=12$,则 12 次试验可安排 11 个因素。但实际因素应该要少于 $N-1$ 个,至少要有 1 个空白列用以估计试验误差。每个因素取两个水平,而且一般高水平约取低水平的 1.25 倍。然后类似于正交试验的极差分析和方差分析对试验结果进行分析处理,筛选出重要因素。PB 试验的次数一般是 4 的倍数(如 12、16、20、24 等),试验表格可从相关文献查阅。

表 12 - 20　PB 试验设计表($N=12$)

N	x_1	x_2	x_3	x_4	x_5	x_6	x_7	x_8	x_9	x_{10}	x_{11}
1	1	−1	1	−1	−1	−1	1	1	1	−1	1
2	1	1	−1	1	−1	−1	−1	1	1	1	−1
3	−1	1	1	−1	1	−1	−1	−1	1	1	1
4	1	−1	1	1	−1	1	−1	−1	−1	1	1
5	1	1	−1	1	1	−1	1	−1	−1	−1	1
6	1	1	1	−1	1	1	−1	1	−1	−1	−1
7	−1	1	1	1	−1	1	1	−1	1	−1	−1
8	−1	−1	1	1	1	−1	1	1	−1	1	−1
9	−1	−1	−1	1	1	1	−1	1	1	−1	1
10	1	−1	−1	−1	1	1	1	−1	1	1	−1
11	−1	1	−1	−1	−1	1	1	1	−1	1	1
12	−1	−1	−1	−1	−1	−1	−1	−1	−1	−1	−1

经过 PB 试验的因素筛选后,就可以开始响应面法的设计。可以进行响应面分析的试验设计有多种,最常用的是两种:central composite design(CCD,中心复合设计)、box - Behnken design(BBD)。其步骤如下:① 确定因素及水平,设计的水平数为 2;② 创建 CCD 或 BBD 设计,根据其各自要求安排试验点,增加水平数;③ 确定试验运行顺序;④ 严格按设计表进行试验并收集数据;⑤ 分析试验数据;⑥ 优化因素的设置水平。

CCD 和 BBD 设计的试验点是特定的,有专门的设计安排表可以查阅。其中 CCD 设计表是在两水平析因设计的基础上加上极值点和中心点构成的,有旋转性和序贯性,一般 3 个因子需要 20 次试验,4 个因子需要 30 次试验,包括各因子零水平下的试验。BBD 所需要的点数比 CCD 少,要求试验区域是球形的,有近似旋转性,无序贯性,3 个因子需要(12+3)次试验,4 个因子需要(24+3)次试验,其中 3 次是各因子零水平下的试验。

MATLAB 中有 RSM 的 CCD、BBD 试验设计语句,分别是:

$$dBB = bbdesign(n)$$

$$dCC = ccdesign(n)$$

输出对应 n 个因子的试验点安排,如 $n=3$,对应的试验表如表 12 - 21 所示,另外在 MATLAB 的帮助(help)中可以看到相关试验点的选择。

表 12 - 21　三因子 CCD 和 BBD 的试验表

N	CCD			BBD		
	A	B	C	A	B	C
1	−1	−1	−1	−1	−1	0
2	−1	−1	1	−1	1	0
3	−1	1	−1	1	−1	0
4	−1	1	1	1	1	0
5	1	−1	−1	−1	0	−1
6	1	−1	1	−1	0	1
7	1	1	−1	1	0	−1
8	1	1	1	1	0	1
9	−1.618	0	0	0	−1	−1
10	1.618	0	0	0	−1	1
11	0	−1.618	0	0	1	−1
12	0	1.618	0	0	1	1
13	0	0	−1.618	0	0	0
14	0	0	1.618	0	0	0
15	0	0	0	0	0	0
16	0	0	0	/	/	/
17	0	0	0			
18	0	0	0			
19	0	0	0			
20	0	0	0			

响应面设计法具有明显的优点:① 考虑了试验随机误差;② 响应面法将复杂的未知的函数关系在小区域内采用二次多项式模型进行拟合,计算比较简便;③ 试验次数较少,可降

低试验成本；④ 响应面法是一种优化方法，可以连续地对试验的各个水平进行分析，通过响应曲面的变化寻找最优试验条件。

下面以两因素的响应面设计为例，说明其分析过程。

例 12－7　设计抗生素 PCA 的发酵试验，重点考察因子为葡萄糖的质量分数 x_1 和种子的种龄 x_2。参照中心组合试验方案，各自变量水平如表 12－22 所示，试验设计及结果如表 12－23 所示。

表 12－22　中心组合试验变量及其水平

因　素	水　平				
	−1.414	−1	0	1	1.414
x_1/%	0.78	0.8	0.85	0.9	0.92
x_2/h	9.8	10	10.5	11	11.2

表 12－23　中心组合试验设计及其结果

试验号	因　素		PCA/(mg/L)
	x_1	x_2	
1	−1	−1	1 340
2	−1	1	1 278
3	1	−1	1 388
4	1	1	1 318
5	0	0	1 413
6	0	0	1 400
7	0	0	1 415
8	0	0	1 425
9	0	0	1 418
10	1.414	0	1 400
11	−1.414	0	1 313
12	0	1.414	1 323
13	0	−1.414	1 375

使用 rstool 函数进行拟合：

```
X1=[-1 -1 1 1 0 0 0 0 0 1.414 -1.414 0 0]';
X2=[-1 1 -1 1 0 0 0 0 0 0 0 1.414 -1.414]';
X=[X1,X2];
Y=[1340 1278 1388 1318 1413 1400 1415 1425 1418 1400 1313 1323 1375]';
rstool(X,Y)
```

得到的回归曲线如图 12－8 所示。

输出模型参数，得到拟合的二次回归模型为

```
Y=1414.2+26.4X1-25.7X2-34.3X1^2-38.0X2^2-2X1X2
rsme=16.299
```

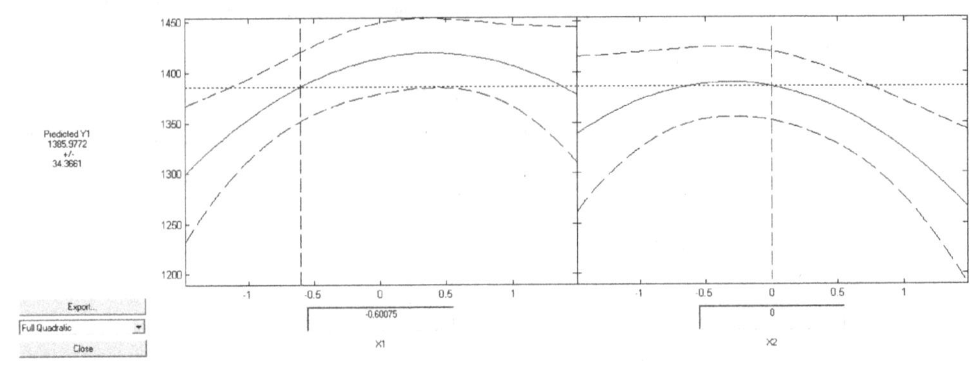

图 12-8 回归曲线图

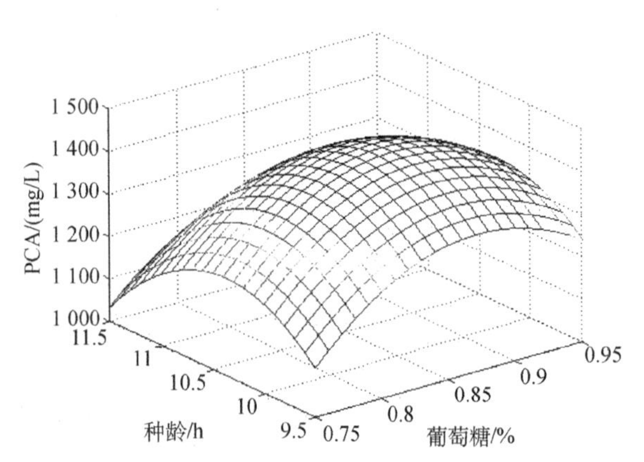

图 12-9 PCA 发酵效价、葡萄糖的质量分数和种龄的三维空间响应曲面

对模型分析优化，求得稳定点 $X_1=0.395$，$X_2=-0.358$。相当于葡萄糖的质量分数为 0.87%，种龄为 10.3 h，此时模型预测的 PCA 最高效价为 1 424 mg/L。

利用 MATLAB 作图语句绘制响应曲面图，可采用 surf 函数绘制三维表面图或 mesh 函数绘制三维网格图或 plot3 函数绘制三维直角坐标曲线图。构造 PCA 发酵效价、葡萄糖的质量分数和种龄的三维空间响应曲面图(见图 12-9)，可以明显看出最佳葡萄糖浓度为 0.85%～0.9%，最佳种龄为 10～10.5 h。

12.5 序贯实验设计

12.5.1 序贯实验设计

序贯实验设计是一个边实验边分析边修正的设计过程。它是以概率论、数理统计和信息学等知识为基础的一种确定实验点位置的工作方法。它主要用于几个竞争模型的鉴别和模型参数的估计。

序贯实验设计与通常的实验方法有以下几点不同：① 实验是预先设计的，按能获得最大信息量的原则对实验进行预先设计；② 实验序贯地进行。它不像传统的二段式的实验方法，没有实验阶段和处理阶段之间的信息反馈。序贯实验设计是先做几个初步实验，以获得初步的实验信息，然后在此基础上确定后续实验的条件，以此类推反复实验，直至达到预期的实验目的为止。实验信息在整个实验过程中不断地传递和反馈，使后续实验能够在局部最优的条件下进行。如果实验设计合理，每次实验均能获得大量的信息，就可以大大减少实验的工作量。

序贯实验设计的实验是为了逐步排除实验的不确定性，逐步增加实验的信息量。实验过程的不确定性下降，则确定性增加、信息量增加。但是不同过程需了解的信息量不一样，不同的实验提供的实验信息也是不一样的。以非线性的动力学方程为例，如果一个方程的曲线为单调增加（见图 12－10 中的曲线①），而另一个方程的曲线为增加后下降（见图 12－10 中的曲线②）。显然在第二种情况下，实验点的安排要比第一种情况复杂得多，对其过程的了解需要更多的信息。

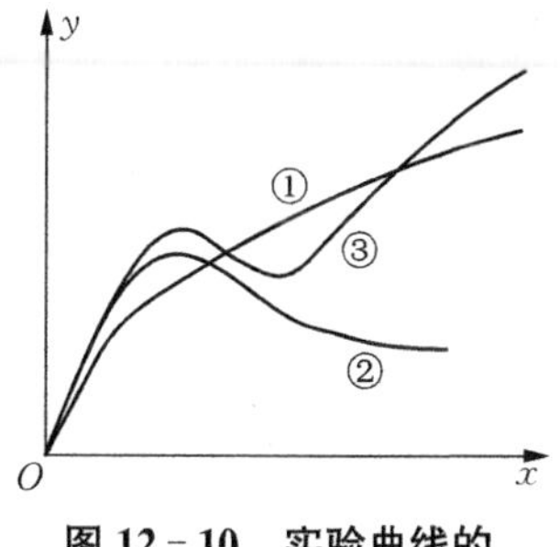

图 12－10　实验曲线的形状示例

上述例子还表明不同的实验所提供的实验信息是不一样的，特别是在实验曲线的拐点附近（见图 12－10 中的曲线③），其实验点的安排对了解曲线的变化有特别意义，能提供较多的信息，故实验点的选择是重要的。如果实验点选择得不好，在某一个区域即使实验点安排较多，但它们对整个实验过程的贡献可能还不如在另一个区域的少数几个实验点，这样仍然无法达到预期的实验目的。如果实验点选择得当，即使少量的实验数据也能达到预期的实验目的，即使精度较差的实验方法也能提供所需要的实验信息，满足实验的要求。而实验设计不好的话，其损失单靠后期的数据处理手段是无法弥补的。因此在安排实验时，应合理确定数据的数量、数据的测量精度和实验点的分布。

对于序贯实验设计的模型鉴别是采用方差分析或某个给定的目标函数对各个模型的可靠性进行后验性比较，其关键是最佳判别式的选择。如以简单的两个线性模型为例：

$$y=a_1x+b$$

$$y=a_2x$$

在这两个模型之间做出判断。为了对模型进行最佳判别，应在预期差异或散度最大的地方设计一次实验，而不是在两模型交叉之处设计，故模型的判别式为两个模型的散度：

$$D=[\hat{y}_i^{(1)}-\hat{y}_i^{(2)}]^2$$

由于实验存在误差，如果判别式能够结合数据测量的方差，就更为有效。

12.5.2　序贯实验设计的参数估计

不同的实验所提供的信息量是不一样的。实验的信息量可以用数学参数表示，假定某一个实验的不确定事件为 ξ，由于该不确定事件是一个随机过程，设它的概率分布为 $p(\xi)$，信息量可定义如下。

对于连续函数：

$$H(\xi)=-E[\ln p(\xi)]=-\int_{-\infty}^{\infty}p(\xi)\ln p(\xi)\mathrm{d}\xi$$

对于离散函数：

$$H(\xi)=-E[\ln p(\xi)]=-\sum_i p(\xi)\ln p(\xi)$$

$H(\xi)$的数值可用于衡量事件 ξ 的不确定性，其性质和热力学中的熵相似，因此称为 $H(\xi)$的实验熵，其特性则和概率分布函数相似。实验过程是不确定性下降的过程，即一个实验熵的下降过程。其中离散型信息函数在生物信息数据的处理中相当重要。

在生物信息理论的研究中,某一事件的生物信息量的定义同样为以上公式,只是离散数据居多。生物信息量具有以下基本性质:① 连续非负性,$H\geqslant 0$;② 对称性,各个信息项可互换;③ 扩展性,$\lim\limits_{p\to 0} p\log p=0$;④ 可加性,信息可累加;⑤ 极值性,$H(p_1, p_2, \cdots, p_n)\leqslant \log n$。

如对某地区做植物资源调查,测得采集的标本分布概率,草本、灌木、乔木在低山阔叶林区的概率分别为$\frac{1}{2}$、$\frac{1}{3}$、$\frac{1}{6}$。可计算得信息量:

$$H=-\frac{1}{2}\log\frac{1}{2}-\frac{1}{3}\log\frac{1}{3}-\frac{1}{6}\log\frac{1}{6}=1.011\ 4$$

而草本、灌木、乔木在高山草甸区的概率为$\frac{4}{5}$、$\frac{1}{5}$、0。可计算得信息量:

$$H=0.500\ 4$$

说明低山阔叶林区的资源丰富,信息量高于高山草甸区。

定义实验前后的熵差

$$I=H(p_0)-H(\tilde{p})$$

此即为实验中获得的信息量。可通过实验中的信息量的变化,估计各个实验的价值,判断实验设计的合理性。因此,序贯实验设计归根到底是对实验信息量的优化,并由此求取参数的估计值。

参数估计的序贯实验设计的步骤如下:

(1) 在已知的实验条件 $\boldsymbol{X}_M$ 下进行一组预实验,根据得到的结果 $\boldsymbol{Y}_M$ 初步估计参数值 $\boldsymbol{K}^{(M)}$,以此作为进一步计算的初值。预实验的次数应该大于或至少等于模型参数的个数。

(2) 根据以上计算的参数 $\boldsymbol{K}^{(M)}$ 值,用最优化方法在实验的领域内求取 $\max\Delta$ 时的 $\boldsymbol{X}_{M+1}$点。

(3) 根据求得的实验条件 $\boldsymbol{X}_{M+1}$进行实验,求取相应的实验结果 $\boldsymbol{Y}_{M+1}$。

(4) 对实验点($\boldsymbol{X}_{M+1}$, $\boldsymbol{Y}_{M+1}$)重新估计参数,求得 $\boldsymbol{K}_{M+1}$。

(5) 若实验误差允许,在给定置信度水平 α 下,$|\Delta_{(M+1)}-\Delta_M|\leqslant\varepsilon$,则实验终止,否则返回步骤(2),重新进行实验设计。

数学模型参数估计的序贯实验设计判别式为

$$\Delta_{\max}=\left|\sum_{j=1}^{M+1}\boldsymbol{D}_j^{\mathrm{T}}\boldsymbol{V}_j^{-1}\boldsymbol{D}_j\right|$$

对于各个单响应的、相互独立的实验,且具有等同的实验测定的误差方差,该式可简化为

$$\Delta_{\max}=\left|\sum_{j=1}^{M+1}\boldsymbol{D}_j^{\mathrm{T}}\boldsymbol{D}_j\right|$$

Δ 也是待设计的实验点的函数:

$$\Delta=f(\boldsymbol{X}_1, \boldsymbol{X}_2, \cdots, \boldsymbol{X}_{M+1})$$

其中，$\boldsymbol{D}$ 是一个行向量，$\boldsymbol{D}=\left[\frac{\partial f}{\partial k_1}, \frac{\partial f}{\partial k_2}, \cdots, \frac{\partial f}{\partial k_n}\right]$，$n$ 为参数个数，$\boldsymbol{V}_j$ 为实验误差的协方差，其中各个实验误差也是相互独立的，且满足平均值为 0 的正态分布。

序贯实验设计被广泛应用于生命科学中，如谭载友等[①]将序贯方法用于药物配方的优化设计。药物配方优化设计通常包含多个相关的因素和组分，涉及设计变量和约束条件，既要考虑药物配伍和药效发挥，又要考虑药物毒性、副作用、成本价格等。他们提出了一个基于药物作用和价格的数学模型，采用计算机辅助设计，利用序贯方法较好地解决了问题。

徐端正等[②]成功地将序贯实验设计用于基因工程干扰素 α 治疗肝炎的试验，取得了理想的效果。序贯实验设计边实验边分析，与传统设计固定样本法相比，可以节约病例数 30%～50%，而且干扰素 α 价格昂贵，从而可大大降低实验成本。

在序贯实验设计的参数探索过程中，如果目标函数对某一参数值的变化不敏感，则该参数一定是不精确的，应该对该参数提出疑问。一般来说，目标函数对某一参数的梯度越大，该参数就越精确。实验过程的设计不同，实验点位置不同，参数的搜索过程就不同，实验结果对参数的精确度有着重要影响。

在实验结果整理过程中，参数估计值不可靠或不精确的一些原因和修改措施如下：

(1) 给定的模型不正确。修改措施首先是修正模型。

(2) 测量精度差。需提高测量精度和增加测量次数。一般地说，实验精度提高 10 倍，需要重复试验 100 次。因此，设法提高实验精度是首要考虑。

(3) 实验设计不合理及实验点位置影响。例如模型回归时，整体的残差平方和很小，即总体拟合情况较好，但可能某些参数的方差较大，则很可能是实验设计不合理所造成的结果。这种现象在同时有几个数学模型参与竞争时表现得较为明显。实验设计不合理的另一种情况是没有充分考虑实验参数之间相互作用的影响，在设计时应尽量选择独立变量，减少参数之间的交互作用和相关性。

以上的修改措施同样适用于其他的实验设计。

本章学习要点：

(1) 了解实验设计的价值。

(2) 掌握单因素试验设计、双因素试验设计。

(3) 了解正交设计、正交表及其计算方法。

(4) 了解回归正交设计的原理。

(5) 了解响应面法实验设计。

(6) 运用 MATLAB 计算二次回归模型。

---

① 谭载友，容令新，林文玉.药物配方优化的计算机辅助设计研究Ⅱ——序贯无约束极小化方法及其应用[J].广东药学院学报，1995，11(1)：6-8.

② 徐端正，江裔发.干扰素 α 治疗肝炎的序贯设计[J].新药与临床，1994，13(1)：17-19.

附　　录

附录 1　标准正态分布表

$$\phi(z)=\int_{-\infty}^{z}\frac{1}{\sqrt{2\pi}}\mathrm{e}^{-u^2/2}\mathrm{d}u=P\ (Z\leqslant z)$$

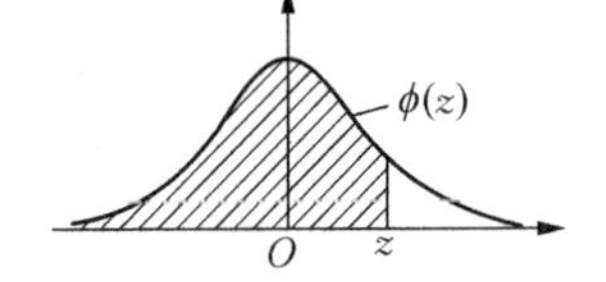

z	0	1	2	3	4	5	6	7	8	9
−3.0	0.001 3	0.001 0	0.000 7	0.000 5	0.000 3	0.000 2	0.000 2	0.000 1	0.000 1	0.000 0
−2.9	0.001 9	0.001 8	0.001 7	0.001 7	0.001 6	0.001 6	0.001 5	0.001 5	0.001 4	0.001 4
−2.8	0.002 6	0.002 5	0.002 4	0.002 3	0.002 3	0.002 2	0.002 1	0.002 1	0.002 0	0.001 9
−2.7	0.003 5	0.003 4	0.003 3	0.003 2	0.003 1	0.003 0	0.002 9	0.002 8	0.002 7	0.002 6
−2.6	0.004 7	0.004 5	0.004 4	0.004 3	0.004 1	0.004 0	0.003 9	0.003 8	0.003 7	0.003 6
−2.5	0.006 2	0.006 0	0.005 9	0.005 7	0.005 5	0.005 4	0.005 2	0.005 1	0.004 9	0.004 8
−2.4	0.008 2	0.008 0	0.007 8	0.007 5	0.007 3	0.007 1	0.006 9	0.006 8	0.006 6	0.006 4
−2.3	0.010 7	0.010 4	0.010 2	0.009 9	0.009 6	0.009 4	0.009 1	0.008 9	0.008 7	0.008 4
−2.2	0.013 9	0.013 6	0.013 2	0.012 9	0.012 6	0.012 2	0.011 9	0.011 6	0.011 3	0.011 0
−2.1	0.017 9	0.017 4	0.017 0	0.016 6	0.016 2	0.015 8	0.015 4	0.015 0	0.014 6	0.014 3
−2.0	0.022 8	0.022 2	0.021 7	0.021 2	0.020 7	0.020 2	0.019 7	0.019 2	0.018 8	0.018 3
−1.9	0.028 7	0.028 1	0.027 4	0.026 8	0.026 2	0.025 6	0.025 0	0.024 4	0.023 8	0.023 3
−1.8	0.035 9	0.035 2	0.034 4	0.033 6	0.032 9	0.032 2	0.031 4	0.030 7	0.030 0	0.029 4
−1.7	0.044 6	0.043 6	0.042 7	0.041 8	0.040 9	0.040 1	0.039 2	0.038 4	0.037 5	0.036 7
−1.6	0.054 8	0.053 7	0.052 6	0.051 6	0.050 5	0.049 5	0.048 5	0.047 5	0.046 5	0.045 5
−1.5	0.066 8	0.065 5	0.064 3	0.063 0	0.061 8	0.060 6	0.059 4	0.058 2	0.057 0	0.055 9
−1.4	0.080 8	0.079 3	0.077 8	0.076 4	0.074 9	0.073 5	0.072 2	0.070 8	0.069 4	0.068 1
−1.3	0.096 8	0.095 1	0.093 4	0.091 8	0.090 1	0.088 5	0.086 9	0.085 3	0.083 8	0.082 3
−1.2	0.115 1	0.113 1	0.111 2	0.109 3	0.107 5	0.105 6	0.103 8	0.102 0	0.100 3	0.098 5
−1.1	0.135 7	0.133 5	0.131 4	0.129 2	0.127 1	0.125 1	0.123 0	0.121 0	0.119 0	0.117 0
−1.0	0.158 7	0.156 2	0.153 9	0.151 5	0.149 2	0.146 9	0.144 6	0.142 3	0.140 1	0.137 9
−0.9	0.184 1	0.181 4	0.178 8	0.176 2	0.173 6	0.171 1	0.168 5	0.166 0	0.163 5	0.161 1
−0.8	0.211 9	0.209 0	0.206 1	0.203 3	0.200 5	0.197 7	0.194 9	0.192 2	0.189 4	0.186 7
−0.7	0.242 0	0.238 9	0.235 8	0.232 7	0.229 7	0.226 6	0.223 6	0.220 6	0.217 7	0.214 8
−0.6	0.274 3	0.270 9	0.267 6	0.264 3	0.261 1	0.257 8	0.254 6	0.251 4	0.248 3	0.245 1
−0.5	0.308 5	0.305 0	0.301 5	0.298 1	0.294 6	0.291 2	0.287 7	0.284 3	0.281 0	0.277 6

（续表）

z	0	1	2	3	4	5	6	7	8	9
−0.4	0.344 6	0.340 9	0.337 2	0.333 6	0.330 0	0.326 4	0.322 8	0.319 2	0.315 6	0.312 1
−0.3	0.382 1	0.378 3	0.374 5	0.370 7	0.366 9	0.363 2	0.359 4	0.355 7	0.352 0	0.348 3
−0.2	0.420 7	0.416 8	0.412 9	0.409 0	0.405 2	0.401 3	0.397 4	0.393 6	0.389 7	0.385 9
−0.1	0.460 2	0.456 2	0.452 2	0.448 3	0.444 3	0.440 4	0.436 4	0.432 5	0.428 6	0.424 7
−0.0	0.500 0	0.496 0	0.492 0	0.488 0	0.484 0	0.480 1	0.476 1	0.472 1	0.468 1	0.464 1
0.0	0.500 0	0.504 0	0.508 0	0.512 0	0.516 0	0.519 9	0.523 9	0.527 9	0.531 9	0.535 9
0.1	0.539 8	0.543 8	0.547 8	0.551 7	0.555 7	0.559 6	0.563 6	0.567 5	0.571 4	0.575 3
0.2	0.579 3	0.583 2	0.587 1	0.591 0	0.594 8	0.598 7	0.602 6	0.606 4	0.610 3	0.614 1
0.3	0.617 9	0.621 7	0.622 5	0.629 3	0.633 1	0.636 8	0.640 6	0.644 3	0.648 0	0.651 7
0.4	0.655 4	0.659 1	0.662 8	0.666 4	0.670 0	0.673 6	0.677 2	0.680 8	0.684 4	0.687 9
0.5	0.691 5	0.695 0	0.698 5	0.701 9	0.705 4	0.708 8	0.712 3	0.715 7	0.719 0	0.722 4
0.6	0.725 7	0.729 1	0.732 4	0.735 7	0.738 9	0.742 2	0.745 4	0.748 6	0.751 7	0.754 9
0.7	0.758 0	0.761 1	0.764 2	0.767 3	0.770 3	0.773 4	0.776 4	0.779 4	0.782 3	0.785 2
0.8	0.788 1	0.791 0	0.793 9	0.796 7	0.799 5	0.802 3	0.805 1	0.807 8	0.810 6	0.813 3
0.9	0.815 9	0.818 6	0.821 2	0.823 8	0.836 4	0.828 9	0.831 5	0.834 0	0.836 5	0.838 9
1.0	0.841 3	0.843 8	0.846 1	0.848 5	0.850 8	0.853 1	0.855 4	0.857 7	0.859 9	0.862 1
1.1	0.864 3	0.866 5	0.868 6	0.870 8	0.872 9	0.874 9	0.877 0	0.879 0	0.881 0	0.883 0
1.2	0.884 9	0.886 9	0.888 8	0.890 7	0.892 5	0.894 4	0.896 2	0.898 0	0.899 7	0.901 5
1.3	0.903 2	0.904 9	0.906 6	0.908 2	0.909 9	0.911 5	0.913 1	0.914 7	0.916 2	0.917 7
1.4	0.919 2	0.920 7	0.922 2	0.923 6	0.925 1	0.926 5	0.927 8	0.929 2	0.930 6	0.931 9
1.5	0.933 2	0.934 5	0.935 7	0.937 0	0.938 2	0.939 4	0.940 6	0.941 8	0.943 0	0.944 1
1.6	0.945 2	0.946 3	0.947 4	0.948 4	0.949 5	0.950 5	0.951 5	0.952 5	0.953 5	0.954 5
1.7	0.955 4	0.956 4	0.957 3	0.958 2	0.959 1	0.959 9	0.960 8	0.961 6	0.962 5	0.963 3
1.8	0.964 1	0.964 8	0.965 6	0.966 4	0.967 1	0.967 8	0.968 6	0.969 3	0.970 0	0.970 6
1.9	0.971 3	0.971 9	0.972 6	0.973 2	0.973 8	0.744	0.975 0	0.975 6	0.976 2	0.976 7
2.0	0.977 2	0.977 8	0.978 3	0.978 8	0.979 3	0.979 8	0.980 3	0.980 8	0.981 2	0.981 7
2.1	0.986 1	0.986 4	0.986 8	0.987 1	0.987 4	0.987 8	0.988 1	0.988 4	0.988 7	0.989 0
2.2	0.986 1	0.986 4	0.986 8	0.987 1	0.987 4	0.987 8	0.988 1	0.988 4	0.988 7	0.989 0
2.3	0.989 3	0.989 6	0.989 8	0.990 1	0.990 4	0.990 6	0.990 9	0.991 1	0.991 3	0.991 6
2.4	0.991 8	0.992 0	0.992 2	0.992 5	0.992 7	0.992 9	0.993 1	0.993 2	0.993 4	0.993 6
2.5	0.993 8	0.994 0	0.994 1	0.994 3	0.994 5	0.994 6	0.994 8	0.994 9	0.995 1	0.995 2
2.6	0.995 3	0.995 5	0.995 6	0.995 7	0.995 9	0.996 0	0.996 1	0.996 2	0.996 3	0.996 4
2.7	0.996 5	0.996 6	0.996 7	0.996 8	0.996 9	0.997 0	0.997 1	0.997 2	0.997 3	0.997 4
2.8	0.997 4	0.997 5	0.997 6	0.997 7	0.997 7	0.997 8	0.997 9	0.997 9	0.998 0	0.998 1
2.9	0.998 1	0.998 2	0.998 2	0.998 3	0.998 4	0.998 4	0.998 5	0.998 5	0.998 6	0.998 6
3.0	0.998 7	0.999 0	0.999 3	0.999 5	0.999 7	0.999 8	0.999 8	0.999 9	0.999 9	1.000 0

附录 2　t 分布表

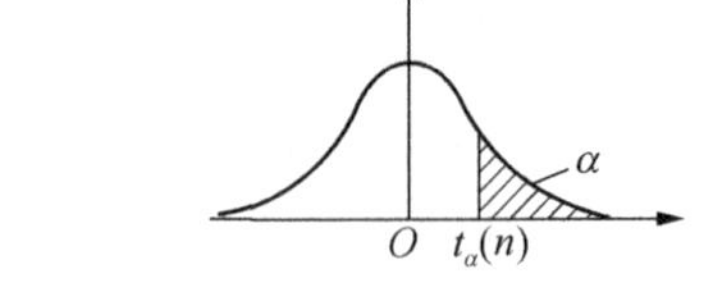

$$P\{t(n) > t_\alpha(n)\} = \alpha$$

n	$\alpha = 0.25$	0.10	0.05	0.025	0.01	0.005
1	1.000 0	3.077 7	6.313 8	12.706 2	31.820 7	63.657 4
2	0.816 5	1.885 6	2.920 0	4.302 7	6.964 6	9.924 8
3	0.764 9	1.637 7	2.353 4	3.182 4	4.540 7	5.840 9
4	0.740 7	1.533 2	2.131 8	2.776 4	3.746 9	4.604 1
5	0.726 7	1.475 9	2.015 0	2.570 6	3.364 9	4.032 2
6	0.717 6	1.439 8	1.943 2	2.446 9	3.142 7	3.707 4
7	0.711 1	1.414 9	1.894 6	2.364 6	2.998 0	3.499 5
8	0.706 4	1.396 8	1.859 5	2.306 0	2.896 5	3.355 4
9	0.702 7	1.383 0	1.833 1	2.262 2	2.821 4	3.249 8
10	0.699 8	1.372 2	1.812 5	2.228 1	2.763 8	3.169 3
11	0.697 4	1.363 4	1.795 9	2.201 0	2.718 1	3.105 8
12	0.695 5	1.356 2	1.782 3	2.178 8	2.681 0	3.054 5
13	0.693 8	1.350 2	1.770 9	2.160 4	2.650 5	3.012 3
14	0.692 4	1.345 0	1.761 3	2.144 8	2.624 5	2.976 8
15	0.691 2	1.340 6	1.753 1	2.131 5	2.602 5	2.946 7
16	0.690 1	1.336 8	1.745 9	2.119 9	2.583 5	2.920 8
17	0.689 2	1.333 4	1.739 6	2.109 8	2.566 9	2.898 2
18	0.688 4	1.330 4	1.734 1	2.100 9	2.552 4	2.878 4
19	0.687 6	1.327 7	1.729 1	2.093 0	2.539 5	2.860 9
20	0.687 0	1.325 3	1.724 7	2.086 0	2.528 0	2.845 3
21	0.686 4	1.323 2	1.720 7	2.079 6	2.517 7	2.831 4
22	0.685 8	1.321 2	1.717 1	2.073 9	2.508 3	2.818 8
23	0.685 3	1.319 5	1.713 9	2.068 7	2.499 9	2.807 3
24	0.684 8	1.317 8	1.710 9	2.063 9	2.492 2	2.796 9
25	0.684 4	1.316 3	1.708 1	2.059 5	2.485 1	2.787 4
26	0.684 0	1.315 0	1.705 6	2.055 5	2.478 6	2.778 7
27	0.683 7	1.313 7	1.703 3	2.051 8	2.472 7	2.770 7
28	0.683 4	1.312 5	1.701 1	2.048 4	2.467 1	2.763 3
29	0.683 0	1.311 4	1.697 3	2.042 3	2.462 0	2.750 0
30	0.682 8	1.310 4	1.697 3	2.042 3	2.457 3	2.750 0
31	0.682 5	1.309 5	1.695 5	2.039 5	2.452 8	2.744 0
32	0.682 2	1.308 6	1.693 9	2.036 9	2.448 7	2.738 5
33	0.682 0	1.307 7	1.692 4	2.034 5	2.444 8	2.733 3
34	0.681 8	1.307 0	1.690 9	2.032 2	2.441 1	2.728 4
35	0.681 6	1.306 2	1.689 6	2.030 1	2.437 7	2.723 8

（续表）

n	$\alpha=0.25$	0.10	0.05	0.025	0.01	0.005
36	0.681 4	1.305 5	1.688 3	2.028 1	2.434 5	2.719 5
37	0.681 2	1.304 9	1.687 1	2.026 2	2.431 4	2.715 4
38	0.681 0	1.304 2	1.686 0	2.024 4	2.428 6	2.700 6
39	0.680 8	1.303 6	1.684 9	2.022 7	2.425 8	2.707 9
40	0.680 7	1.303 1	1.683 9	2.021 1	2.423 3	2.704 5
41	0.680 5	1.302 5	1.682 9	2.019 5	2.420 8	2.701 2
42	0.680 4	1.300 2	1.682 0	2.018 1	2.418 5	2.698 1
43	0.680 2	1.301 6	1.681 1	2.016 7	2.416 3	2.695 1
44	0.680 1	1.301 1	1.680 2	2.015 4	2.414 1	2.692 3
45	0.680 0	1.300 6	1.679 4	2.014 1	2.412 1	2.689 6

附录 3　χ^2 分布表

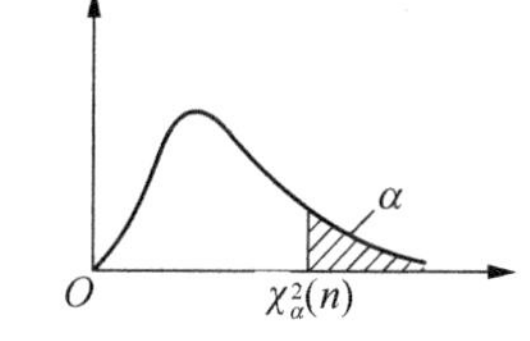

$$P\{\chi^2(n)>\chi^2_\alpha(n)\}=\alpha$$

n	$\alpha=0.995$	0.99	0.975	0.95	0.90	0.75
1	—	—	0.001	0.004	0.016	0.102
2	0.010	0.020	0.051	0.103	0.211	0.575
3	0.072	0.115	0.216	0.352	0.584	1.213
4	0.207	0.297	0.484	0.711	1.064	1.923
5	0.412	0.554	0.831	1.145	1.610	2.675
6	0.676	0.872	1.237	1.635	2.204	3.455
7	0.989	1.239	1.690	2.167	2.833	4.255
8	1.344	1.646	2.180	2.733	3.490	5.071
9	1.735	2.088	2.700	3.325	4.168	5.899
10	2.156	2.558	3.247	3.940	4.865	6.737
11	2.603	3.053	3.816	4.575	5.578	7.584
12	3.074	3.571	4.404	5.226	6.304	8.438
13	3.565	4.107	5.009	5.892	7.042	9.299
14	4.075	4.660	5.629	6.571	7.790	10.165
15	4.601	5.229	6.262	7.261	8.547	11.037
16	5.142	5.812	6.908	7.962	9.312	11.912
17	5.697	6.408	7.564	8.627	10.085	12.792
18	6.265	7.015	8.231	9.390	10.865	13.675
19	6.844	7.633	8.907	10.117	11.651	14.562
20	7.434	8.260	9.591	10.851	12.443	15.452

(续表)

n	$\alpha=0.995$	0.99	0.975	0.95	0.90	0.75
21	8.034	8.897	10.283	11.591	13.240	16.344
22	8.643	9.542	10.982	12.338	14.042	17.240
23	9.260	10.196	11.689	13.091	14.848	18.137
24	9.886	10.856	12.401	13.848	15.659	19.037
25	10.520	11.524	13.120	14.611	16.473	19.939
26	11.160	12.198	13.844	15.379	17.292	20.843
27	11.808	12.879	14.573	16.151	18.114	21.749
28	12.461	13.565	15.308	16.928	18.939	22.657
29	13.121	14.257	16.047	17.708	19.768	23.567
30	13.787	14.954	16.791	18.493	20.599	24.478
31	14.458	15.655	17.539	19.281	21.434	25.390
32	15.134	16.362	18.291	20.072	22.271	26.304
33	15.815	17.074	19.047	20.867	23.110	27.219
34	16.501	17.789	19.806	21.664	23.952	28.136
35	17.192	18.509	20.569	22.465	24.797	29.054
36	17.887	19.233	21.336	23.269	25.643	29.973
37	18.586	19.960	22.106	24.075	26.492	30.893
38	19.289	20.691	22.878	24.884	27.343	31.815
39	19.996	21.426	23.654	25.695	28.196	32.737
40	20.707	22.164	24.433	26.509	29.051	33.660
41	21.421	22.906	25.215	27.326	29.907	34.585
42	22.138	23.650	25.999	28.144	30.765	35.510
43	22.859	24.398	26.785	28.965	31.625	36.436
44	23.584	25.148	27.575	29.787	32.487	37.363
45	24.311	25.901	28.366	30.612	33.350	38.291
n	$\alpha=0.25$	0.10	0.05	0.025	0.01	0.005
1	1.323	2.706	3.841	5.024	6.635	7.879
2	2.773	4.605	5.991	7.378	9.210	10.597
3	4.108	6.251	7.815	9.348	11.345	12.838
4	5.385	7.779	9.488	11.143	13.277	14.860
5	6.625	9.236	11.071	12.833	15.086	16.750
6	7.841	10.645	12.592	14.449	16.812	18.548
7	9.037	12.017	14.067	16.013	18.475	20.278
8	10.219	13.362	15.507	17.535	20.090	21.955
9	11.389	14.684	16.919	19.023	21.666	23.589
10	12.549	15.987	18.307	20.483	23.209	25.188

(续表)

n	$\alpha=0.25$	0.10	0.05	0.025	0.01	0.005
11	13.701	17.275	19.675	21.920	24.725	26.757
12	14.845	18.549	21.026	23.337	26.217	28.299
13	15.984	19.812	22.362	24.736	27.688	29.819
14	17.117	21.064	23.685	26.119	29.141	31.319
15	18.245	22.307	24.996	27.488	30.578	32.801
16	19.369	23.542	26.296	28.845	32.000	34.267
17	20.489	24.769	27.587	30.191	33.409	35.718
18	21.605	25.989	28.869	31.526	34.805	37.156
19	22.718	27.204	30.144	32.852	36.191	38.582
20	23.828	28.412	31.410	34.170	37.566	39.997
21	24.935	29.615	32.671	35.479	38.932	41.401
22	26.039	30.813	33.924	36.781	40.289	42.796
23	27.141	32.007	36.415	39.364	42.980	45.559
24	28.241	33.196	36.415	39.364	42.980	45.559
25	29.339	34.382	37.652	40.646	44.314	46.928
26	30.435	35.563	38.885	41.923	45.642	48.290
27	31.528	36.741	40.113	43.194	46.963	49.645
28	32.620	37.916	41.337	44.461	48.278	50.993
29	33.711	39.087	42.557	45.722	49.588	52.336
30	34.800	40.256	43.773	46.979	50.892	53.672
31	35.887	41.422	44.985	48.323	52.191	55.003
32	36.973	42.585	46.194	49.480	53.486	56.328
33	38.058	43.745	47.400	50.725	54.776	57.648
34	39.141	44.903	48.602	51.966	65.061	58.964
35	40.223	46.059	49.802	53.203	57.342	60.275
36	41.304	47.212	50.998	54.437	58.619	61.581
37	42.383	48.363	52.192	55.668	59.892	62.883
38	43.462	49.513	53.384	56.896	61.162	64.181
39	44.539	50.660	54.572	58.120	62.428	65.476
40	45.616	51.805	55.758	59.342	63.691	66.766
41	46.692	52.949	56.942	60.561	64.950	68.053
42	47.766	54.090	58.124	61.777	66.206	69.336
43	48.840	55.230	59.304	62.990	67.459	70.616
44	49.913	56.369	60.481	64.201	68.710	71.893
45	50.985	57.505	61.656	65.410	69.957	73.166

附录4 F 分布表

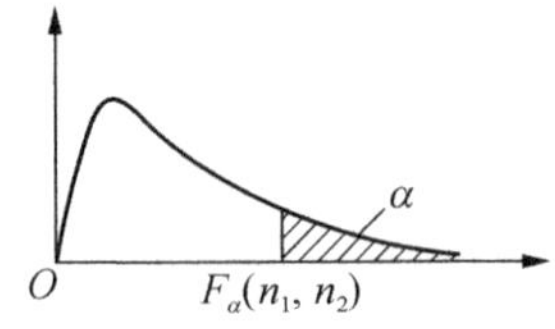

$$P\{F(n_1, n_2) > F_\alpha(n_1, n_2)\} = \alpha$$

$\alpha = 0.10$

n_2	n_1							
	1	2	3	4	5	6	7	8
1	39.86	49.50	53.59	55.83	57.24	58.20	58.91	59.44
2	8.53	9.00	9.16	8.24	9.29	9.33	9.35	9.37
3	5.54	5.46	5.39	5.34	5.31	5.28	5.27	5.25
4	4.54	4.32	4.19	4.11	4.05	4.01	3.98	3.95
5	4.06	3.78	3.62	3.52	3.45	3.40	3.37	3.34
6	3.78	3.46	3.29	3.18	3.11	3.05	3.01	2.98
7	3.59	3.26	3.07	2.96	2.88	2.83	2.78	2.75
8	3.46	3.11	2.92	2.81	2.73	2.67	2.62	2.59
9	3.36	3.01	2.81	2.69	2.61	2.55	2.51	2.47
10	3.29	2.92	2.73	2.61	2.52	2.46	2.41	2.38
11	3.23	2.86	2.66	2.54	2.45	2.39	2.34	2.30
12	3.18	2.81	2.61	2.48	2.39	2.33	2.28	2.24
13	3.14	2.76	2.56	2.43	2.35	2.28	2.23	2.20
14	3.10	2.73	2.52	2.39	2.31	2.24	2.19	2.15
15	3.07	2.70	2.49	2.36	2.27	2.21	2.16	2.12
16	3.05	2.67	2.46	2.33	2.24	2.18	2.13	2.09
17	3.03	2.64	2.44	2.31	2.22	2.15	2.10	2.06
18	3.01	2.62	2.42	2.29	2.20	2.13	2.08	2.04
19	2.99	2.61	2.40	2.27	2.18	2.11	2.06	2.02
20	2.97	2.59	2.38	2.25	2.16	2.09	2.04	2.00
21	2.96	2.57	2.36	2.23	2.14	2.08	2.02	1.98
22	2.95	2.56	2.35	2.22	2.13	2.06	2.01	1.97
23	2.94	2.55	2.34	2.21	2.11	2.05	1.99	1.95
24	2.93	2.54	2.33	2.19	2.10	2.04	1.98	1.94
25	2.92	2.53	2.32	2.18	2.09	2.02	1.97	1.93
26	2.91	2.52	2.31	2.17	2.08	2.01	1.96	1.92
27	2.90	2.51	2.30	2.17	2.07	2.00	1.95	1.91
28	2.89	2.50	2.29	2.16	2.06	2.00	1.94	1.90
29	2.89	2.50	2.28	2.15	2.06	1.99	1.93	1.89
30	2.88	2.49	2.28	2.14	2.05	1.98	1.93	1.88
40	2.84	2.44	2.23	2.09	2.00	1.93	1.87	1.83
60	2.79	2.39	2.18	2.04	1.95	1.87	1.82	1.77
120	2.75	2.35	2.13	1.99	1.90	1.82	1.77	1.72
∞	2.71	2.30	2.08	1.94	1.85	1.77	1.72	1.67

9	10	12	15	20	24	30	40	60	120	∞
59.58	60.19	60.71	61.22	61.74	62.00	62.26	62.53	62.73	63.00	63.33
9.38	9.39	9.41	9.42	9.44	9.45	9.46	9.47	9.47	9.48	9.49
5.24	5.23	5.22	5.20	5.18	5.18	5.17	5.16	5.15	5.14	5.13
3.94	3.92	3.90	3.87	3.84	3.83	3.82	3.80	3.79	3.78	3.76
3.32	3.30	3.27	3.24	3.21	3.19	3.17	3.16	3.14	3.12	3.10
2.96	2.94	2.90	2.87	2.84	2.82	2.80	2.78	2.76	2.74	2.72
2.72	2.70	2.67	2.63	2.59	2.58	2.56	2.54	2.51	2.49	2.47
2.56	2.54	2.50	2.46	2.42	2.40	2.38	2.36	2.34	2.32	2.29
2.44	2.42	2.38	2.34	2.30	2.28	2.26	2.23	2.21	2.18	2.16
2.35	2.32	2.28	2.24	2.20	2.18	2.16	2.13	2.11	2.08	2.06
2.27	2.25	2.21	2.17	2.12	2.10	2.08	2.05	2.03	2.00	1.97
2.21	2.19	2.15	2.10	2.06	2.04	2.01	1.99	1.96	1.93	1.90
2.16	2.14	2.10	2.05	2.01	1.98	1.96	1.93	1.90	1.88	1.85
2.12	2.10	2.05	2.01	1.96	1.94	1.91	1.89	1.86	1.80	1.80
2.09	2.06	2.02	1.97	1.92	1.90	1.87	1.85	1.85	1.79	1.76
2.06	2.03	1.99	1.94	1.89	1.87	1.84	1.81	1.78	1.75	1.72
2.03	2.00	1.96	1.91	1.86	1.84	1.81	1.78	1.75	1.72	1.69
2.00	1.98	1.93	1.89	1.84	1.81	1.78	1.75	1.72	1.69	1.66
1.98	1.96	1.91	1.86	1.81	1.78	1.76	1.73	1.70	1.67	1.63
1.96	1.94	1.89	1.84	1.79	1.77	1.74	1.71	1.68	1.64	1.61
1.95	1.92	1.87	1.83	1.78	1.75	1.72	1.69	1.66	1.62	1.59
1.93	1.90	1.86	1.81	1.76	1.73	1.70	1.67	1.64	1.60	1.57
1.92	1.89	1.84	1.80	1.74	1.72	1.69	1.66	1.62	1.59	1.55
1.91	1.88	1.83	1.78	1.73	1.70	1.67	1.64	1.61	1.57	1.53
1.90	1.87	1.82	1.77	1.72	1.69	1.66	1.63	1.59	1.56	1.52
1.89	1.86	1.81	1.76	1.71	1.68	1.65	1.61	1.58	1.54	1.50
1.88	1.85	1.80	1.75	1.70	1.67	1.64	1.60	1.57	1.53	1.49
1.87	1.84	1.79	1.74	1.69	1.66	1.63	1.59	1.56	1.52	1.48
1.86	1.83	1.78	1.73	1.68	1.65	1.62	1.58	1.55	1.51	1.47
1.85	1.82	1.77	1.72	1.67	1.64	1.16	1.57	1.54	1.50	1.46
1.79	1.76	1.71	1.66	1.61	1.57	1.54	1.51	1.47	1.42	1.38
1.74	1.71	1.66	1.60	1.54	1.51	1.48	1.44	1.40	1.35	1.29
1.68	1.65	1.60	1.55	1.48	1.45	1.41	1.37	1.32	1.26	1.19
1.63	1.60	1.55	1.49	1.42	1.38	1.34	1.30	1.24	1.17	1.00

$\alpha = 0.05$

n_2	n_1							
	1	2	3	4	5	6	7	8
1	161.4	199.5	215.7	224.6	230.2	234.0	236.8	238.9
2	18.51	19.00	19.16	19.25	19.30	19.33	19.35	19.37
3	10.13	9.55	9.28	9.12	9.01	8.94	8.89	8.85
4	7.71	6.94	6.59	6.39	6.26	6.16	6.09	6.04
5	6.61	5.79	5.41	5.19	5.05	4.95	4.88	4.82
6	5.99	5.14	4.76	4.53	4.39	4.28	4.21	4.15
7	5.59	4.74	4.35	4.12	3.97	3.87	3.79	3.73
8	5.32	4.46	4.07	3.84	3.69	3.58	3.50	3.44
9	5.12	4.26	3.86	3.63	3.48	3.37	3.29	3.23
10	4.96	4.10	3.71	3.48	3.33	3.22	3.14	3.07
11	4.84	3.98	3.59	3.36	3.20	3.09	3.01	2.95
12	4.75	3.89	3.49	3.26	3.11	3.00	2.91	2.85
13	4.67	3.81	3.41	3.18	3.03	2.92	2.83	2.77
14	4.60	3.74	3.34	3.11	2.96	2.85	2.76	2.70
15	4.54	3.68	3.29	3.06	2.90	2.79	2.71	2.64
16	4.49	3.63	3.24	3.01	2.85	2.74	2.66	2.59
17	4.45	3.59	3.20	2.96	2.81	2.70	2.61	2.55
18	4.41	3.55	3.16	2.93	2.77	2.66	2.58	2.51
19	4.38	3.52	3.13	2.90	2.74	2.63	2.54	2.48
20	4.35	3.49	3.10	2.87	2.71	2.60	2.51	2.45
21	4.32	3.47	3.07	2.84	2.68	2.57	2.49	2.42
22	4.30	3.44	3.05	2.82	2.66	2.55	2.46	2.40
23	4.28	3.42	3.03	2.80	2.64	2.53	2.44	2.37
24	4.26	3.40	3.01	2.78	2.62	2.51	2.42	2.36
25	4.24	3.39	2.99	2.76	2.60	2.49	2.40	2.34
26	4.23	3.37	2.98	2.74	2.59	2.47	2.39	2.32
27	4.21	3.35	2.96	2.73	2.57	2.46	2.37	2.31
28	4.20	3.34	2.95	2.71	2.56	2.45	2.36	2.29
29	4.18	3.33	2.93	2.70	2.55	2.43	2.35	2.28
30	4.17	3.32	2.92	2.69	2.53	2.42	2.33	3.27
40	4.08	3.23	2.84	2.61	2.45	2.34	2.25	2.18
60	4.00	3.15	2.76	2.53	2.37	2.25	2.17	2.10
120	3.92	3.07	2.68	2.45	2.29	2.17	2.09	2.02
∞	3.84	3.00	2.60	2.37	2.21	2.10	2.01	1.94

9	10	12	15	20	24	30	40	60	120	∞
240.5	241.9	243.9	245.9	248.0	249.1	250.1	251.1	252.2	253.3	254.3
19.38	19.40	19.41	19.43	19.45	19.45	19.46	19.47	19.48	19.49	19.50
8.81	8.79	8.74	8.70	8.66	8.64	8.62	8.59	8.57	8.55	8.53
6.00	5.96	5.91	5.86	5.80	5.77	5.75	7.72	5.69	5.66	5.63
4.77	4.74	4.68	4.62	4.56	4.53	4.50	4.46	4.43	4.40	4.36
4.10	4.06	4.00	3.94	3.87	3.84	3.81	3.77	3.74	3.70	3.67
3.68	3.64	3.57	3.51	3.44	3.41	3.38	3.34	3.30	3.27	3.23
3.39	3.35	3.28	3.22	3.15	3.12	3.08	3.04	3.01	2.97	2.93
3.18	3.14	3.07	3.01	2.94	2.90	2.86	2.83	2.79	2.75	2.71
3.02	2.98	2.91	2.85	2.77	2.74	2.70	2.66	2.62	2.58	2.54
2.90	2.85	2.79	2.72	2.65	2.61	2.57	2.53	2.49	2.45	2.40
2.80	2.75	2.69	2.62	2.54	2.51	2.47	2.43	2.38	2.34	2.30
2.71	2.67	2.60	2.53	2.46	2.42	2.38	2.34	2.30	2.25	2.21
2.65	2.60	2.53	2.46	2.39	2.35	2.31	2.27	2.22	2.18	2.13
2.59	2.54	2.48	2.40	2.33	2.29	2.25	2.20	2.16	2.11	2.07
2.54	2.49	2.42	2.35	2.28	2.24	2.19	2.15	2.11	2.06	2.01
2.49	2.45	2.38	2.31	2.23	2.19	2.15	2.10	2.06	2.01	1.96
2.46	2.41	2.34	2.27	2.19	2.15	2.11	2.06	2.02	1.97	1.92
2.42	2.38	2.31	2.23	2.16	2.11	2.07	2.03	1.98	1.93	1.88
2.39	2.35	2.28	2.20	2.12	2.08	2.04	1.99	1.95	1.90	1.84
2.37	2.32	2.25	2.18	2.10	2.05	2.01	1.96	1.92	1.87	1.81
2.34	2.30	2.23	2.15	2.07	2.03	1.98	1.94	1.89	1.84	1.78
2.32	2.27	2.20	2.13	2.05	2.01	1.96	1.91	1.86	1.81	1.76
2.30	2.25	2.18	2.11	2.03	1.98	1.94	1.89	1.84	1.79	1.73
2.28	2.24	2.16	2.09	2.01	1.96	1.92	1.87	1.82	1.77	1.71
2.27	2.22	2.15	2.07	1.99	1.95	1.90	1.85	1.80	1.75	1.69
2.25	2.20	2.13	2.06	1.97	1.93	1.88	1.84	1.79	1.73	1.67
2.24	2.19	2.12	2.04	1.96	1.91	1.87	1.82	1.77	1.71	1.65
2.22	2.18	2.10	2.08	1.94	1.90	1.85	1.81	1.75	1.70	1.64
2.21	2.16	2.09	2.01	1.93	1.89	1.84	1.79	1.74	1.68	1.62
2.12	2.08	2.00	1.92	1.84	1.79	1.74	1.69	1.64	1.58	1.51
2.04	1.99	1.92	1.84	1.75	1.70	1.65	1.59	1.53	1.47	1.39
1.96	1.91	1.83	1.75	1.66	1.61	1.55	1.50	1.43	1.35	1.25
1.88	1.83	1.75	1.67	1.57	1.52	1.46	1.39	1.32	1.22	1.00

附录 5 常用正交表

$L_4(2^3)$

试验号	1	2	3
1	1	1	1
2	2	1	2
3	1	2	2
4	2	2	1

$L_8(2^7)$

试验号	1	2	3	4	5	6	7
1	1	1	1	2	2	1	2
2	2	1	2	2	1	1	1
3	1	2	2	2	2	2	1
4	2	2	1	2	1	2	2
5	1	1	2	1	1	2	2
6	2	1	1	1	2	2	1
7	1	2	1	1	1	1	1
8	2	2	2	1	2	1	2

$L_{12}(2^{11})$

试验号	1	2	3	4	5	6	7	8	9	10	11
1	1	1	1	2	2	1	2	1	2	2	1
2	2	1	2	1	2	1	1	2	2	2	2
3	1	2	2	2	2	2	1	2	2	1	1
4	2	2	1	1	2	2	2	2	1	2	1
5	1	1	2	2	1	2	2	2	1	2	2
6	2	1	2	1	1	2	2	1	2	1	1
7	1	2	1	1	1	1	2	2	2	1	2
8	2	2	1	2	1	2	1	1	2	2	2
9	1	1	1	1	2	2	1	1	1	1	2
10	2	1	1	2	1	1	1	2	1	1	1
11	1	2	2	1	1	1	1	1	1	2	1
12	2	2	2	2	2	1	2	1	1	1	2

$L_9(3^4)$

试验号	1	2	3	4
1	1	1	3	2
2	2	1	1	1
3	3	1	2	3
4	1	2	2	1
5	2	2	3	3
6	3	2	1	2
7	1	3	1	3
8	2	3	2	2
9	3	3	3	1

$L_{16}(2^{15})$

试验号	1	2	3	4	5	6	7	8	9	10	11	12	13	14	15
1	1	1	1	2	2	1	2	1	2	2	1	1	1	2	2
2	2	1	2	2	1	1	1	1	1	2	2	1	2	2	1
3	1	2	2	2	2	2	1	1	2	1	2	1	1	1	1
4	2	2	1	2	1	2	2	1	1	1	1	1	2	1	2
5	1	1	2	1	1	2	2	1	2	2	2	2	2	1	2
6	2	1	1	1	2	2	1	1	1	2	1	2	1	1	1
7	1	2	1	1	1	1	1	1	2	1	1	2	2	2	1
8	2	2	2	1	2	1	2	1	1	1	2	2	1	2	2
9	1	1	1	1	2	2	1	2	1	1	2	1	2	2	2
10	2	1	2	1	1	2	2	2	2	1	1	1	1	2	1
11	1	2	2	1	2	1	2	2	1	2	1	1	2	1	1
12	2	2	1	1	1	1	1	2	2	2	2	1	1	1	2
13	1	1	2	2	1	1	1	2	1	1	1	2	1	1	2
14	2	1	1	2	2	1	2	2	2	1	2	2	2	1	1
15	1	2	1	2	1	2	2	2	1	2	2	2	1	2	1
16	2	2	2	2	2	2	1	2	2	2	1	2	2	2	2

$L_{27}(3^{13})$

试验号	1	2	3	4	5	6	7	8	9	10	11	12	13
1	1	1	3	2	1	2	2	3	1	2	1	3	3
2	2	1	1	1	1	1	3	3	2	1	1	2	1
3	3	1	2	3	1	3	1	3	3	3	1	1	2
4	1	2	2	1	1	2	2	2	3	1	3	1	1
5	2	2	3	3	1	1	3	2	1	3	3	3	2
6	3	2	1	2	1	3	1	2	2	2	3	2	3
7	1	3	1	3	1	2	2	1	2	3	2	2	2
8	2	3	2	2	1	1	3	1	3	2	2	1	3
9	3	3	3	1	1	3	1	1	1	1	2	3	1
10	1	1	1	1	2	3	3	1	3	2	3	3	2
11	2	1	2	3	2	2	1	1	1	1	3	2	3
12	3	1	3	2	2	1	2	1	2	3	3	1	1
13	1	2	3	3	2	3	3	3	2	1	2	1	3
14	2	2	1	2	2	2	1	3	3	3	2	3	1
15	3	2	2	1	2	1	2	3	1	2	2	2	2
16	1	3	2	2	2	3	3	2	1	3	1	2	1
17	2	3	3	1	2	2	1	2	2	2	1	1	2
18	3	3	1	3	2	1	2	2	3	1	1	3	3
19	1	1	2	3	3	1	1	2	2	2	2	3	1
20	2	1	3	2	3	3	2	2	3	1	2	2	2
21	3	1	1	1	3	2	3	2	1	3	2	1	3
22	1	2	1	2	3	1	1	1	1	1	1	1	2
23	2	2	2	1	3	3	2	1	2	3	1	3	3
24	3	2	3	3	3	2	3	1	3	2	1	2	1
25	1	3	3	1	3	1	1	3	3	3	3	2	3
26	2	3	1	3	3	3	2	3	1	2	3	1	1
27	3	3	2	2	3	2	3	3	2	1	3	3	2

$L_{25}(5^6)$

试验号	1	2	3	4	5	6
1	1	1	2	4	3	2
2	2	1	5	5	5	4
3	3	1	4	1	4	1
4	4	1	1	3	1	3
5	5	1	3	2	2	5
6	1	2	3	3	4	4
7	2	2	2	2	1	1
8	3	2	5	4	2	3
9	4	2	4	5	3	5
10	5	2	1	1	5	2
11	1	3	1	5	2	1
12	2	3	3	1	3	3
13	3	3	2	3	5	5
14	4	3	5	2	4	2
15	5	3	4	4	1	4
16	1	4	4	2	5	3
17	2	4	1	4	4	5
18	3	4	3	5	1	2
19	4	4	2	1	2	4
20	5	4	5	3	3	1
21	1	5	5	1	1	5
22	2	5	4	3	2	2
23	3	5	1	2	3	4
24	4	5	3	4	5	1
25	5	5	2	5	4	3

$L_{12}(3^1 \times 2^4)$

试验号	1	2	3	4	5
1	2	1	1	1	2
2	2	2	1	2	1
3	2	1	2	2	2
4	2	2	2	1	1
5	1	1	1	2	2
6	1	2	1	2	1
7	1	1	2	1	1
8	1	2	2	1	2
9	3	1	1	1	1
10	3	2	1	1	2
11	3	1	2	2	1
12	3	2	2	2	2

$L_{12}(6^1 \times 2^2)$

试验号	1	2	3
1	1	1	1
2	2	1	2
3	1	2	2
4	2	2	1
5	3	1	2
6	4	1	1
7	3	2	1
8	4	2	2
9	5	1	1
10	6	1	2
11	5	2	2
12	6	2	1

附录 6　回归正交设计表

1. 一次回归正交表

1) 三因子一次回归正交表及计算方法

试验号	X_0	X_1	X_2	X_3	$X_4=X_1X_2$	$X_5=X_1X_3$	$X_6=X_2X_2$	试验数据 y
1	1	−1	−1	−1	1	1	1	Y_1
2	1	−1	−1	1	1	−1	−1	Y_2
3	1	−1	1	−1	−1	1	−1	Y_3
4	1	−1	1	1	−1	−1	1	Y_4
5	1	1	−1	−1	−1	−1	1	Y_5
6	1	1	−1	1	−1	1	−1	Y_6
7	1	1	1	−1	1	−1	−1	Y_7
8	1	1	1	1	1	1	1	Y_8
B_j	$\sum_{i=1}^{8} y_i$	$\sum_{i=1}^{8} x_{1i}y_i$	$\sum_{i=1}^{8} x_{2i}y_i$	$\sum_{i=1}^{8} x_{3i}y_i$	$\sum_{i=1}^{8} x_{4i}y_i$	$\sum_{i=1}^{8} x_{5i}y_i$	$\sum_{i=1}^{8} x_{6i}y_i$	
d_j	8	8	8	8	8	8	8	
b_j	$b_0=\frac{B_0}{8}$	$b_1=\frac{B_1}{8}$	$b_2=\frac{B_2}{8}$	$b_3=\frac{B_3}{8}$	$b_4=\frac{B_4}{8}$	$b_5=\frac{B_5}{8}$	$b_6=\frac{B_6}{8}$	

回归方程的形式：$\hat{y}=b_0+b_1x_1+b_2x_2+b_3x_3+b_4x_4+b_5x_5+b_6x_6$。

2) 四因子一次回归正交表及计算方法

试验号						X_5	X_6	X_7	X_8	X_9	X_{10}	考察指标
	X_0	X_1	X_2	X_3	X_4	X_1X_2	X_1X_3	X_1X_4	X_2X_3	X_2X_4	X_3X_4	y
1	1	−1	−1	−1	−1	1	1	1	1	1	1	Y_1
2	1	−1	−1	−1	1	1	1	−1	1	−1	−1	Y_2
3	1	−1	−1	1	−1	1	−1	1	−1	1	−1	Y_3
4	1	−1	−1	1	1	1	−1	−1	−1	−1	1	Y_4
5	1	−1	1	−1	−1	−1	1	1	−1	−1	1	Y_5
6	1	−1	1	−1	1	−1	1	−1	−1	1	−1	Y_6
7	1	−1	1	1	−1	−1	−1	1	1	1	−1	Y_7
8	1	−1	1	1	1	−1	−1	−1	1	1	1	Y_8
9	1	1	−1	−1	−1	−1	−1	−1	1	1	1	Y_9
10	1	1	−1	−1	1	−1	−1	1	1	−1	−1	Y_{10}
11	1	1	−1	1	−1	−1	1	−1	−1	1	−1	Y_{11}
12	1	1	−1	1	1	−1	1	1	−1	−1	1	Y_{12}

（续表）

试验号						X_5	X_6	X_7	X_8	X_9	X_{10}	考察指标
	X_0	X_1	X_2	X_3	X_4	X_1X_2	X_1X_3	X_1X_4	X_2X_3	X_2X_4	X_3X_4	y
13	1	1	1	−1	−1	1	−1	−1	−1	−1	1	Y_{13}
14	1	1	1	−1	1	1	−1	1	−1	1	−1	Y_{14}
15	1	1	1	1	−1	1	1	−1	1	−1	−1	Y_{15}
16	1	1	1	1	1	1	1	1	1	1	1	Y_{16}
B_j	B_0	B_1	B_2	B_3	B_4	B_5	B_6	B_7	B_8	B_9	B_{10}	
d_j	16	16	16	16	16	16	16	16	16	16	16	
b_j	b_0	b_1	b_2	b_3	b_4	b_5	b_6	b_7	b_8	b_9	b_{10}	

$$B_i=\sum_{i=1}^{16}x_{ij}y_i(j=0,1,2,3,4,5,6,7,8,9,10),\quad b_j=\frac{B_j}{d_j}=\frac{\sum_{i=1}^{16}x_{ji}y_i}{16}$$

回归方程的形式：$\hat{y}=b_0+b_1x_1+b_2x_2+b_3x_3+b_4x_4+b_5x_1x_2+b_6x_1x_3+b_7x_1x_4+b_8x_2x_3+b_9x_2x_4+b_{10}x_3x_4$。

2. 二次回归正交表

1）二因子二次回归正交表及计算方法

试验号	A	B	X_0	X_1	X_2	$X_3=3\left(X_1^2-\frac{2}{3}\right)$	$X_4=3\left(X_2^2-\frac{2}{3}\right)$	$X_5=X_1X_2$	Y
1	−1	−1	1	−1	−1	1	1	1	Y_1
2	0	−1	1	0	−1	−2	1	0	Y_2
3	1	−1	1	1	−1	1	1	−1	Y_3
4	−1	0	1	−1	0	1	−2	0	Y_4
5	0	0	1	0	0	−2	−2	0	Y_5
6	1	0	1	1	0	1	−2	0	Y_6
7	−1	1	1	−1	1	1	1	−1	Y_7
8	0	1	1	0	1	−2	1	0	Y_8
9	1	1	1	1	1	1	1	1	Y_9
		B_j	$B_0=\sum_{i=1}^{9}y_i$	$B_1=\sum_{i=1}^{9}x_{1i}y_i$	$B_2=\sum_{i=1}^{9}x_{2i}y_i$	$B_3=\sum_{i=1}^{9}x_{3i}y_i$	$B_4=\sum_{i=1}^{9}x_{4i}y_i$	$B_5=\sum_{i=1}^{9}x_{5i}y_i$	
		d_j	9	6	6	18	18	4	
		b_j	$b_0=\frac{B_0}{9}$	$b_1=\frac{B_1}{6}$	$b_2=\frac{B_2}{6}$	$b_3=\frac{B_3}{18}$	$b_4=\frac{B_4}{18}$	$b_5=\frac{B_5}{4}$	

回归方程的形式：

$$\hat{y}=b_0x_0+b_1x_1+b_2x_2+b_3x_3+b_4x_4+b_5x_5=b_0+b_1x_1+b_2x_2$$
$$+b_3\left[3\left(x_1^2-\frac{2}{3}\right)\right]+b_4\left[3\left(x_2^2-\frac{2}{3}\right)\right]+b_5x_1x_2。$$

2）三因子二次回归正交表及计算方法

试验号	X_0	X_1	X_2	X_3	$X_4=X_1X_2$	$X_5=X_1X_3$	$X_6=X_2X_3$	$X_7=X_1^2-0.73$	$X_8=X_2^2-0.73$	$X_9=X_3^2-0.73$	Y
1	1	−1	−1	−1	1	1	1	0.27	0.27	0.27	Y_1
2	1	−1	−1	1	1	−1	−1	0.27	0.27	0.27	Y_2
3	1	−1	1	−1	−1	1	−1	0.27	0.27	0.27	Y_3
4	1	−1	1	1	−1	−1	1	0.27	0.27	0.27	Y_4
5	1	1	−1	−1	−1	−1	1	0.27	0.27	0.27	Y_5
6	1	1	−1	1	−1	1	−1	0.27	0.27	0.27	Y_6
7	1	1	1	−1	1	−1	−1	0.27	0.27	0.27	Y_7
8	1	1	1	1	1	1	1	0.27	0.27	0.27	Y_8
9	1	−1.215	0	0	0	0	0	0.746	−0.73	−0.73	Y_9
10	1	1.215	0	0	0	0	0	0.746	−0.73	0.73	Y_{10}
11	1	0	−1.215	0	0	0	0	−0.73	0.746	−0.73	Y_{11}
12	1	0	1.215	0	0	0	0	−0.73	0.746	−0.73	Y_{12}
13	1	0	0	−1.215	0	0	0	−0.73	−0.73	0.74	Y_{13}
14	1	0	0	1.215	0	0	0	−0.73	−0.73	0.746	Y_{14}
15	1	0	0	0	0	0	0	−0.73	−0.73	−0.736	Y_{15}
B_j	B_0	B_1	B_2	B_3	B_4	B_5	B_6	B_7	B_8	B_9	
d_j	15	10.95	10.95	10.95	8	8	8	4.36	4.36	4.36	
b_j	$b_0=\frac{B_0}{15}$	$b_1=\frac{B_1}{10.95}$	$b_2=\frac{B_2}{10.95}$	$b_3=\frac{B_3}{10.95}$	$b_4=\frac{B_4}{8}$	$b_5=\frac{B_5}{8}$	$b_6=\frac{B_6}{8}$	$b_7=\frac{B_7}{4.36}$	$b_8=\frac{B_8}{4.36}$	$b_9=\frac{B_9}{4.36}$	

回归方程的形式：$\hat{y}=b_0+b_1x_1+\cdots+b_4x_4+\cdots+b_9x_9=b_0+b_1x_1+b_2x_2+b_3x_3+b_{12}x_1x_2+b_{13}x_1x_3+b_{23}x_2x_3+b_{11}(x_1^2-0.73)+b_{22}(x_2^2-0.73)+b_{33}(x_3^2-0.73)$。

3）四因子二次回归正交表及计算方法

试验号	X_0	X_1	X_2	X_3	X_4	X_5 X_1X_2	X_6 X_1X_3	X_7 X_1X_4	X_8 X_2X_2	X_9 X_2X_4	X_{10} X_3X_4	X_{11} $X_1^2-0.8$	X_{12} $X_2^2-0.8$	X_{13} $X_3^2-0.8$	X_{14} $X_4^2-0.8$	y
1	1	−1	−1	−1	−1	1	1	1	1	1	1	0.2	0.2	0.2	0.2	Y_1
2	1	−1	−1	−1	1	1	1	−1	1	−1	−1	0.2	0.2	0.2	0.2	Y_2
3	1	−1	−1	1	−1	1	−1	1	−1	1	−1	0.2	0.2	0.2	0.2	Y_3
4	1	−1	−1	1	1	1	−1	−1	−1	−1	1	0.2	0.2	0.2	0.2	Y_4
5	1	−1	1	−1	−1	−1	1	1	−1	−1	1	0.2	0.2	0.2	0.2	Y_5
6	1	−1	1	−1	1	−1	1	−1	−1	1	−1	0.2	0.2	0.2	0.2	Y_6
7	1	−1	1	1	−1	−1	−1	1	1	−1	−1	0.2	0.2	0.2	0.2	Y_7
8	1	−1	1	1	1	−1	−1	−1	1	1	1	0.2	0.2	0.2	0.2	Y_8
9	1	1	−1	−1	−1	−1	−1	−1	1	1	1	0.2	0.2	0.2	0.2	Y_9
10	1	1	−1	−1	1	−1	−1	1	1	−1	−1	0.2	0.2	0.2	0.2	Y_{10}
11	1	1	−1	1	−1	−1	1	−1	−1	1	−1	0.2	0.2	0.2	0.2	Y_{11}
12	1	1	−1	1	1	−1	1	1	−1	−1	1	0.2	0.2	0.2	0.2	Y_{12}
13	1	1	1	−1	−1	1	−1	−1	−1	−1	1	0.2	0.2	0.2	0.2	Y_{13}
14	1	1	1	−1	1	1	−1	1	−1	1	−1	0.2	0.2	0.2	0.2	Y_{14}
15	1	1	1	1	−1	1	1	−1	1	−1	−1	0.2	0.2	0.2	0.2	Y_{15}
16	1	1	1	1	1	1	1	1	1	1	1	0.2	0.2	0.2	0.2	Y_{16}
17	1	−1.414	0	0	0	0	0	0	0	0	0	1.2	−0.8	−0.8	−0.8	Y_{17}
18	1	1.414	0	0	0	0	0	0	0	0	0	1.2	−0.8	−0.8	−0.8	Y_{18}
19	1	0	−1.414	0	0	0	0	0	0	0	0	−0.8	1.2	−0.8	−0.8	Y_{19}
20	1	0	1.414	0	0	0	0	0	0	0	0	−0.8	1.2	−0.8	−0.8	Y_{20}
21	1	0	0	−1.414	0	0	0	0	0	0	0	−0.8	−0.8	1.2	−0.8	Y_{21}
22	1	0	0	1.414	0	0	0	0	0	0	0	−0.8	−0.8	1.2	−0.8	Y_{22}

（续表）

试验号	X_0	X_1	X_2	X_3	X_4	X_5 X_1X_2	X_6 X_1X_3	X_7 X_1X_4	X_8 X_2X_2	X_9 X_2X_4	X_{10} X_3X_4	X_{11} $X_1^2-0.8$	X_{12} $X_2^2-0.8$	X_{13} $X_3^2-0.8$	X_{14} $X_4^2-0.8$	y
23	1	0	0	0	−1.414	0	0	0	0	0	0	−0.8	−0.8	−0.8	1.2	Y_{23}
24	1	0	0	0	1.414	0	0	0	0	0	0	−0.8	−0.8	−0.8	1.2	Y_{24}
25	1	0	0	0	0	0	0	0	0	0	0	−0.8	−0.8	−0.8	−0.8	Y_{25}
B_j	B_0	B_1	B_2	B_3	B_4	B_5	B_6	B_7	B_8	B_9	B_{10}	B_{11}	B_{12}	B_{13}	B_{14}	
d_j	25	20	20	20	20	16	16	16	16	16	16	8	8	8	8	
b_j	b_0	b_1	b_2	b_3	b_4	b_5	b_6	b_7	b_8	b_9	b_{10}	b_{11}	b_{12}	b_{13}	b_{14}	

回归方程的形式：$\hat{y}=b_0+b_1x_1+\cdots+b_5x_5+\cdots+b_{14}x_{14}=b_0+b_1x_1+\cdots+b_{12}x_1x_2+\cdots+b_{44}(x_4^2-0.8)$。

附录 7　正交拉丁方表

正交拉丁方的完全系

3×3

Ⅰ	Ⅱ
ABC	ABC
BCA	CAB
CAB	BCA

4×4

Ⅰ	Ⅱ	Ⅲ
ABCD	ABCD	ABCD
BADC	CDAB	DCBA
CDAB	DCBA	BADC
DCBA	BADC	CDAB

5×5

Ⅰ	Ⅱ	Ⅲ	Ⅳ
ABCDE	ABCDE	ABCDE	ABCDE
BCDEA	CDEAB	DEABC	BAECD
CDEAB	EABCD	BCDEA	CDAEB
DEABC	BCDEA	EABCD	DEBAC
EABCD	DEABC	CDEAB	ECDBA

7×7

Ⅰ	Ⅱ	Ⅲ	Ⅳ	Ⅴ	Ⅵ
ABCDEFG	ABCDEFG	ABCDEFG	ABCDEFG	ABCDEFG	ABCDEFG
BCDEFGA	CDEFGAB	DEFGABC	EFGABCD	FGABCDE	GABCDEF
CDEFGAB	EFGABCD	GABCDEF	BCDEFGA	DEFGABC	FGABCDE
DEFGABC	GABCDEF	CDEFGAB	FGABCDE	BCDEFGA	EFGABCD
EFGABCD	BCDEFGA	FGABCDE	CDEFGAB	GABCDEF	DEFGABC
FGABCDE	DEFGABC	BCDEFGA	GABCDEF	EFGABCD	CDEFGAB
GABCDEF	FGABCDE	EFGABCD	DEFGABC	CDEFGAB	BCDEFGA

8×8

Ⅰ	Ⅱ	Ⅲ	Ⅳ
ABCDEFGH	ABCDEFGH	ABCDEFGH	ABCDEFGH
BADCFEHG	EFGHABCD	GHEFCDAB	HGFEDCBA
CDABGHEF	BADCFEHG	EFGHABCD	GHEFCDAB
DCBAHGFE	FEHGBADC	CDABGHEF	BADCFEHG
EFGHABCD	GHEFCDAB	HGFEDCBA	DCBAHGFE
FEHGBADC	CDABGHEF	BADCFEHG	EFGHABCD
GHEFCDAB	HGFEDCBA	DCBAHGFE	FEHGBADC
HGFEDCBA	DCBAHGFE	FEHGBADC	CDABGHEF

Ⅴ	Ⅵ	Ⅶ
ABCDEFGH	ABCDEFGH	ABCDEFGH
DCBAHGFE	FEHGBADC	CDABGHEF
HGFEDCBA	DCBAHGFE	FEHGBADC
EFGHABCD	GHEFCDAB	HGFEDCBA
FEHGBADC	CDABGHEF	BADCFEHG
GHEFCDAB	HGFEDCBA	DCBAHGFE
CDABGHEF	BADCFEHG	EFGHABCD
BADCFEHG	EFGHABCD	GHEFCDAB

附录 8　MATLAB 常用操作符与函数

附表 8-1　操 作 符

操作符	功　能	操作符	功　能
+	加	空格	分隔符
—	减	,	分隔符
*	乘	.	小数点
^	乘幂	;	结尾标志或分隔符
\	左除	:	冒号运算符
/	右除	%	注释号
=	赋值号	‘’	字符串记述符
<	小于	()	圆括号
>	大于	[]	方括号
<=	小于或等于	&	逻辑与
>=	大于或等于	|	逻辑或
==	等号	~	逻辑非
<>	不等号	xor	逻辑异

附表 8-2　操 作 指 令

操 作 指 令	功　　能
help	在线帮助(显示在命令行)
clear	清除 MATLAB 工作空间中保存的变量
quit	退出 MATLAB
clc	清除工作窗
disp	显示变量或文字内容
hold	图形保持开关
Format short	数字格式,5 位有效数字
Format long	数字格式,15 位有效数字

附表 8-3 控制流及交互式输入

操作指令	功能
if	条件判断
else	条件判断
elseif	条件判断
for	循环语句
while	循环语句
switch	分支语句
case	switch 条件判断
otherwise	默认 switch 条件
break	while，for 的循环中断语句
end	for，while，switch 和 if 语句的结束标志
return	返回函数
input	提示用户输入
pause	运行暂停

附表 8-4 图形化常用语句

操作指令	功能
plot	散点图
bar	条形图
hist	直方图
pie	饼图
loglog	双对数坐标图
semilogx	半对数坐标图
semilogy	半对数坐标图
title	书写图名
xlabel	横坐标轴名
ylabel	纵坐标轴名
legend	标注图例
text	标注文本坐标
gtext	用鼠标选择文本标注的位置
grid	是否画分格线的双向切换指令
grid on	画出分格线
grid off	不画分格线
box	坐标形式在封闭式和开启式之间切换指令
box on	使当前坐标呈封闭形式
box off	使当前坐标呈开启形式
hold	当前图形是否可刷新的双向切换开关
hold on	保持当前图形不被刷新
hold off	当前图形不被保持，可刷新
subplot(m, n, p)	把一个绘图窗口划分为 m×n 个子绘图区域，通过参数 p 调用各子绘图区域
fplot(fun, lims)	绘制函数图，lims 为指定函数 fun 在 x 轴的区间

附表 8-5　数据分析与数学函数

操作指令	功　能	操作指令	功　能
max(A)	数组中的最大元素	cos(x)	余弦函数
min(A)	数组中的最小元素	tan(x)	正切函数
mean(A)	求平均值	exp(x)	指数函数
var(A)	求方差	log(x)	自然对数函数
std(A)	标准差	log10(x)	以 10 为底的对数函数
sort(A)	以升序排序	abs(x)	求绝对值
sin(x)	正弦函数	sqrt(x)	求平方根

附表 8-6　向量与矩阵

操 作 指 令	功　能
linspace	生成线性等分 n 维向量
dot(a, b)	两向量点积
cross(a, b)	两向量叉积
A*B	矩阵相乘
A.*B	数组相乘
A/B	矩阵右除，$\boldsymbol{AB}^{-1}$
A\B	矩阵左除，$\boldsymbol{A}^{-1}\boldsymbol{B}$
A./B	数组右除
A.\B	数组左除
size(A)	矩阵的大小
length(A)	数组的长度
ndims(A)	矩阵的维数
zeros(M, N)或 zeros (N)	生成 M×N 阶或 N×N 的全 0 阵
eye(M, N)或 eye(N)	生成 M×N 阶或 N×N 的单位阵
ones(M, N)或 ones(N)	生成 M×N 阶或 N×N 的全 1 阵
rand(M, N)或 rand(N)	生成 M×N 阶或 N×N 的随机阵
norm(A)	矩阵或向量的范数
rank(A)	矩阵的秩
det(A)	矩阵行列式的值
inv(A)	矩阵的逆
diag(A)	抽取主对角线元素向量
tril(A)	提取矩阵的主下三角部分
triu(A)	提取矩阵的主上三解部分
diag(A, k)	抽取矩阵第 k 条对角线的元素向量。k=0 为抽取主对角线，k 为正值时为上方第 k 条对角线，k 为负值时为下方第 k 条对角线
tril(A, k)	提取矩阵第 k 条对角线下面部分
triu(A, k)	提取矩阵第 k 条对角线上面部分

附表 8-7 数据处理中的常用内置函数

操作指令	功能
fzero('F',x,tol,trace)	求非线性方程的解 F是f(x)的名称;x是初始估计值,返回靠近x点,f(x)=0时的横坐标值;tol为设置收敛判断的相对误差,trace不为0将显示中间结果,tol、trace取默认值时输入空矩阵
fsolve('F',x0,options)	求非线性方程(组)的解 F为函数名;x0为初值矩阵;options为以向量表示的可选参数值
yi=interp1(x,y,xi,'method')	一维插值,对一组节点(x,y)进行插值,计算插值点xi的函数值。x为节点向量值;y为对应的节点函数值;method可以取以下值:nearest最近插值,linear线性插值,spline三次样条插值,cubic三次插值
zi=interp2(x,y,z,xi,yi,'method')	二维插值,对一组节点(x,y,z)进行插值,计算插值点(xi,yi)的函数值zi。x,y为节点向量值;z为对应的节点函数值;method的选择同上。
y0=spline(x,y,x0)	利用三次样条插值法寻找在插值点x0处的插值函数y0,插值函数根据输入的参数x和y的关系得来
diff(x)	计算数组间元素的差分,返回的结果为[x(2)-x(1),x(3)-x(2),…,x(n)-x(n-1)]
pp=csape(x,y,'conds',valconds)	其中(x,y)为插值点的序列;pp为指定条件下以(x,y)为插值点所返回的三次样条函数;conds为边界条件;valconds为边界值
Y=fnder(f,dorder)	返回样条函数f的第dorder阶微分,默认为1
ppval(pp,x)	计算在节点处x样条函数pp的值
cumsum(x) cumsum(x,dim)	矩形求积分公式,对于向量x,返回一结果向量,对于矩阵则返回一矩阵,矩阵的列即为对应x的列的累积和返回值。参数dim指求和是从第dim维开始
Z=trapz(X,Y) Z=trapz(X,Y,dim)	使用梯形法计算Y对X的积分值
Q=quad('F',a,b,tol,trace)	使用Simpson方法求函数F从a到b的积分近似值。tol为积分精度;trace不为0时则做出积分函数'f'的积分图,否则不做
Q=quadl('fun',a,b,tol,trace)	使用牛顿-科特斯法求积分公式。其中参数的定义与quad函数相同
feval(fun,x0)	求函数fun在x0的函数值
[T,Y]=ode23('F',tspan,y0,options)	二三阶龙格-库塔法求解常微分方程的函数。其中,F定义此微分方程的形式为y'=F(t,y);tspan=[t0 tfinal]表示积分限是从t0到tfinal,也可以表示一些离散的点tspan=[t0 t1 … tfinal];y0为初始条件;Options为积分参数
[T,Y]=ode45('F',tspan,y0,options)	四五阶龙格-库塔法求解常微分方程的函数。参数定义与ode23相同

(续表)

操作指令	功能
[H, sig] = ztest (X, M, sigma, alpha, tail)	σ已知时的μ检验(u 检验法)。当标准差 sigma 已知时,函数执行一正态检验来判断是否来自一正态分布的样本的期望值。M 作为评判标准来估计。默认值 alpha=0.05,tail=0。当 tail=0 时,备择假设为"期望值不等于 M";tail=1 时,为"期望值大于 M";tail=−1 时,为"期望值小于 M"。alpha 为设定的显著水平,H=0 表示在显著水平为 alpha 的情况下,不能拒绝原假设,H=1 表示可以拒绝原假设
[H, sig] = ttest (X, M, sigma, alpha, tail)	σ未知时的μ检验(t 检验法)。参数说明同上
h—vartest(x,v) 或 [h,p]=vartest(x,v)	对总体均值未知的单个样本方差的检验,其中 x 为样本数组,v 为已知方差值
h=vartest2(x,y) 或 [h,p]=vartest2(x,y)	对两个样本方差是否相等的检验,其中 x,y 为两个样本的数组
y=polyval(P,X)	计算自变量值等于 X 时多项式的值,多项式的形式为 Y=P(1) * X^N + P(2) * X^(N−1) +…+ P(N) * X + P(N+1),向量 P 为 N+1 阶系数向量
p=polyfit(x,y,n)	对所给的 x,y 数据进行多项式拟合,n 为次数,n=1 时为线性拟合,p 返回的是 n+1 阶的系数向量
[b,bint,r,rint,stats] = regress(y, x, alpha)	对所给的 x,y 数据进行显著水平为 alpha 的多元线性拟合。返回值中向量 b 为各系数;bint 为[(k+1) * 2]维数组,存放置信下限 β_L 和 β_U,r 为残差;rint 为残差的置信区间;stats=[R^2 F_0 p],R 为相关系数,F_0 为 F 检验统计量,p 为对应 F_0 的 p 值
[beta, R, J] = nlinfit (xdata, ydata, 'model', beta0)	Gauss - Newton 法的非线性最小二乘法拟合。xdata,ydata 为进行拟合的数据;model 为拟合的数学模型;beta0 为所求系数的初值
x=lsqcurvefit('f', x0, xdata, ydata)	同为非线性最小二乘法拟合,f 为拟合模型,x0 为模型参数初值
p=anova1(y) 或 [p,tbl]=anova1(y)	对单因子的多次试验结果 y 做方差分析,输出表示统计显著性的概率 p 和方差分析表
p=anova2(y,reps) 或 [p,tbl]=anova2(y,reps)	对双因子的多次试验结果 y 做方差分析,其中 reps 为重复试验次数,reps=1 则可省略。输出表示统计显著性的概率 p 和方差分析表
p=anovan(y,group)或 [p,tbl]=anovan(y,group)	对多因子的多次试验结果 y 做方差分析,其中 group 反映各因子的不同试验条件的组合。输出表示统计显著性的概率 p 和方差分析表

参 考 文 献

[1] 李维平.生物工艺学[M].北京：科学出版社，2010.
[2] 胡洪波，彭华松，张雪洪.生物工程产品工艺学[M].北京：高等教育出版社，2006.
[3] 俞俊棠.新编生物工艺学：下册[M].北京：化学工业出版社，2003.
[4] 许忠能.生物信息学[M].北京：清华大学出版社，2008.
[5] Lucas W F.生命科学模型[M].长沙：国防科技大学出版社，1996.
[6] 徐士良.常用算法程序集(C++描述)[M].4版.北京：清华大学出版社，2009.
[7] 李庆扬，王能超，易大义.数值分析[M].4版.武汉：华中科技大学出版社，2006.
[8] Lucas W F.微分方程模型[M].长沙：国防科技大学出版社，1998.
[9] 奎恩，基奥.生物实验设计与数据分析[M].蒋志刚，李春旺，曾岩，主译.北京：高等教育出版社，2003.
[10] 曹贵平，朱中南，戴迎春.化工数据处理与实验设计[M].上海：华东理工大学出版社，2009.
[11] 吴石林，张玘.误差分析与数据处理[M].北京：清华大学出版社，2010.
[12] 费业泰.误差理论与数据处理[M].北京：机械工业出版社，2005.
[13] 何晓群，刘文卿.应用回归分析[M].5版.北京：中国人民大学出版社，2019.
[14] 王黎明，陈颖，杨楠.应用回归分析[M].上海：复旦大学出版社，2008.
[15] 沈邦兴.实验设计与工程应用[M].北京：中国计量出版社，2005.
[16] 刘振学，王力.实验设计与数据处理[M].2版.北京：化学工业出版社，2015.
[17] 王洪艳.计算机与化学化工数据处理[M].北京：科学出版社，2007.
[18] 杜荣骞.生物统计学[M].4版.北京：高教出版社，2014.
[19] 李春喜.生物统计学[M].5版.北京：科学出版社，2013.
[20] 徐辰武，章元明.生物统计与试验设计[M].北京：高等教育出版社，2015.
[21] 姜启源，谢金星，叶俊.数学模型[M].4版.北京：高等教育出版社，2011.
[22] 徐克学.生物数学[M].北京：科学出版社，1999.
[23] Bruce S W.遗传学数据分析[M].徐云碧，王志宁，愈志华，译.北京：中国农业出版社，1996.
[24] 蔡大用.数值分析与实验学习指导[M].北京：清华大学出版社，2001.
[25] 赵静，但琦.数学建模与数学实验[M].4版.北京：高等教育出版社，2014.
[26] 李涛，贺勇军，刘志俭，等.Matlab工具箱应用指南——应用数学篇[M].北京：电子工业出版社，2000.
[27] 徐金明.MATLAB实用教程[M].北京：清华大学出版社，2005.
[28] 周灵.详解MATLAB工程科学计算与典型应用[M].北京：电子工业出版社，2010.
[29] 温欣研，刘浩.MATLAB R2018a从入门到精通[M].北京：清华大学出版社，2019.
[30] 王岩，隋思涟，王爱青.数理统计与MATLAB工程数据分析[M].北京：清华大学出版社，2007.